定制家具
造型设计图集

CUSTOM FURNITURE
DESIGN

徐 琳 朱 桧 编著

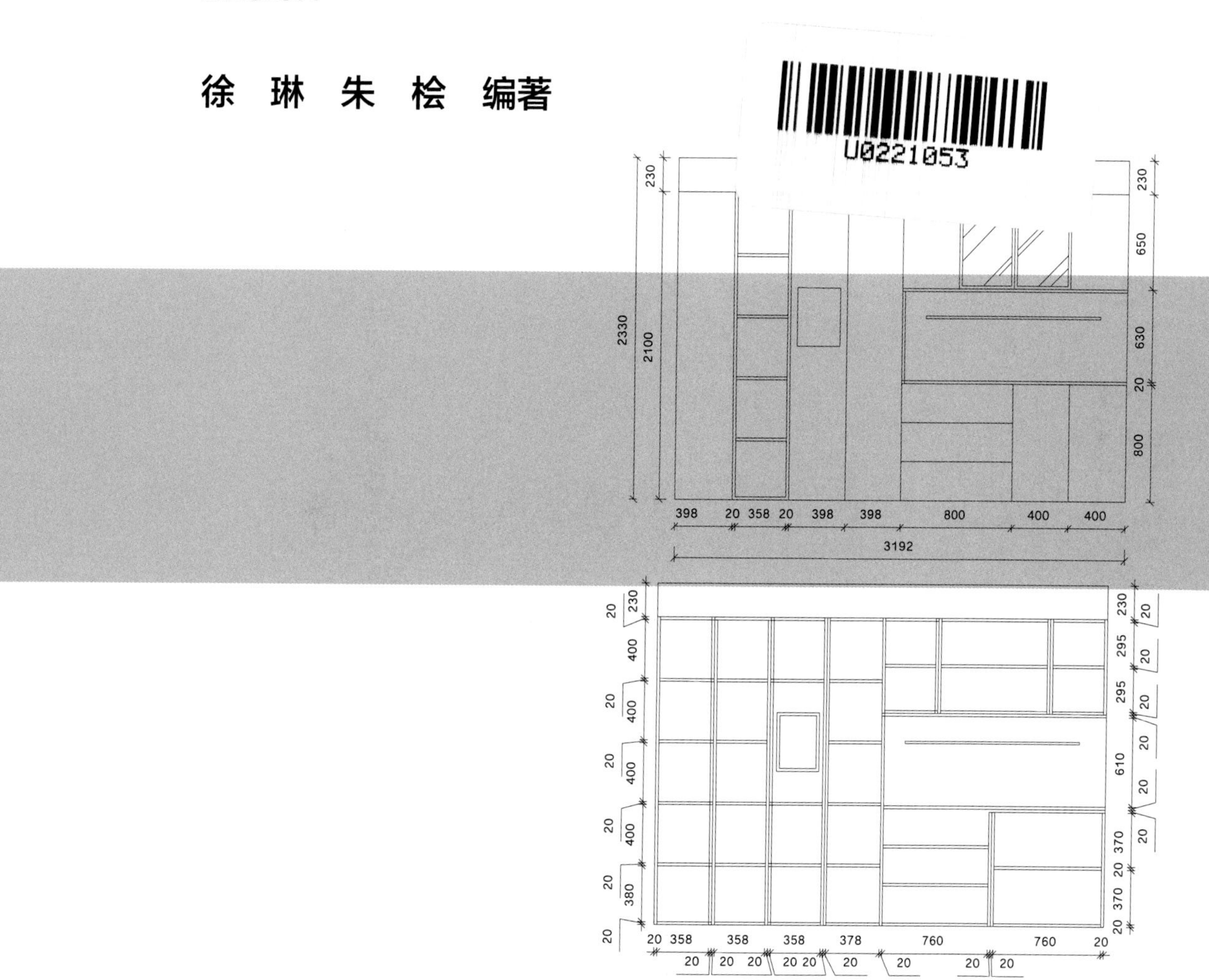

中国电力出版社
CHINA ELECTRIC POWER PRESS

内容提要

本书提供了近100套定制家具的设计详图，按照空间类型给出柜体设计图和效果图，除了为读者展示柜体的造型之外，还将每个柜体的布局规划和尺寸进行了标注，将柜体的关键细节信息透明化，使读者可以更好地理解和直接借用。对于全屋定制行业的从业人员来说，通过大量的案例鉴赏，能够快速掌握定制家具的设计方法，提高自身的设计能力。

本书既可以为家具设计、室内设计等专业领域的设计师提供灵感，也可以作为定制家具厂商的设计案例参考图集。

图书在版编目（CIP）数据

定制家具造型设计图集 / 徐琳，朱桧编著 .— 北京：中国电力出版社，2024.1

ISBN 978-7-5198-7835-1

Ⅰ.①定… Ⅱ.①徐… ②朱… Ⅲ.①家具－设计－图集 Ⅳ.① TS664.01-64

中国国家版本馆 CIP 数据核字（2023）第 083991 号

出版发行：中国电力出版社
地　　址：北京市东城区北京站西街 19 号（邮政编码 100005）
网　　址：http://www.cepp.sgcc.com.cn
责任编辑：曹　巍（010-63412609）
责任校对：黄　蓓　王小鹏
装帧设计：张俊霞
责任印制：杨晓东

印　　刷：三河市航远印刷有限公司
版　　次：2024 年 1 月第一版
印　　次：2024 年 1 月北京第一次印刷
开　　本：889 毫米 ×1194 毫米　16 开本
印　　张：13
字　　数：349 千字
定　　价：138.00 元

前言

preface

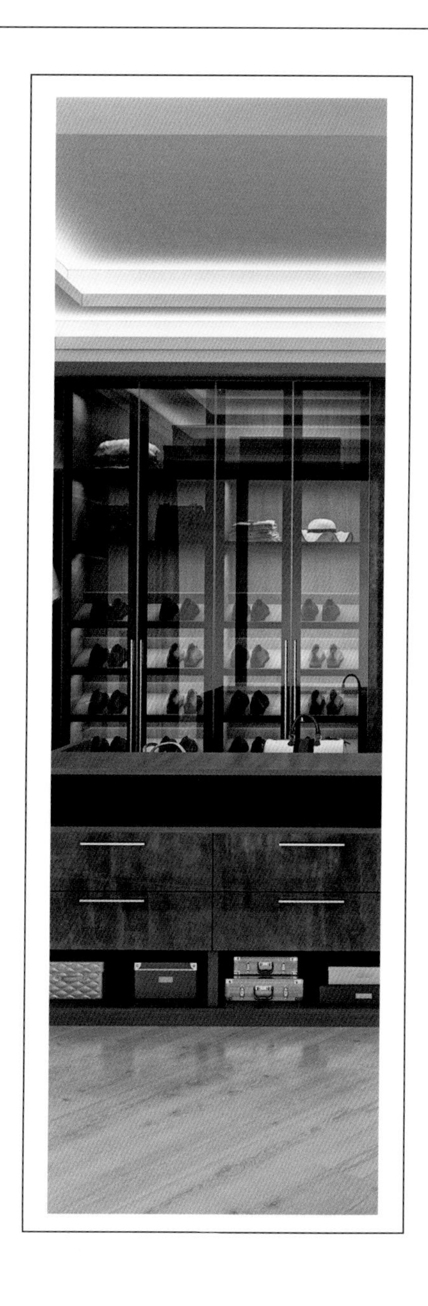

家具是每一个家庭必不可少的物件。在当代社会中，人们越来越关注产品的个性化与适我化，这在家庭装饰中更是完美地体现出来。传统的成品家具固然可以满足使用需求，但空间契合度略有不足，促使定制家具这一行业的蓬勃发展。

结合市场需求，本书整理了近 100 套全屋定制柜体的设计案例，包括鞋柜、电视柜、酒柜、餐边柜、书柜、榻榻米、衣帽间、衣柜、阳台柜等多种类型。每套案例均包括柜体外立面图、内立面图，还通过效果图与设计图对应的方式（由于实际施工中可能会做局部调整，故个别实景图与 CAD 图之间存在细节差异），深化读者对定制家具的直观理解。同时，书中的柜体外立面图、内立面图均详细标注了尺寸数据，为读者提供了设计新思路，也可以方便读者参考。另外，书中的柜体案例均附 CAD 源文件，读者可以下载获取。

目录

contents

第一章

玄关柜

编号：XGG-001 ◆ 风格：现代轻奢

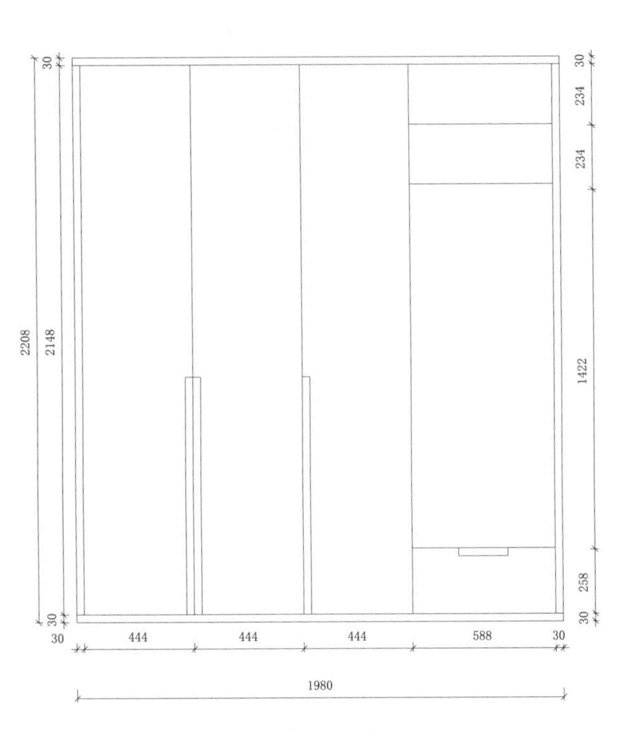

外立面图

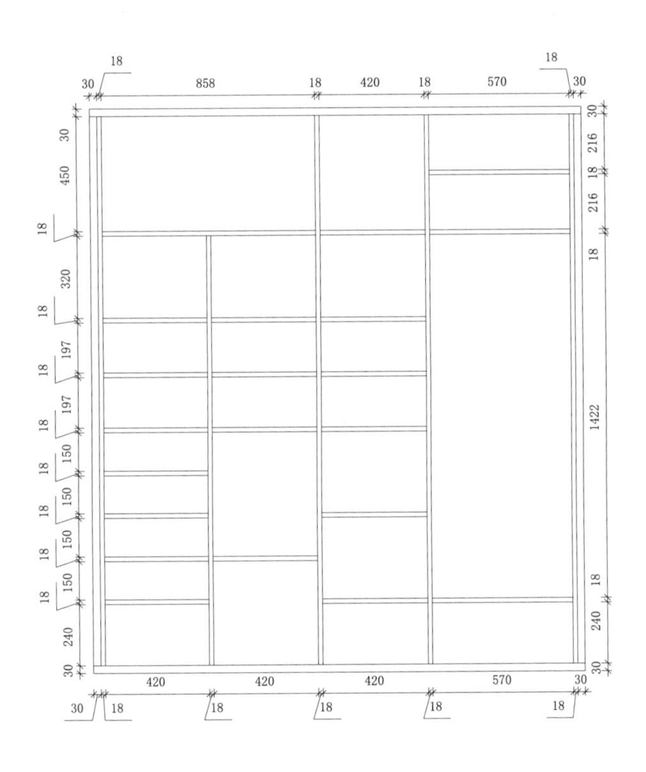

内立面图

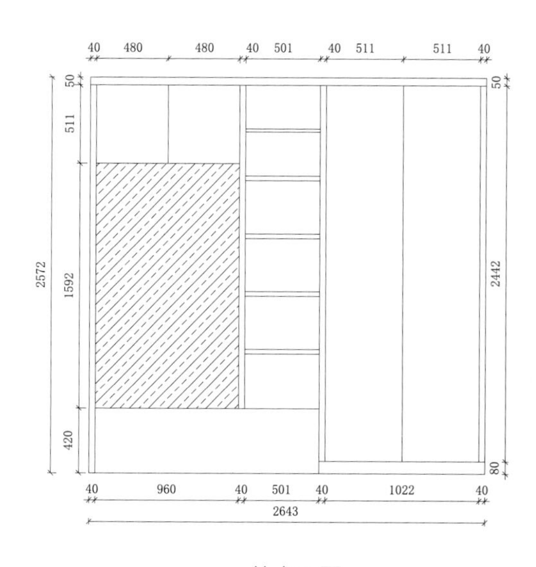

外立面图

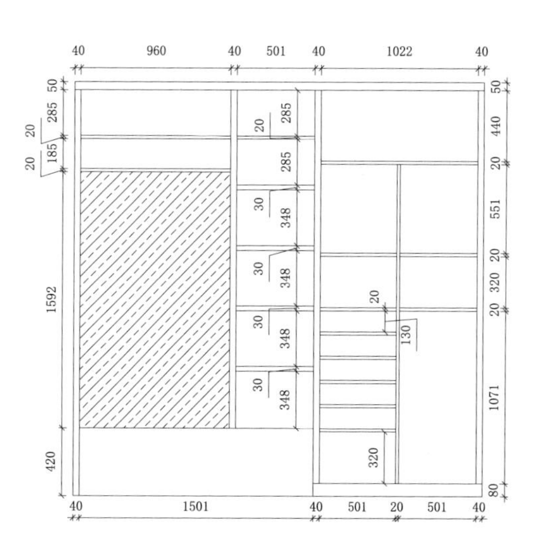

内立面图

编号：XGG-002 ◆ 风格：现代轻奢

编号：XGG-003 ◆ 风格：现代轻奢

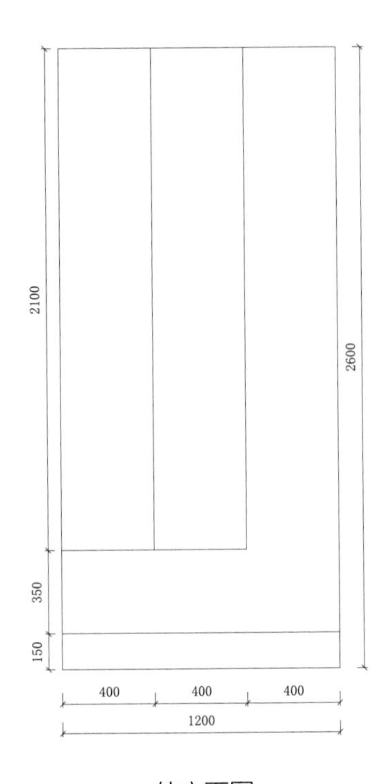

外立面图

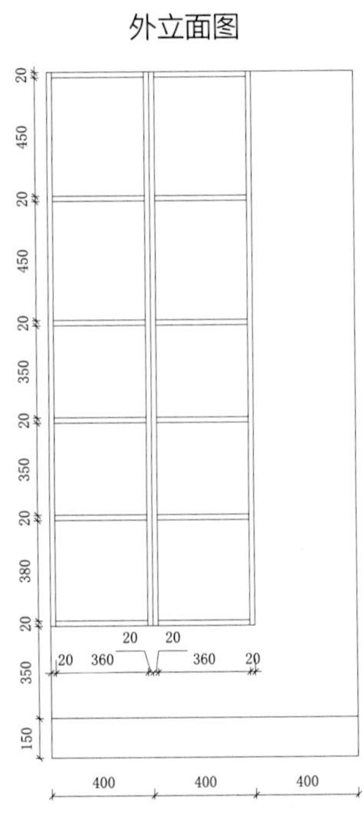

内立面图

编号：XGG-004 ◆ 风格：现代轻奢

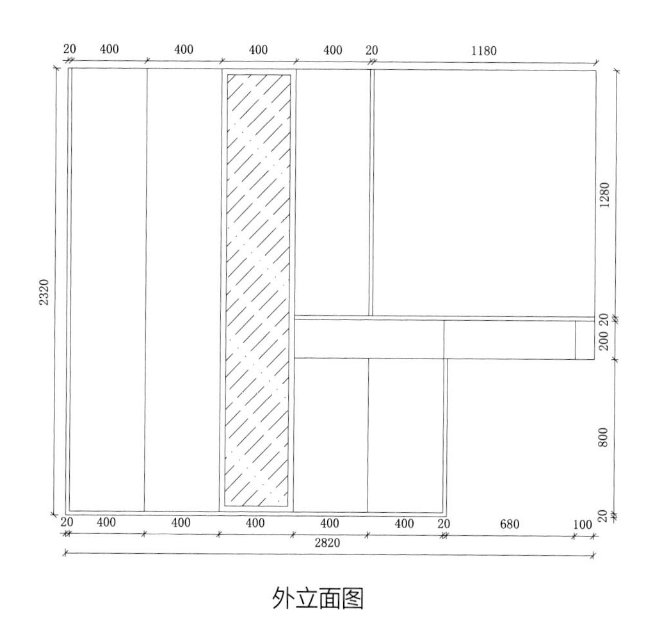

外立面图

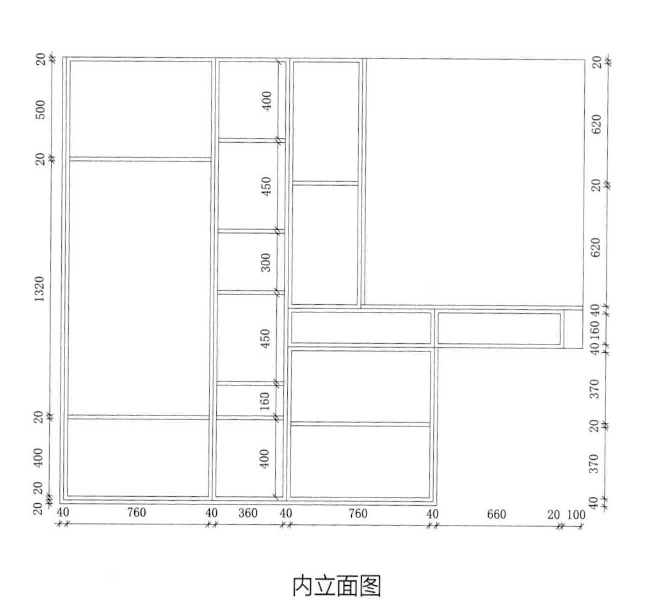

内立面图

编号：XGG-005 ◆ 风格：现代轻奢

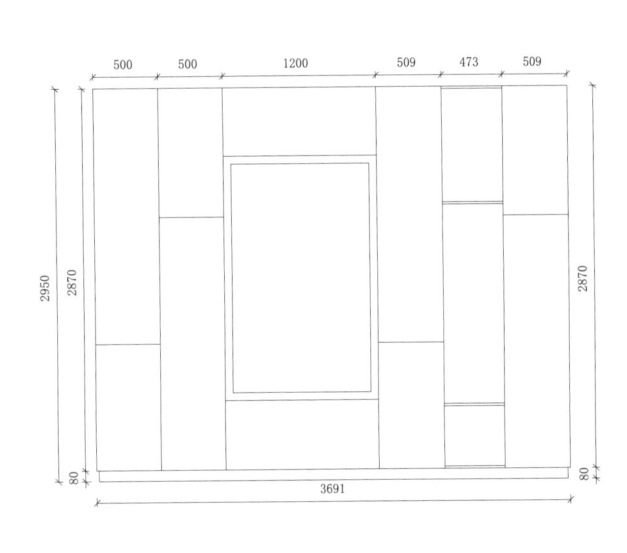

外立面图

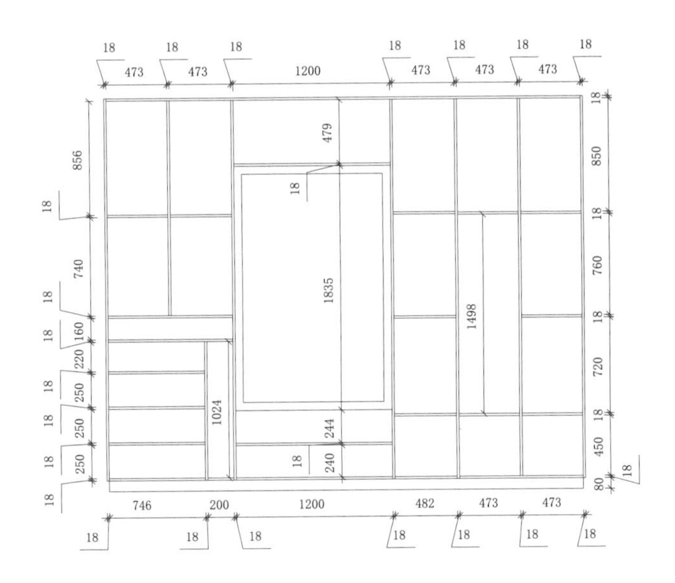

内立面图

编号：XGG-006 ◆ 风格：现代轻奢

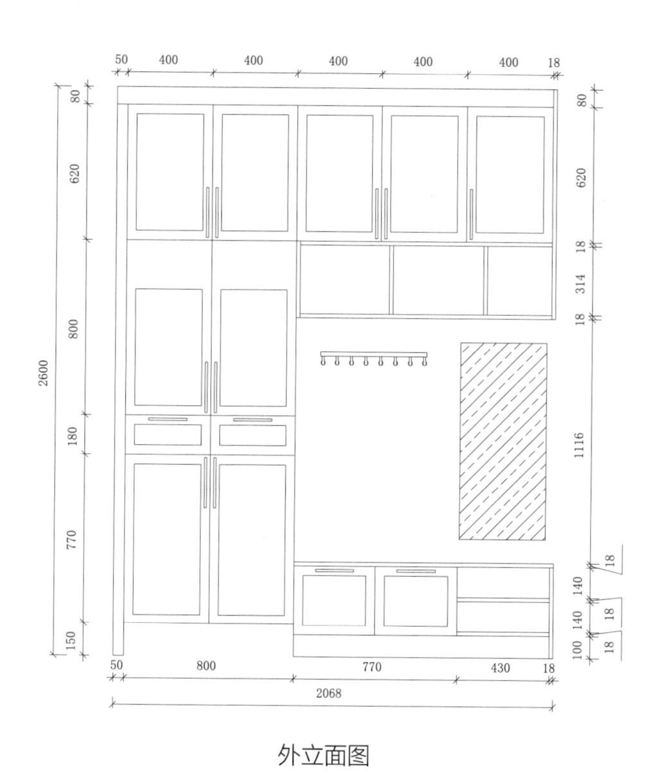

外立面图

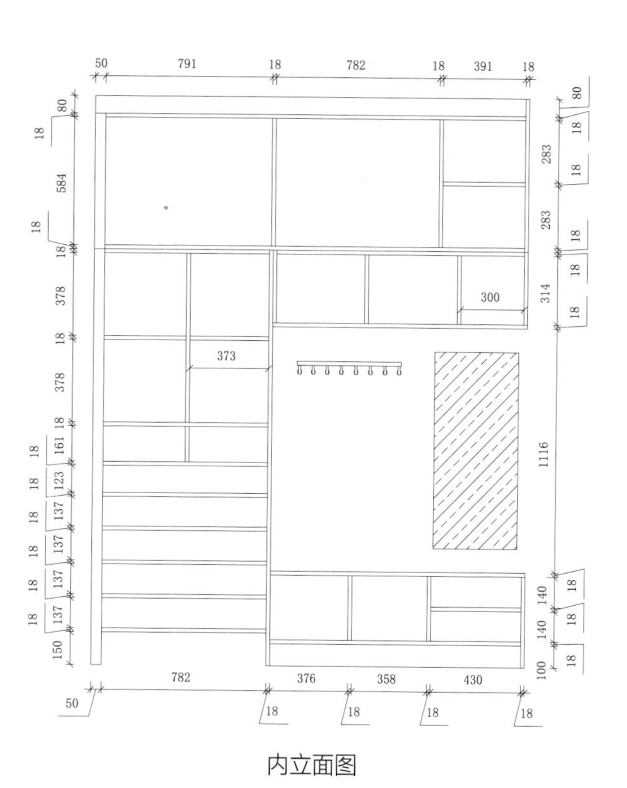

内立面图

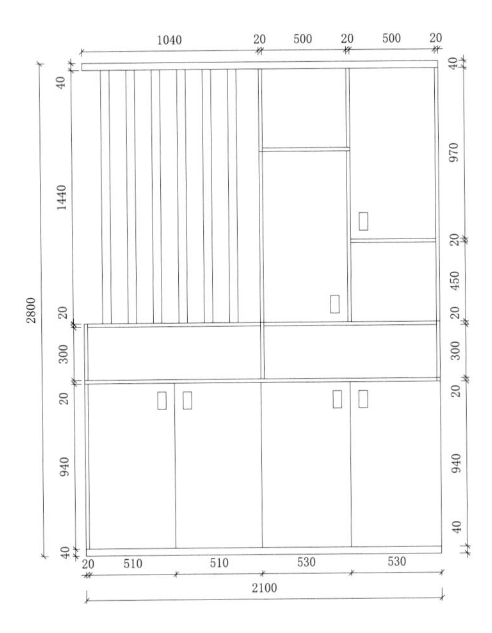

外立面图

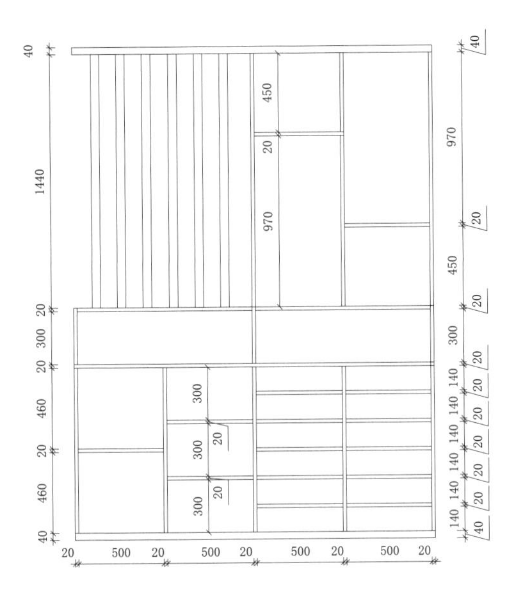

内立面图

编号：XGG-007 ◆ 风格：现代简约

编号：XGG-008 ◆ 风格：现代简约

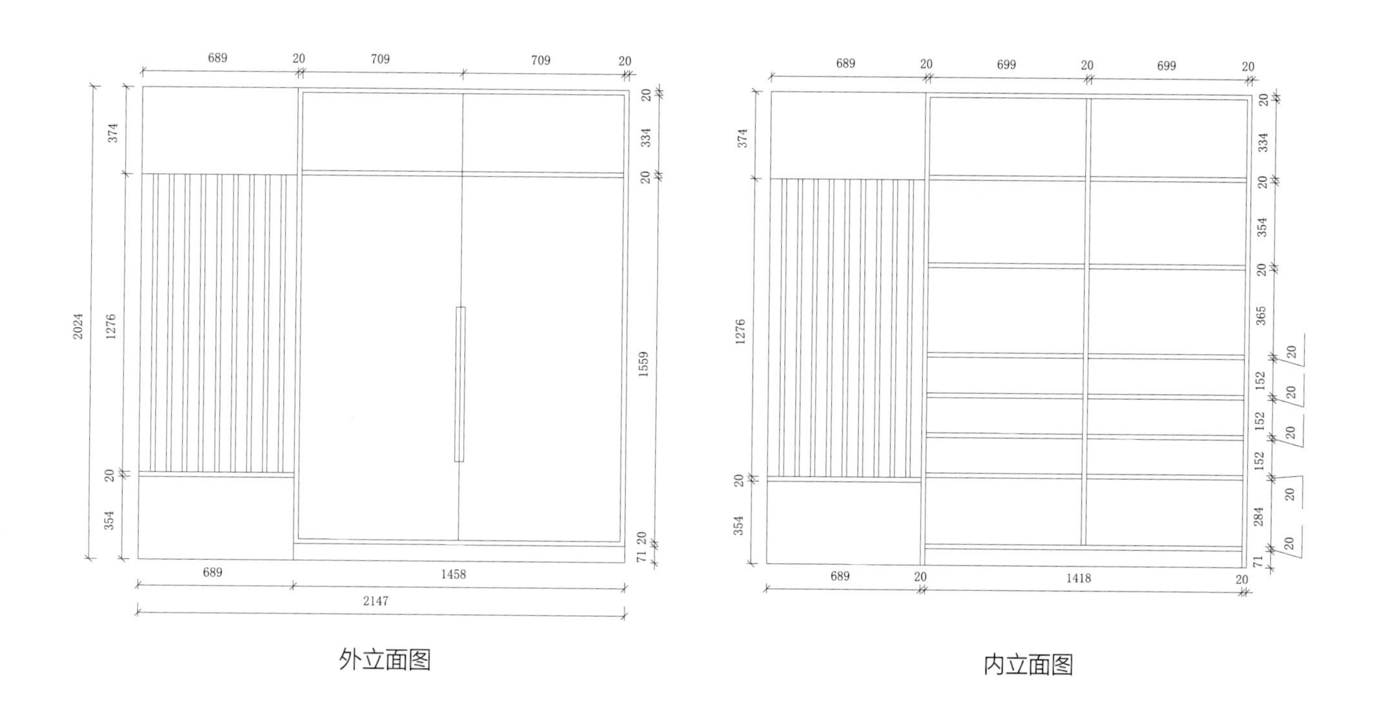

外立面图

内立面图

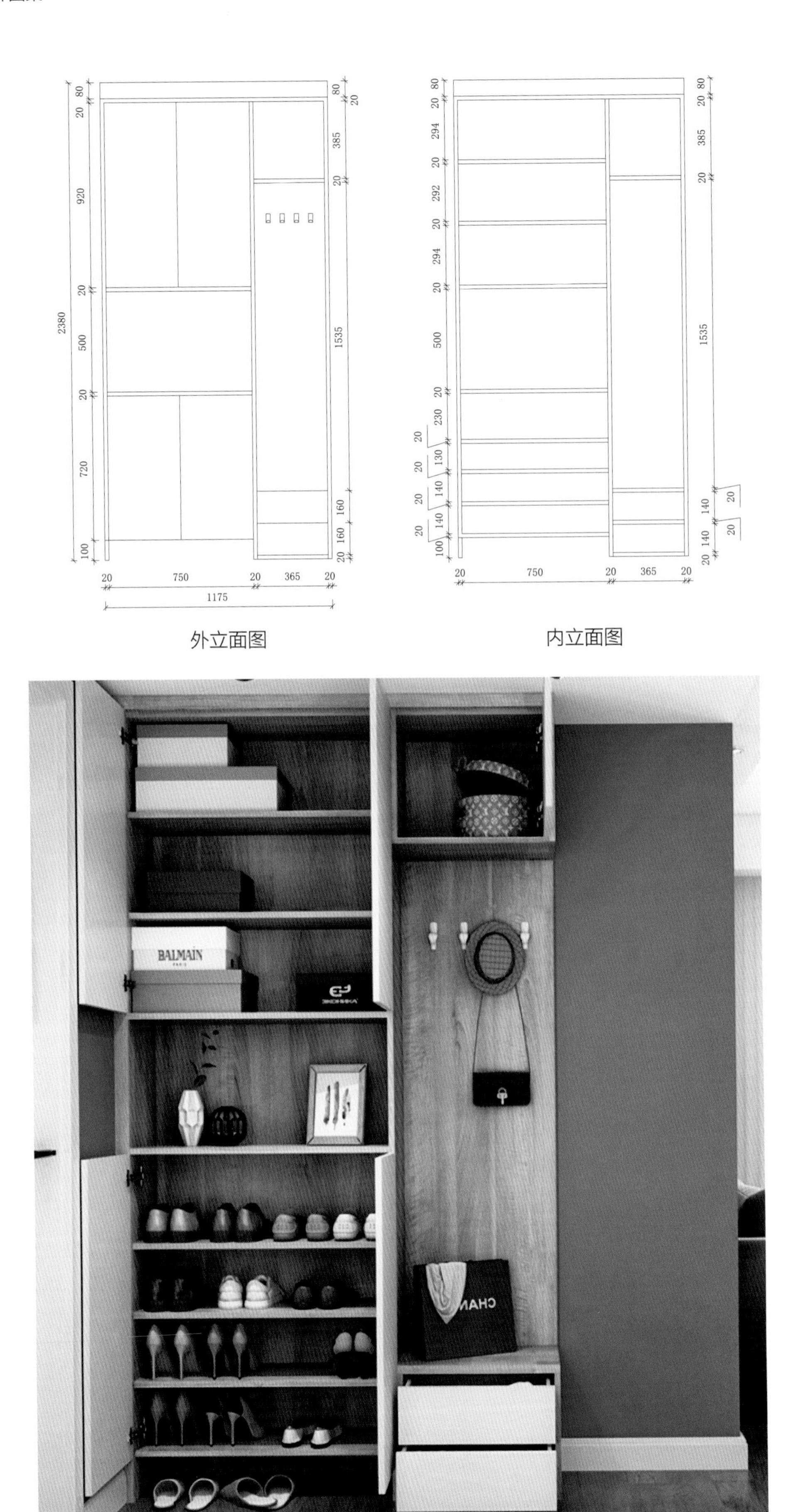

编号：XGG-009 ◆ 风格：现代简约

编号：XGG-010 ◆ 风格：现代简约

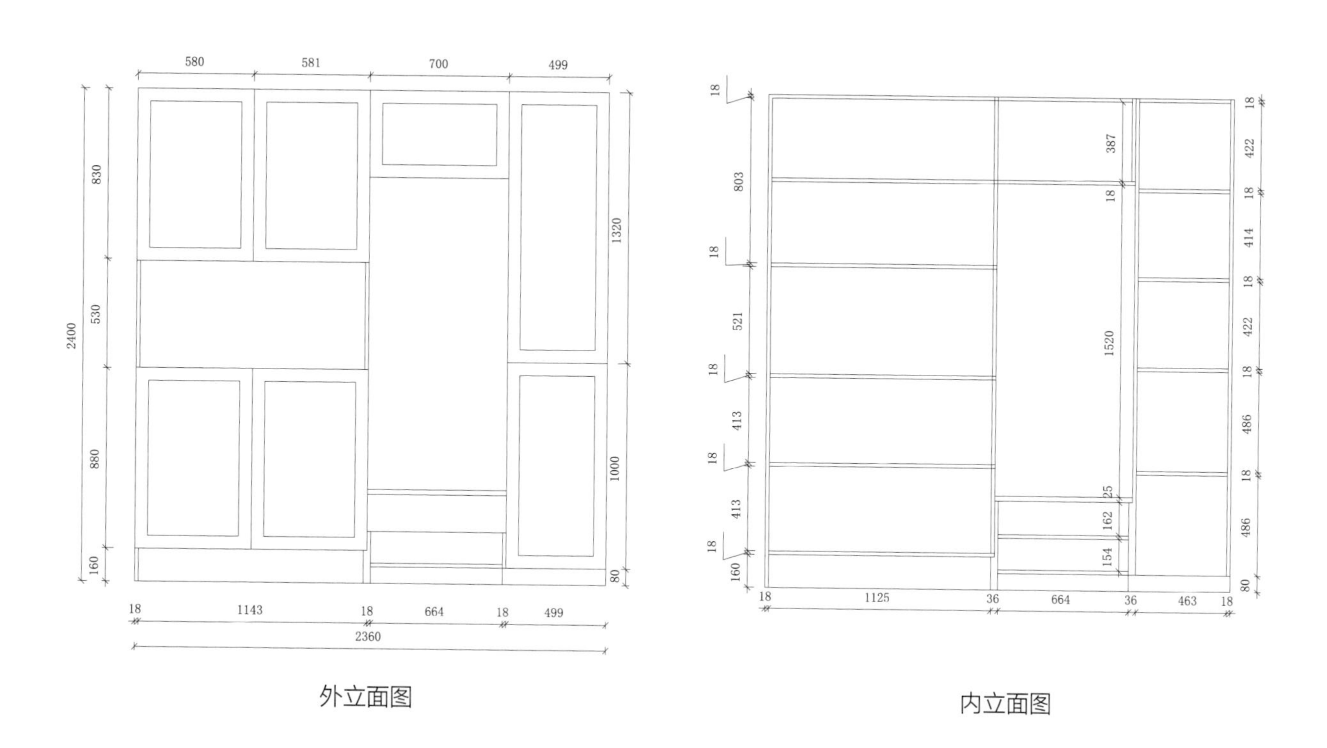

外立面图　　内立面图

编号：XGG-011 ◆ 风格：现代简约

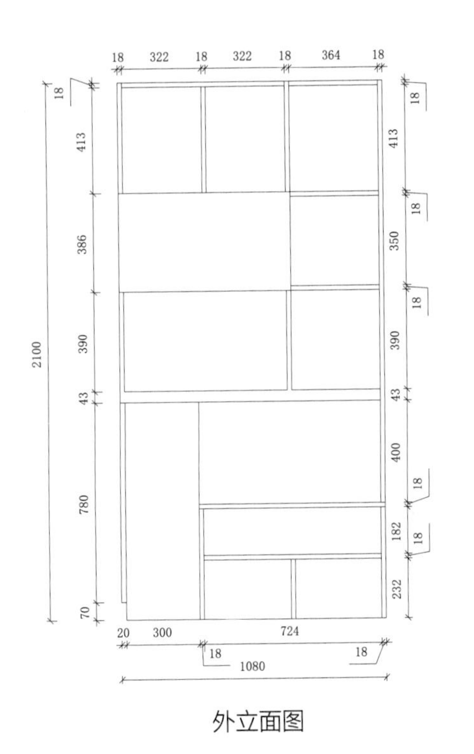

外立面图

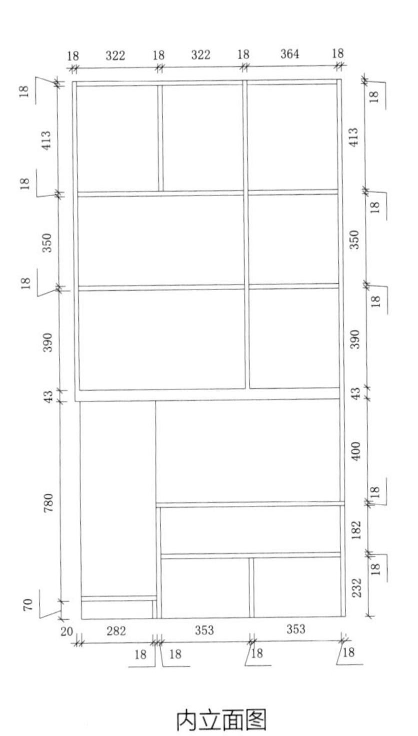

内立面图

编号：XGG-012 ◆ 风格：现代简约

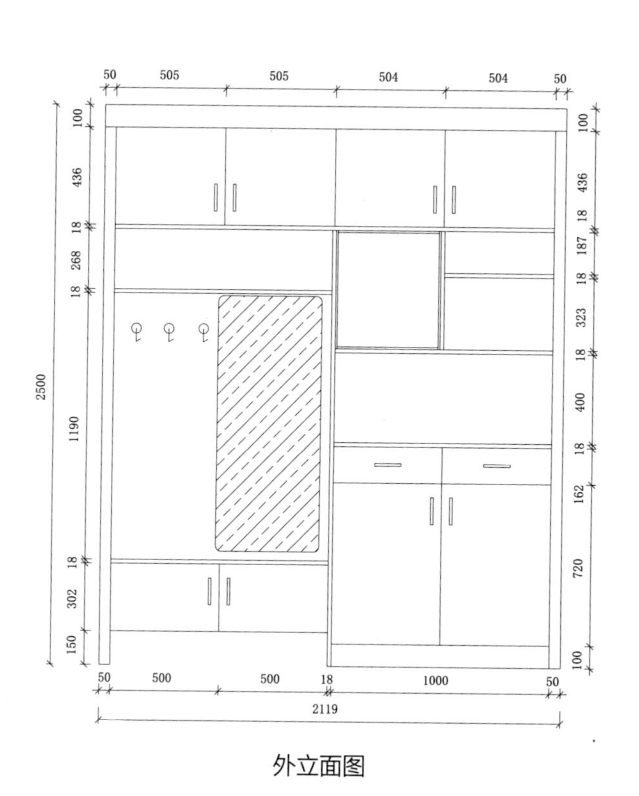

外立面图

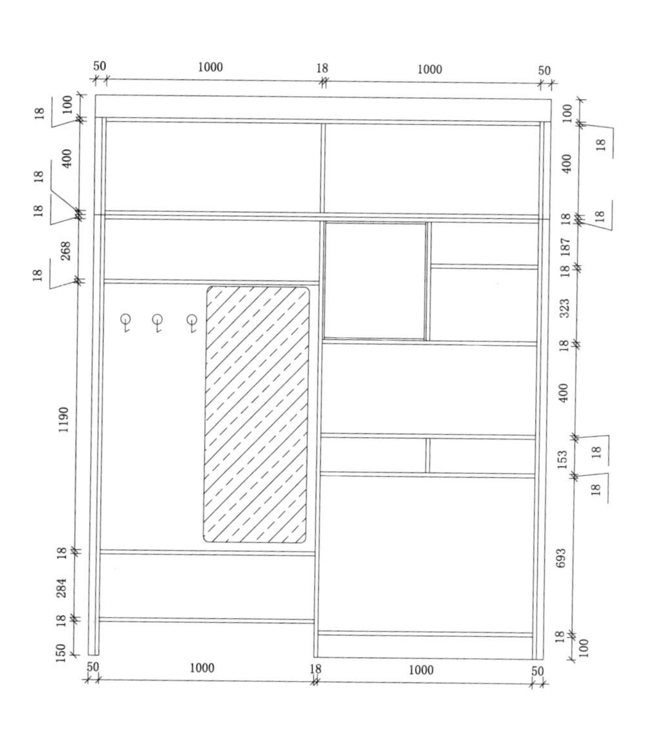

内立面图

编号：XGG-013 ◆ 风格：现代工业

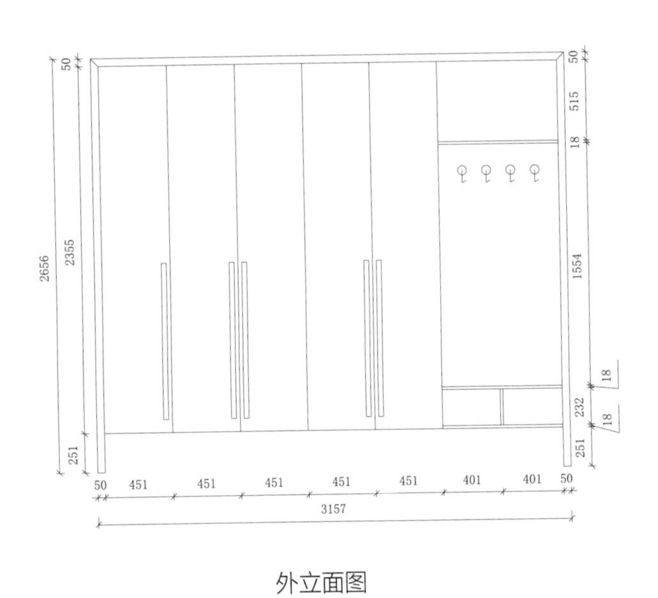

外立面图

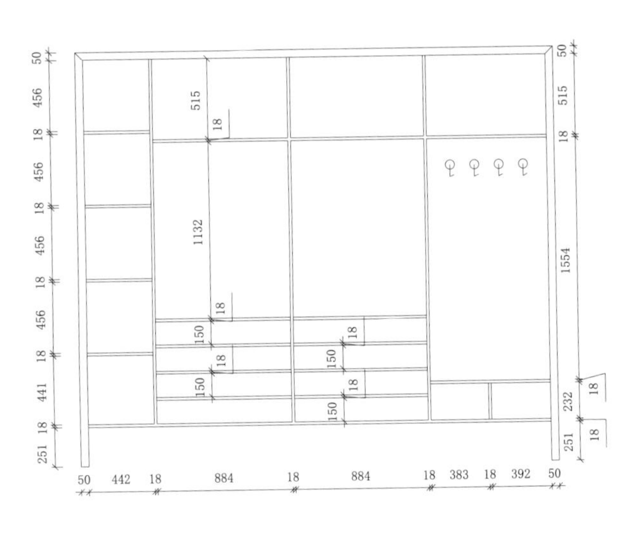

内立面图

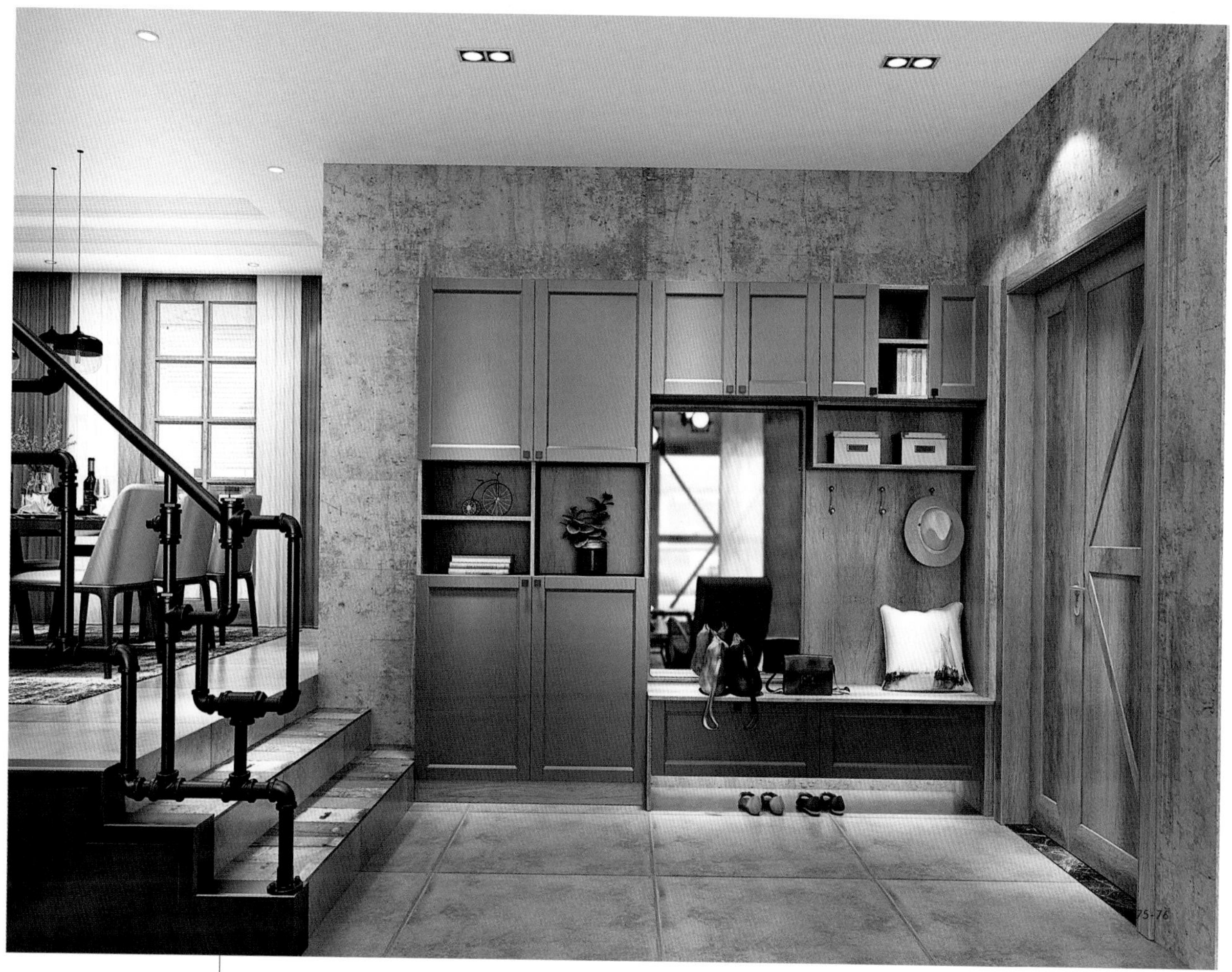

编号：XGG-014 ◆ 风格：现代工业

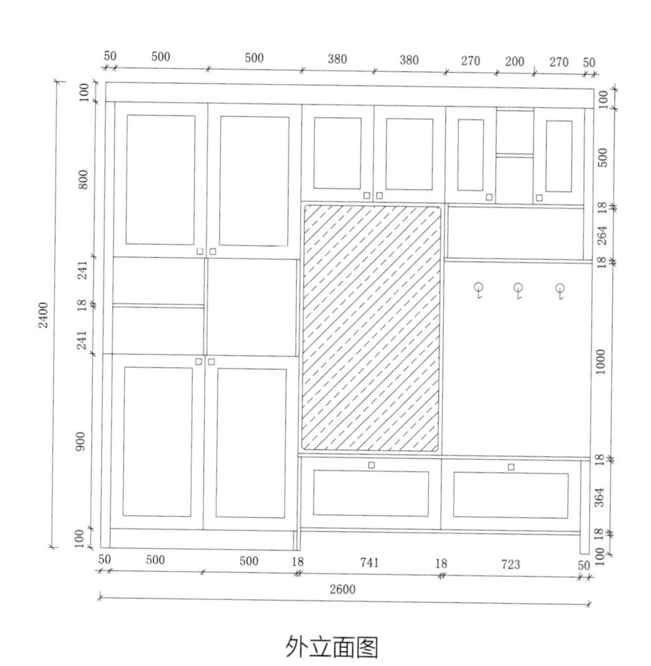

外立面图

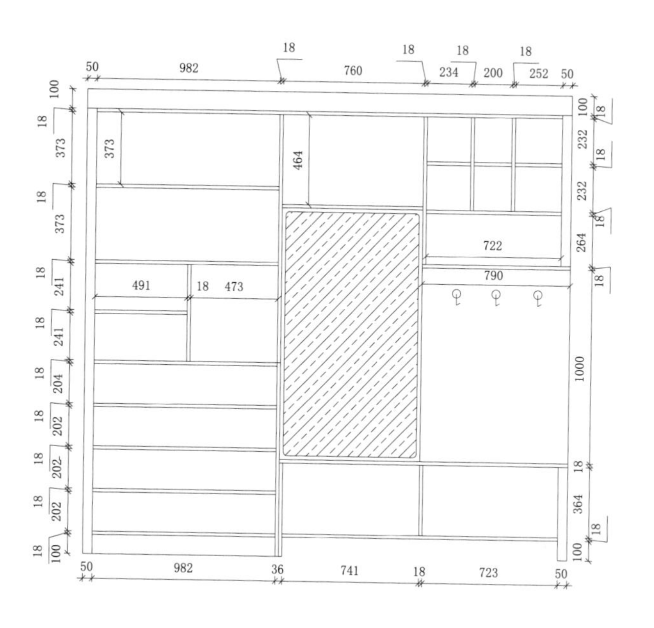

内立面图

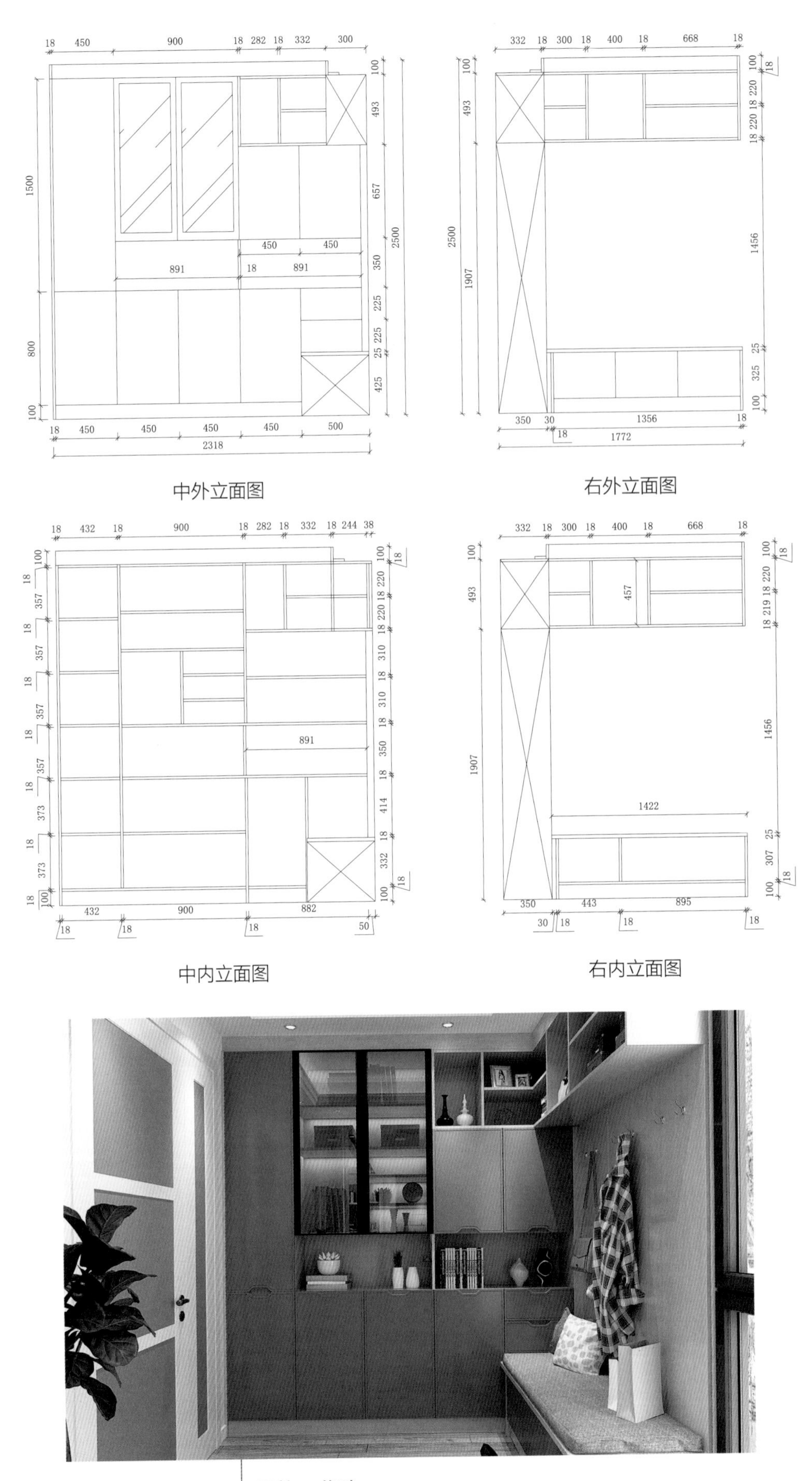

编号：XGG-015 ◆ 风格：北欧

编号：XGG-016 ◆ 风格：新中式

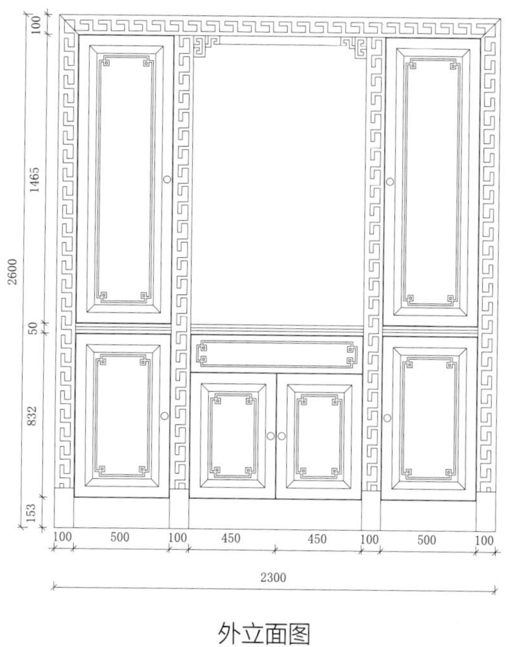

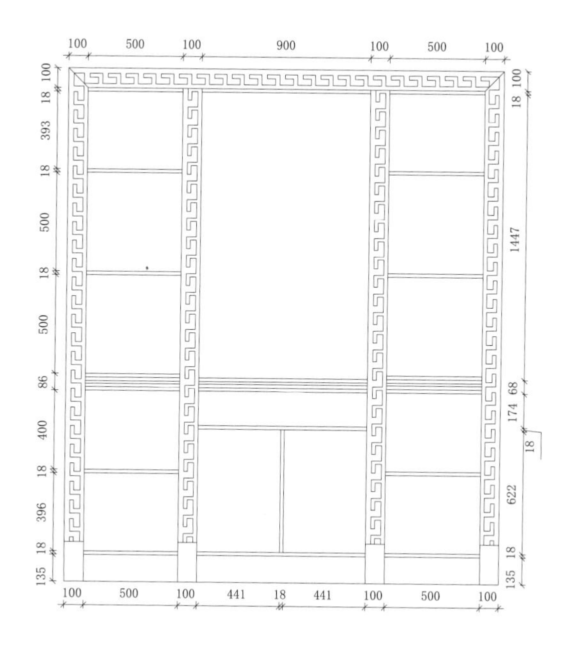

外立面图

内立面图

编号：XGG-017 ◆ 风格：新中式

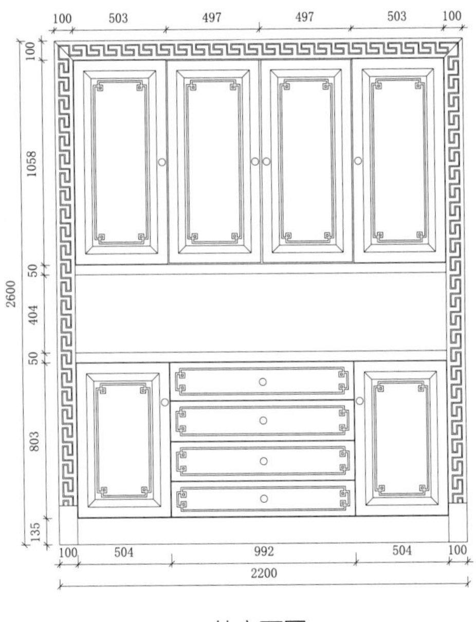

外立面图

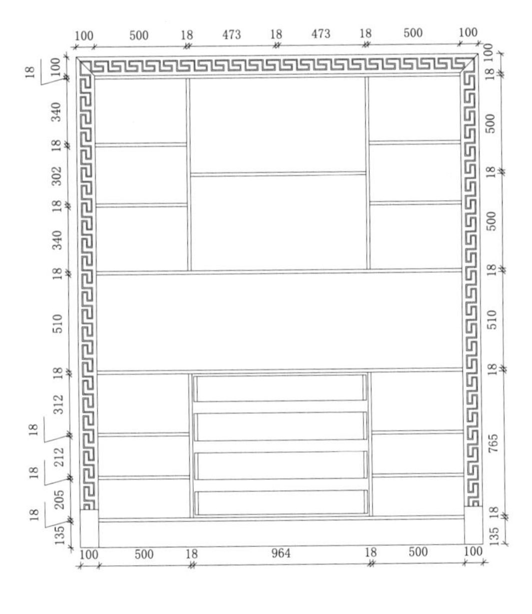

内立面图

编号：XGG-018 ◆ 风格：新中式

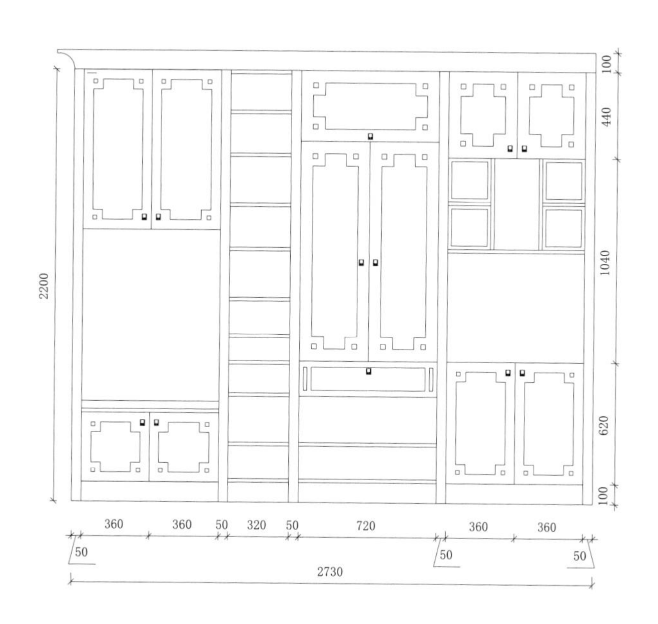

外立面图

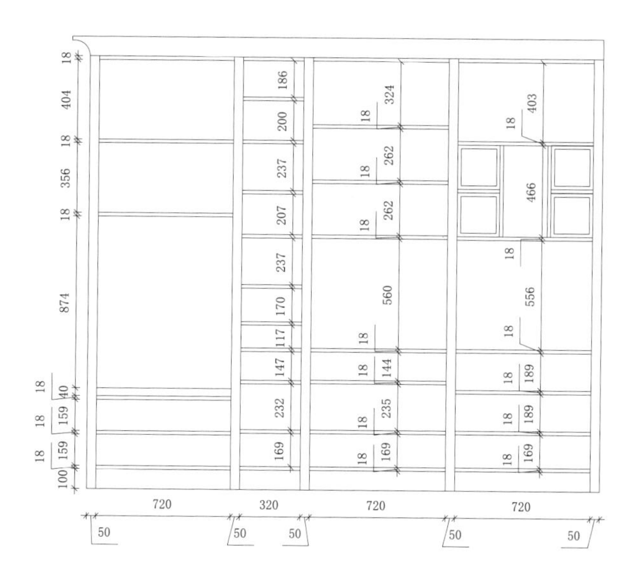

内立面图

编号：XGG-019 ◆ 风格：简欧

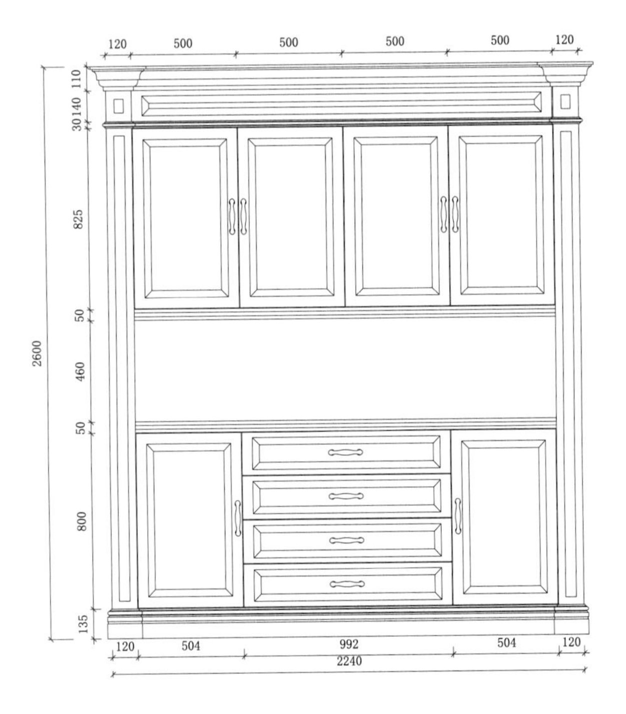

外立面图

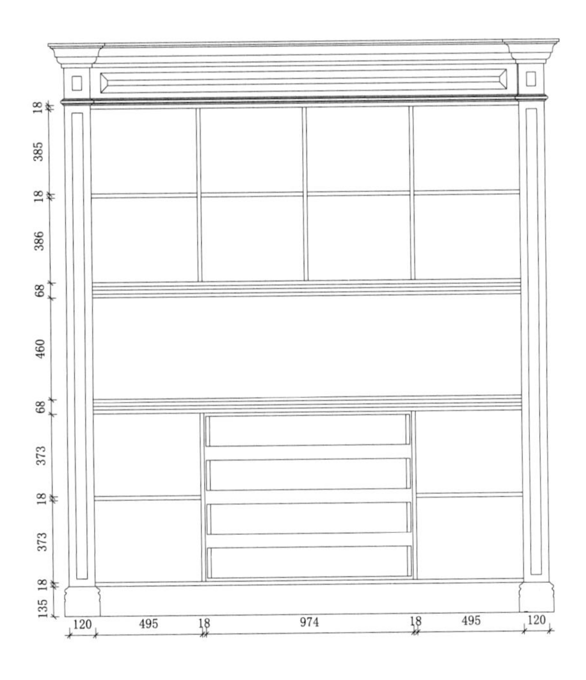

内立面图

编号：XGG-020 ◆ 风格：简欧

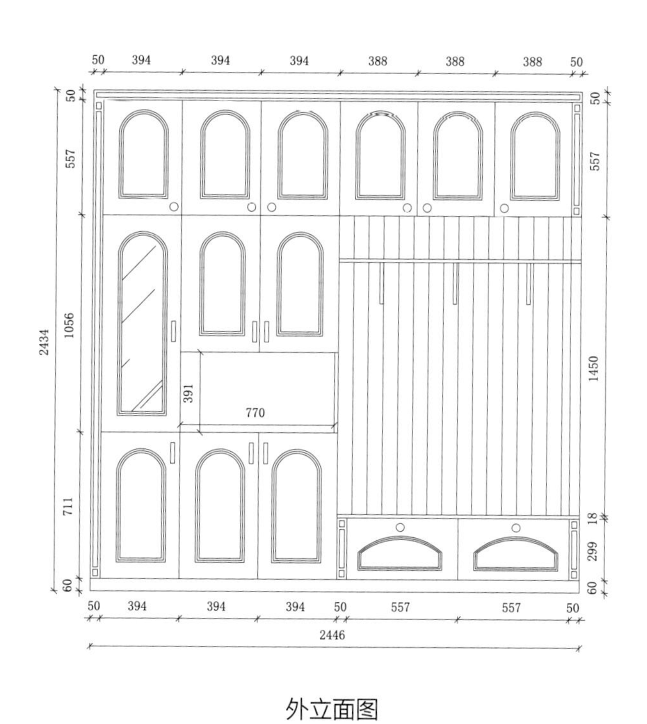

外立面图

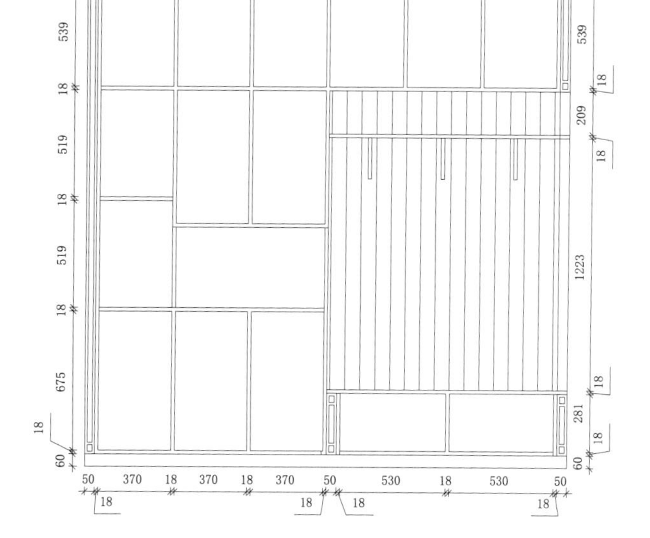

内立面图

编号：XGG-021 ◆ 风格：简欧

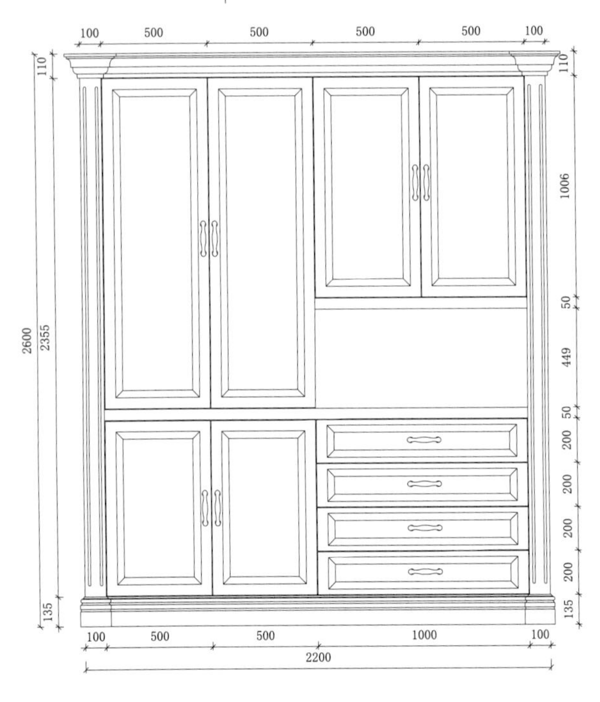

外立面图

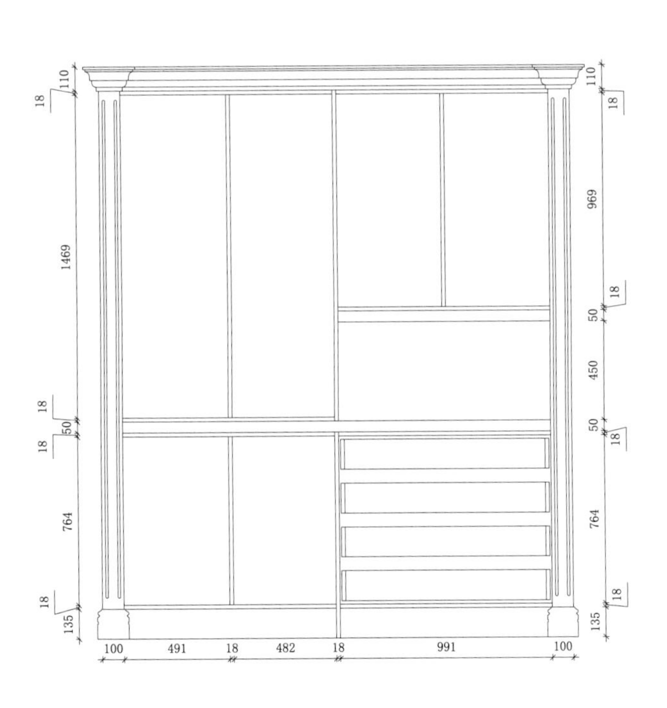

内立面图

编号：XGG-022 ◆ 风格：美式乡村

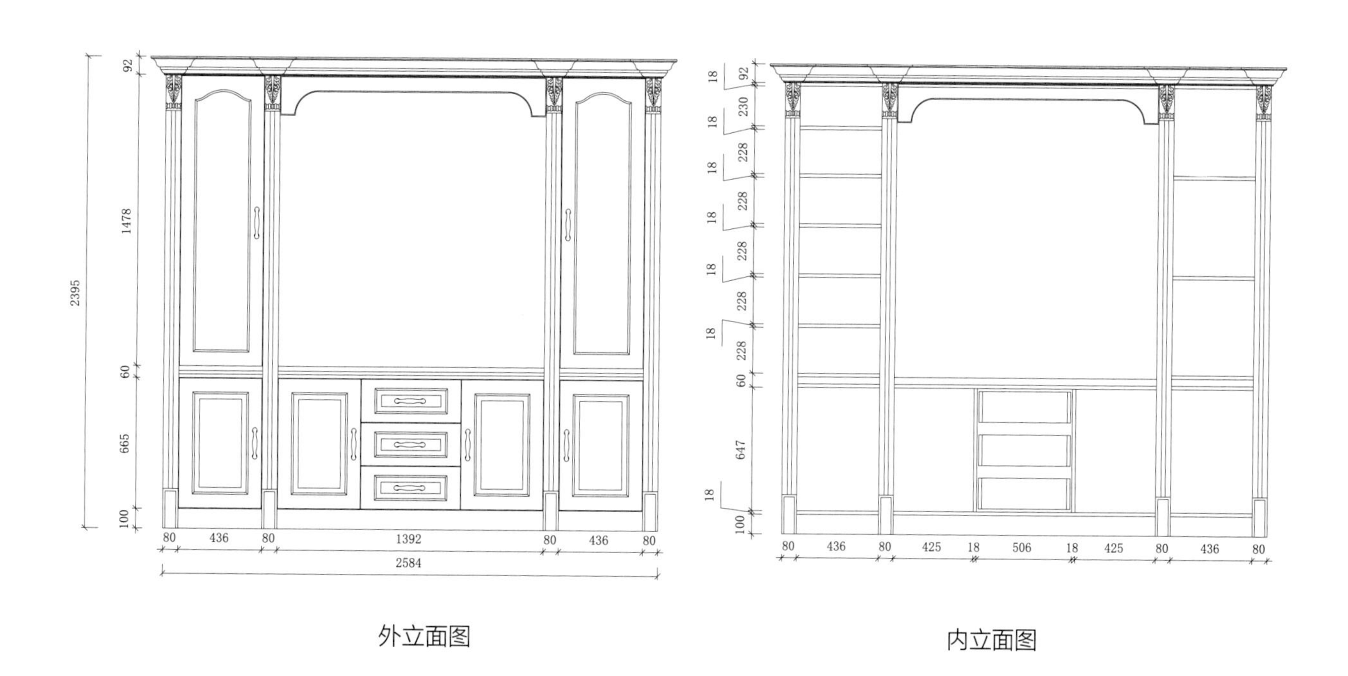

外立面图　　内立面图

编号：XGG-023 ◆ 风格：美式乡村

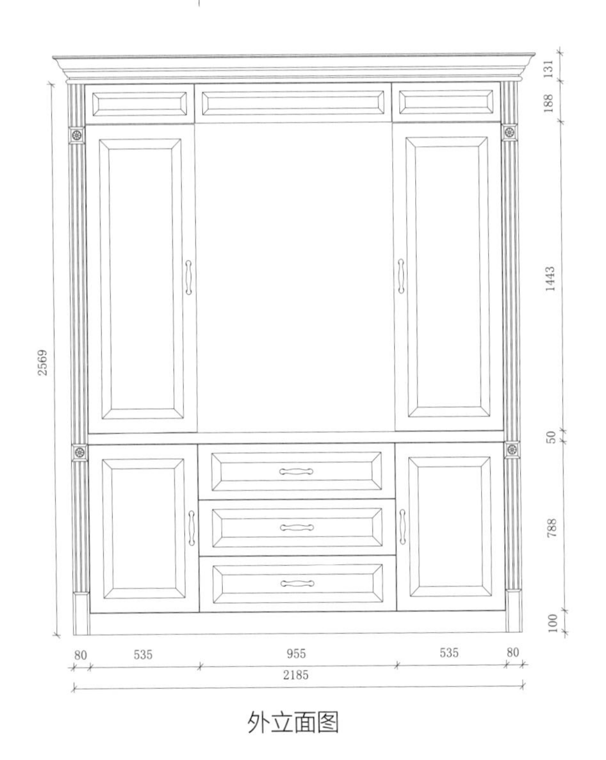

外立面图

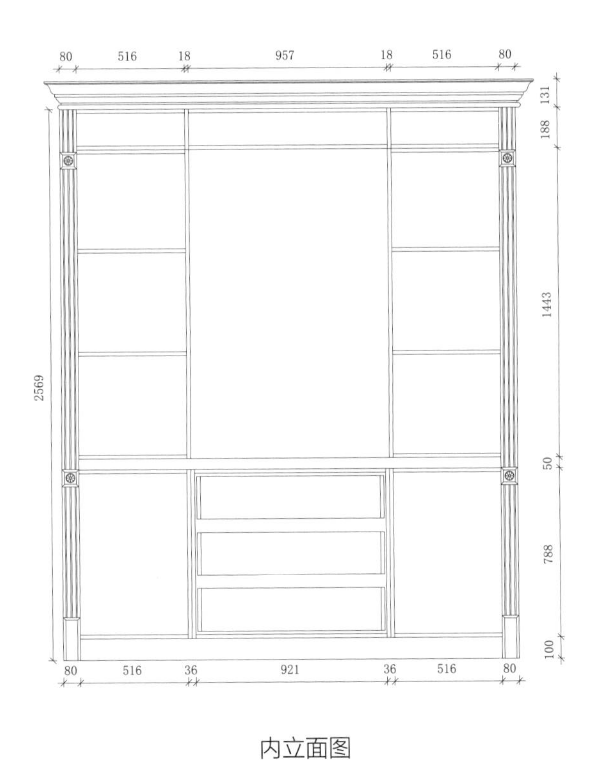

内立面图

第二章

电视柜

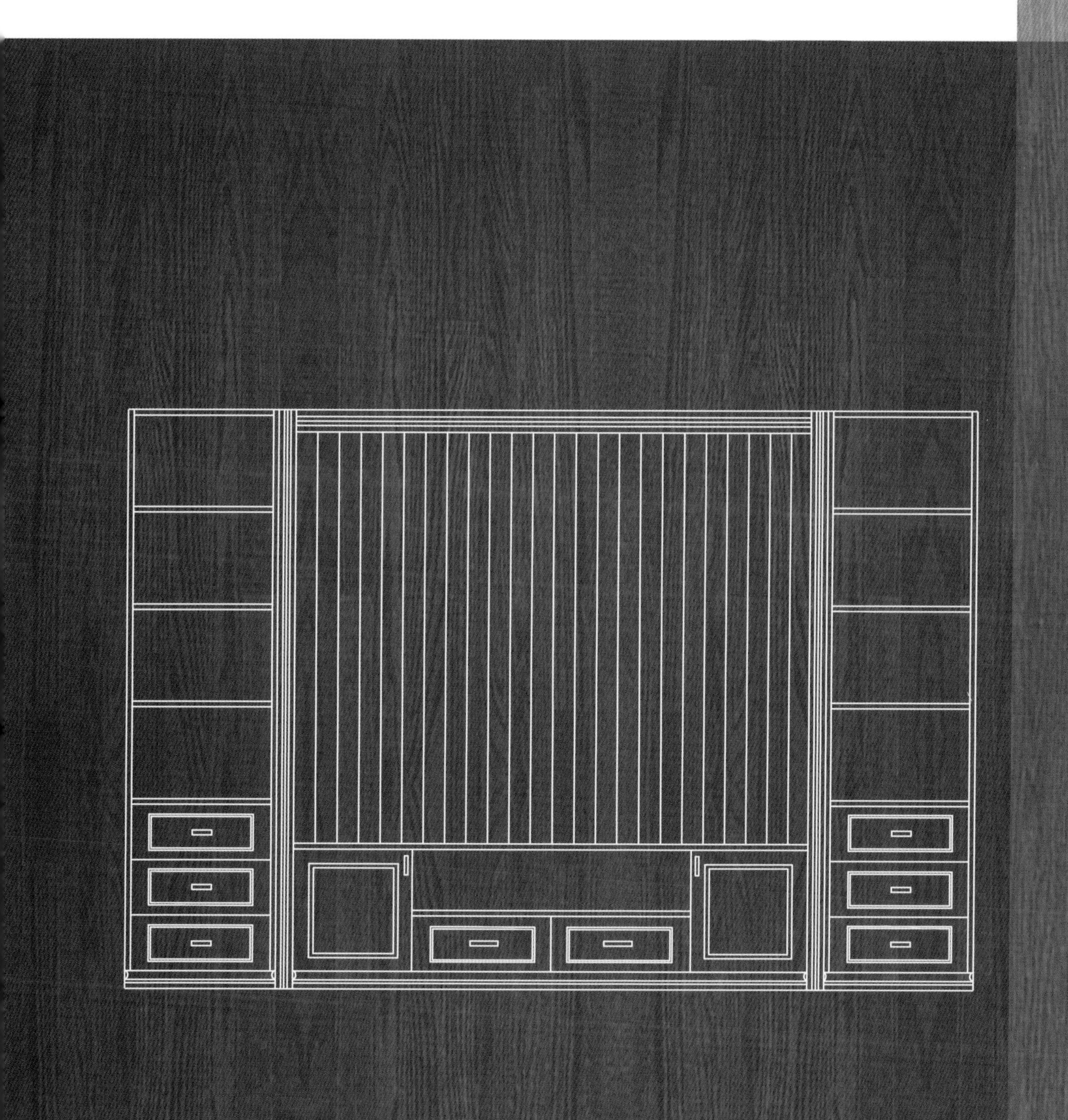

编号：DSG-001 ◆ 风格：现代轻奢

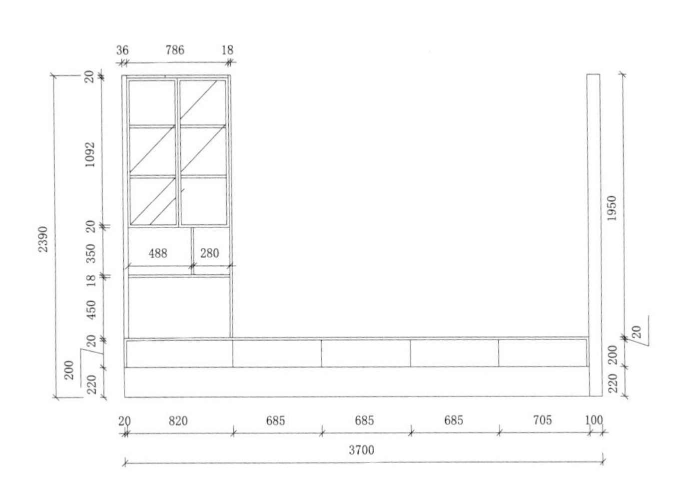

外立面图

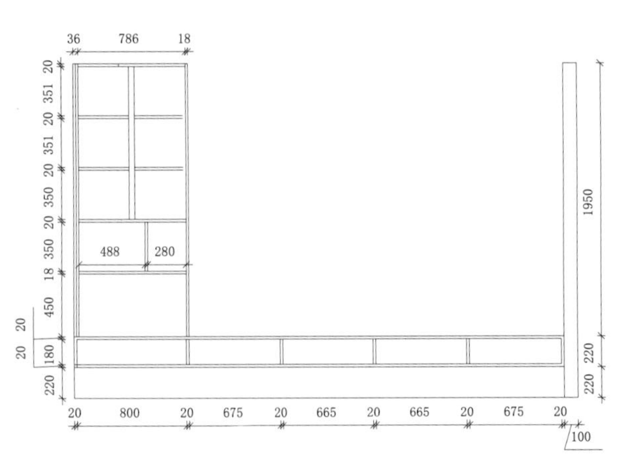

内立面图

编号：DSG-002 ◆ 风格：现代轻奢

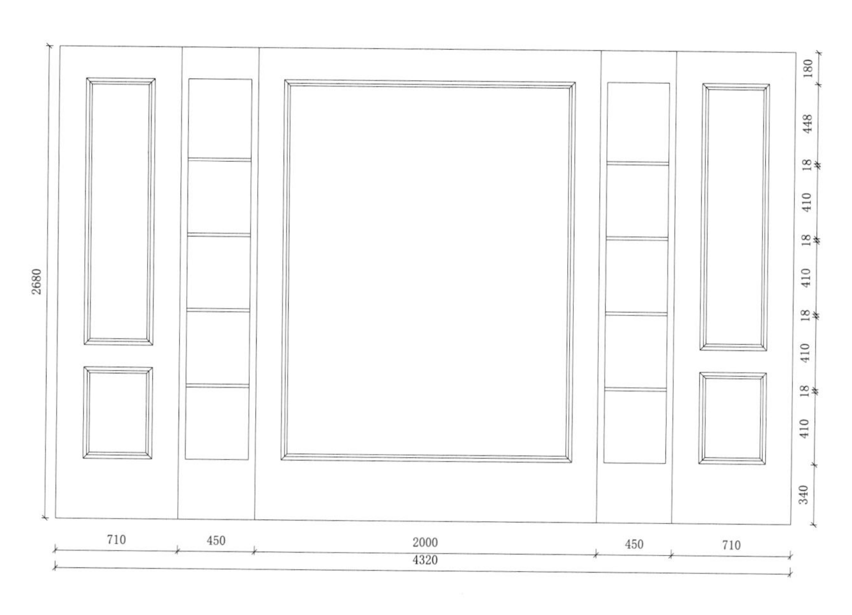

立面图

编号：DSG-003 ◆ 风格：现代轻奢

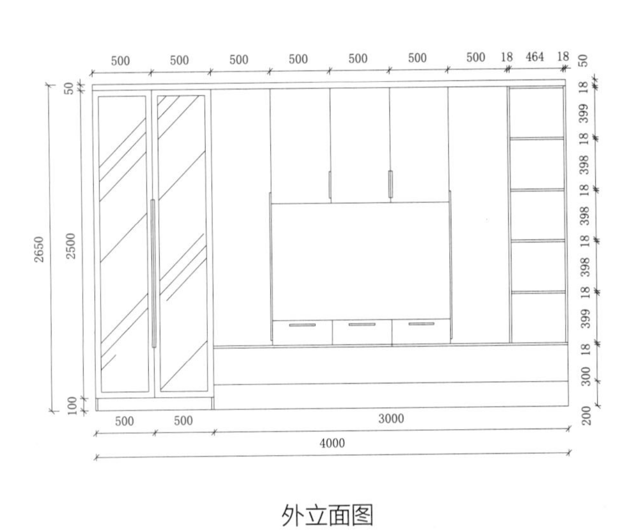

外立面图

内立面图

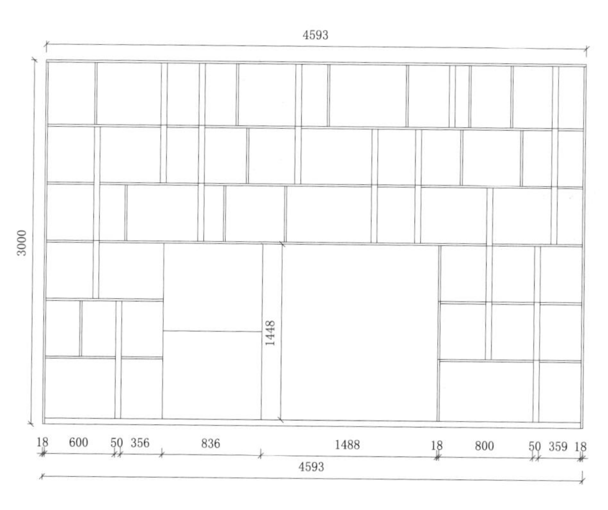

外立面图

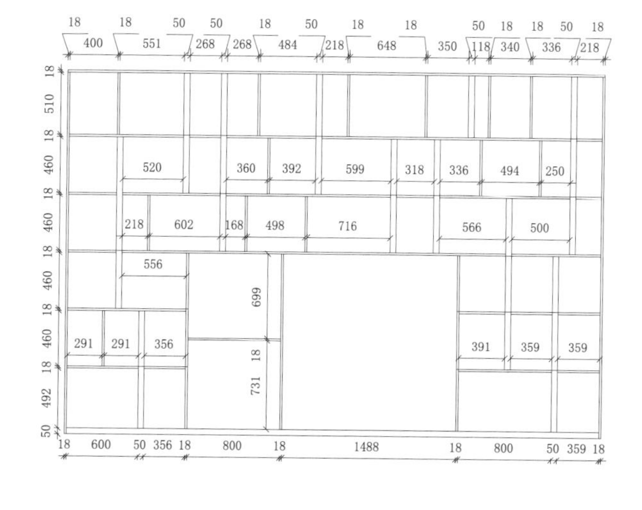

内立面图

编号：DSG-004 ◆ 风格：现代轻奢

编号：DSG-005 ◆ 风格：现代轻奢

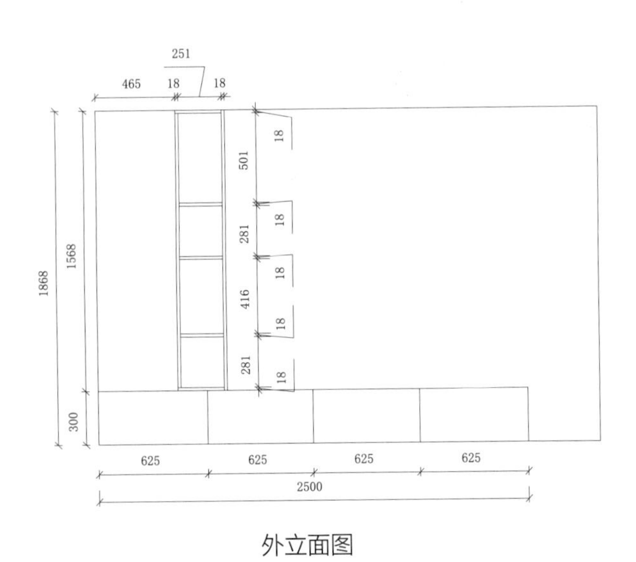

外立面图

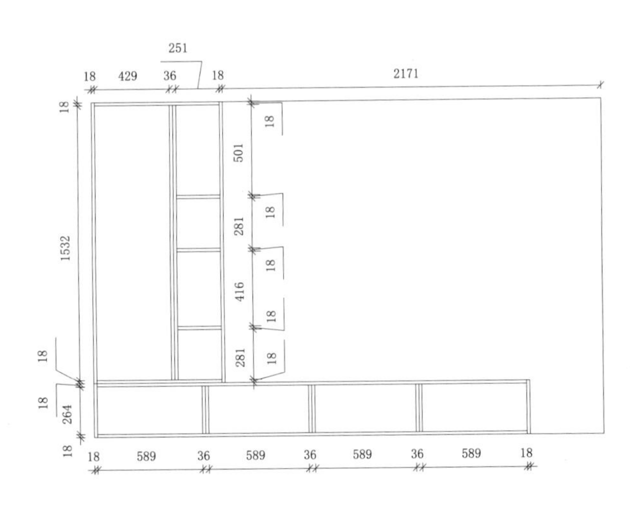

内立面图

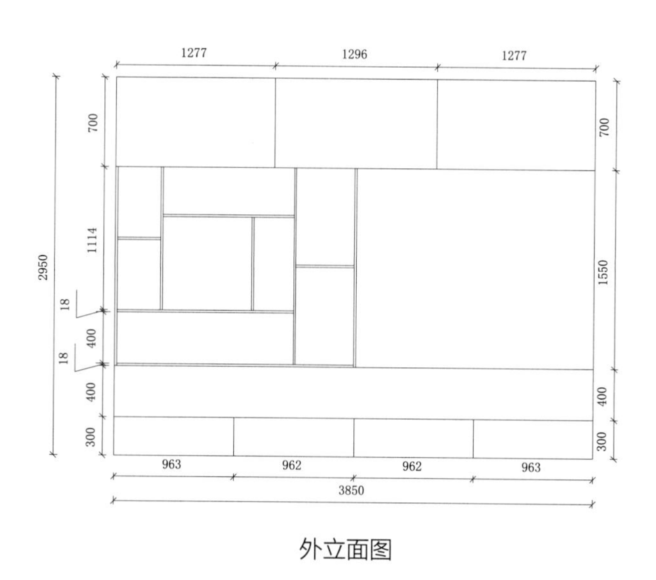

外立面图

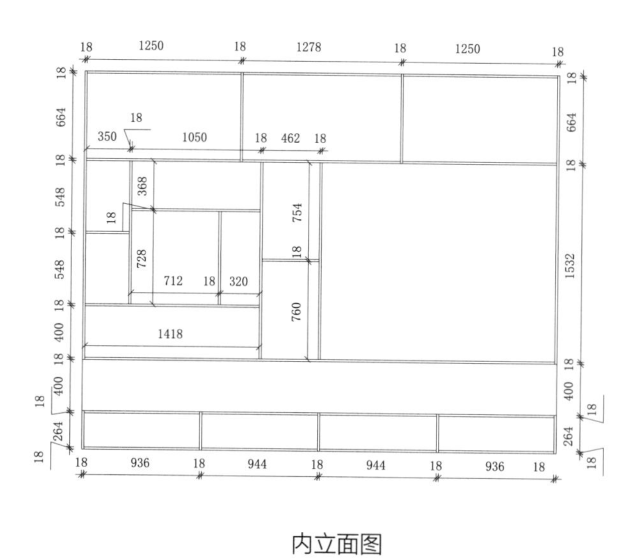

内立面图

编号：DSG-006 ◆ 风格：现代轻奢

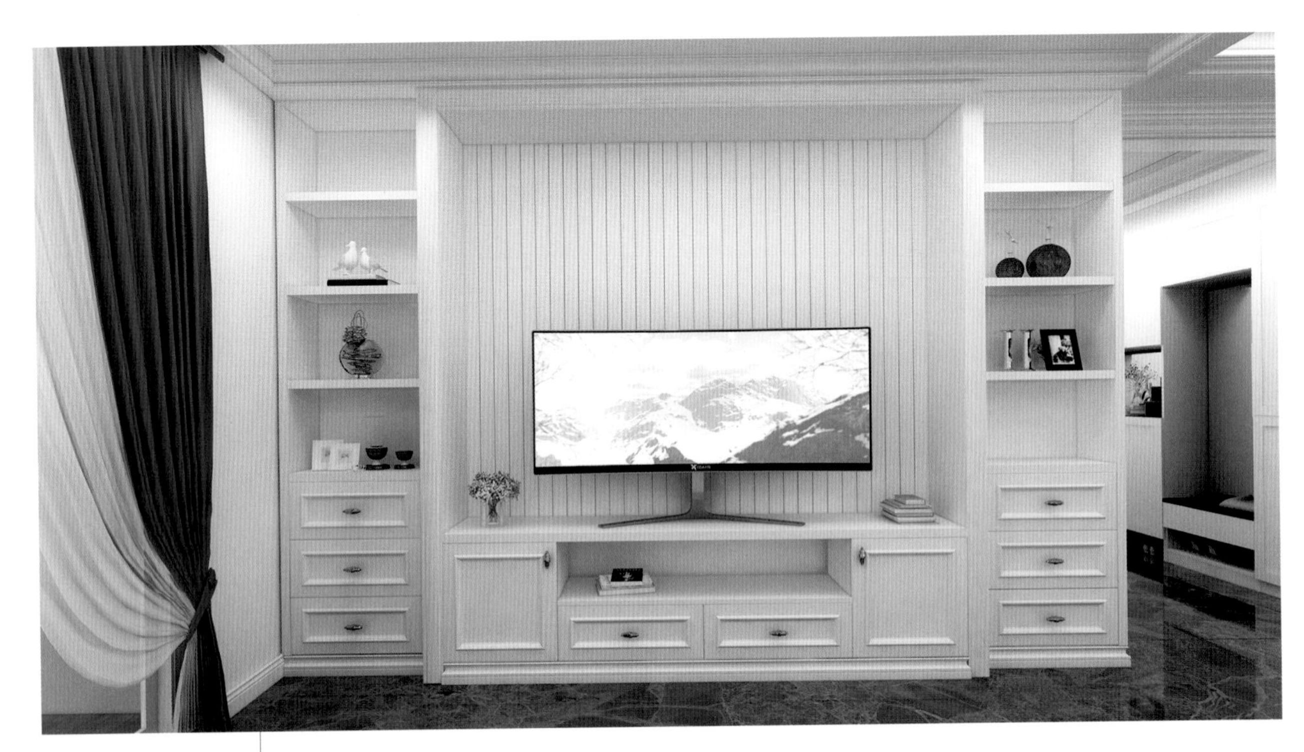

编号：DSG-007 ◆ 风格：现代轻奢

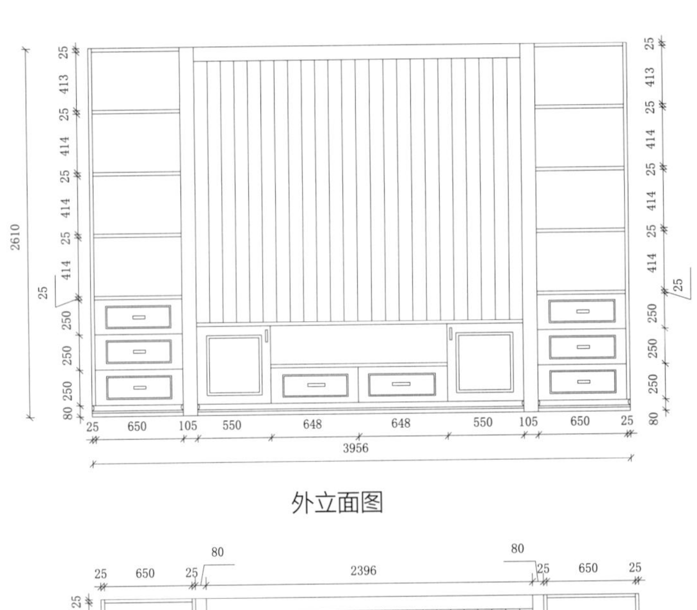

外立面图

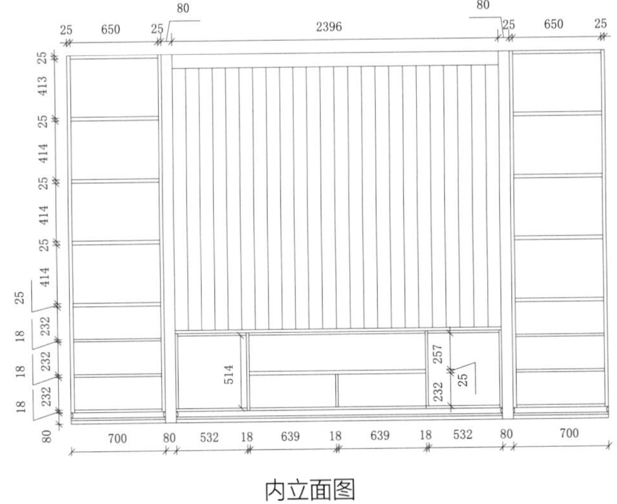

内立面图

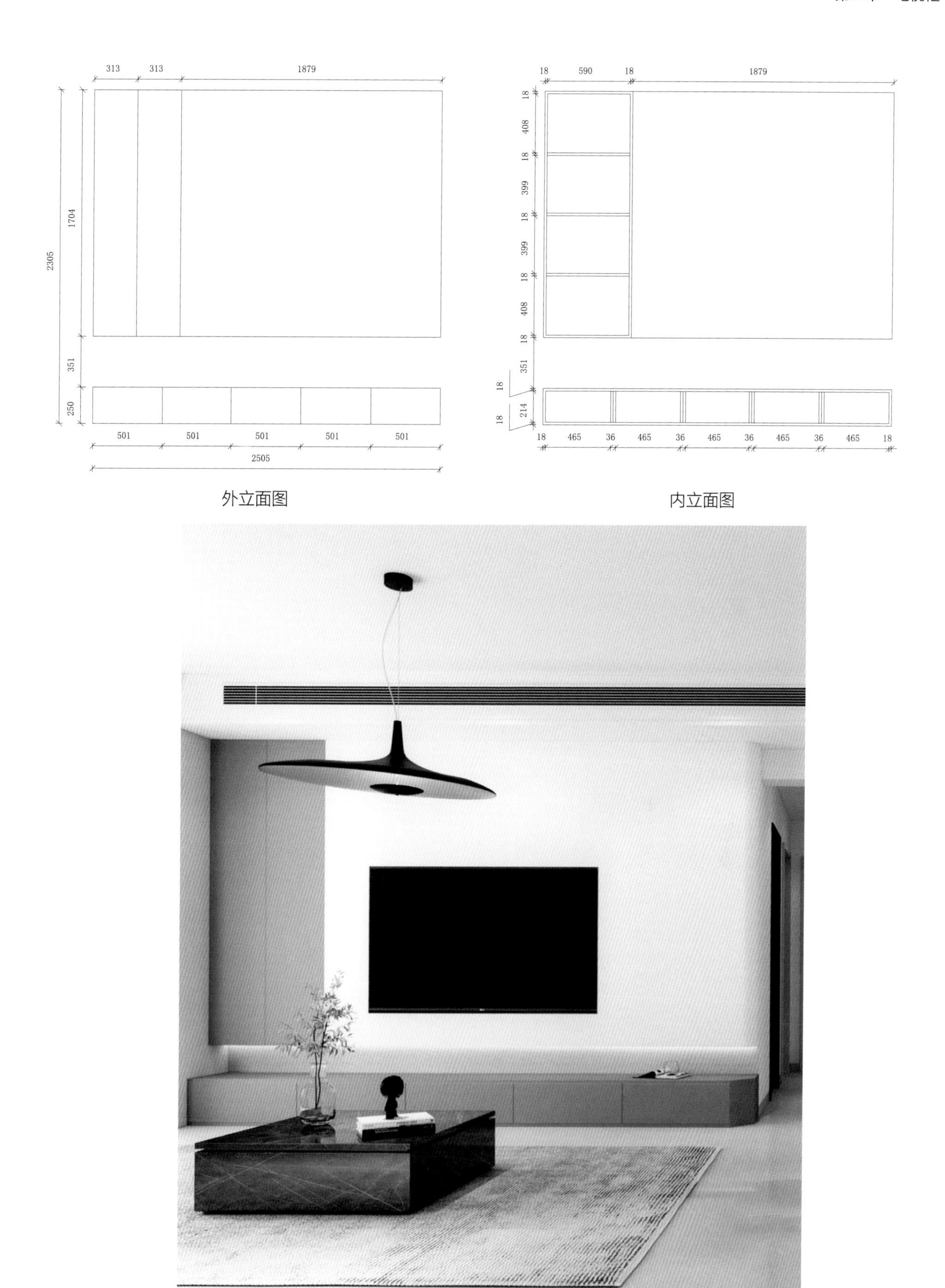

外立面图

内立面图

编号：DSG-008 ◆ 风格：现代轻奢

编号：DSG-009 ◆ 风格：现代轻奢

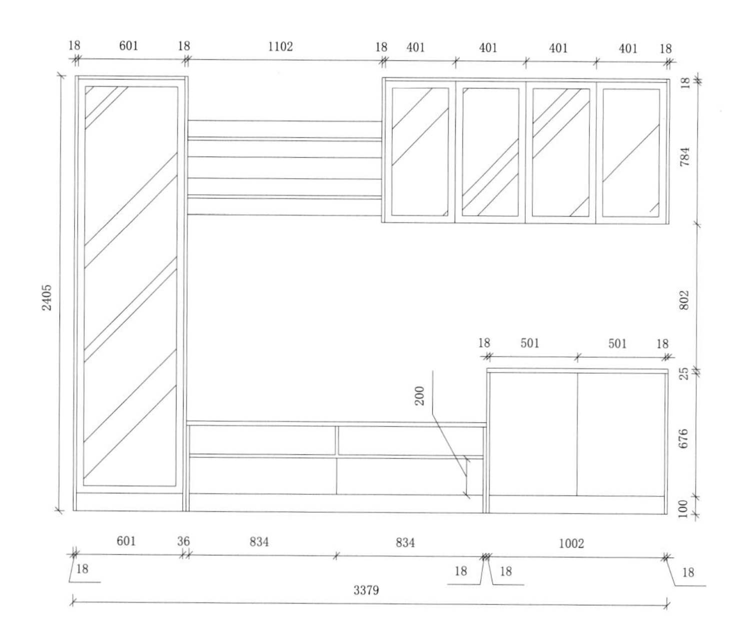
18
601
18
1102
18
401
401
401
401
18
18
784
802
2405
18
501
501
18
25
200
676
100
601
36
834
834
1002
18
18
18
18
3379

外立面图

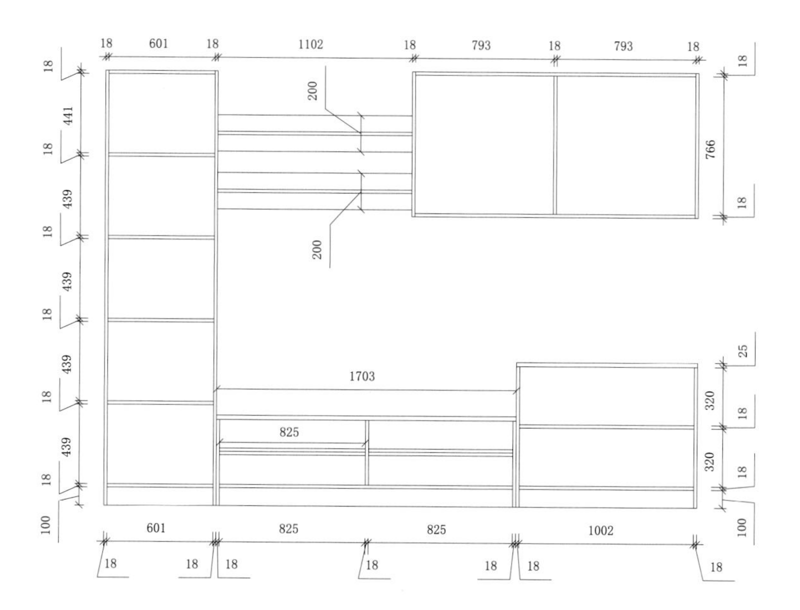
18
601
18
1102
18
793
18
793
18
18
441
18
439
18
439
18
439
18
439
18
100
200
200
18
766
18
1703
825
25
320
18
320
18
100
601
825
825
1002
18
18
18
18
18
18
18

内立面图

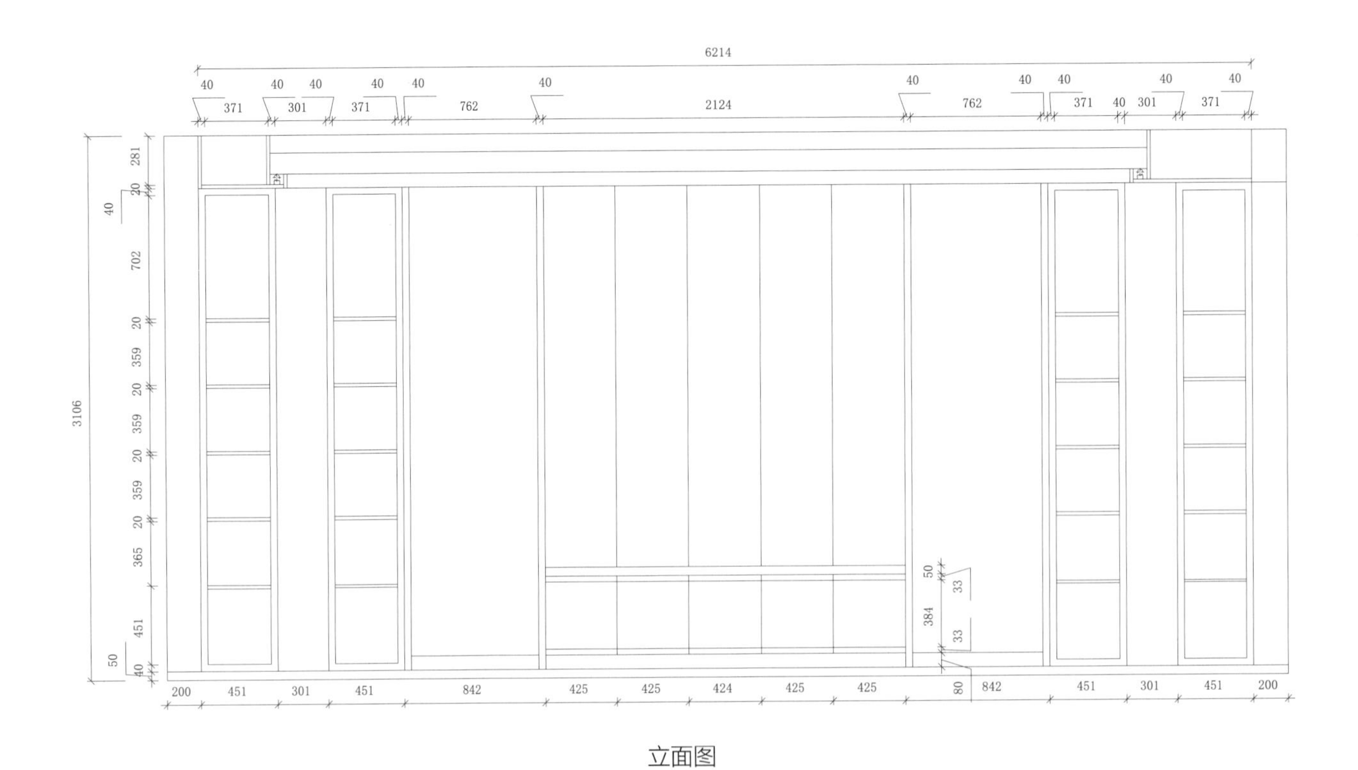

立面图

编号：DSG-010 ◆ 风格：新中式

编号：DSG-011 ◆ 风格：新中式

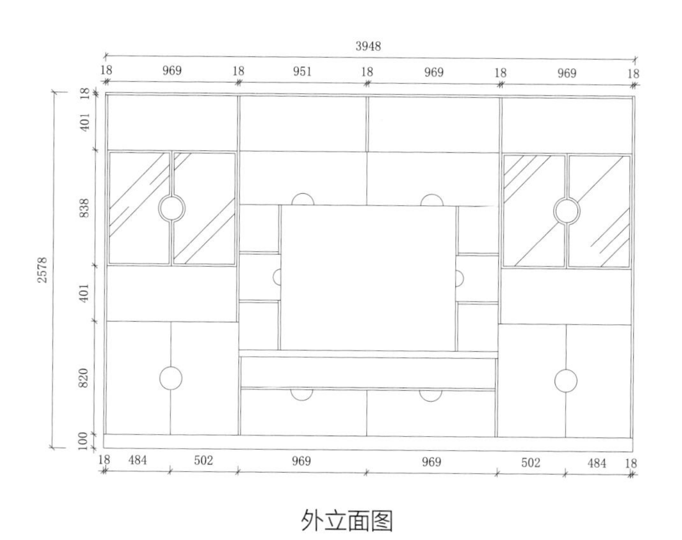

外立面图

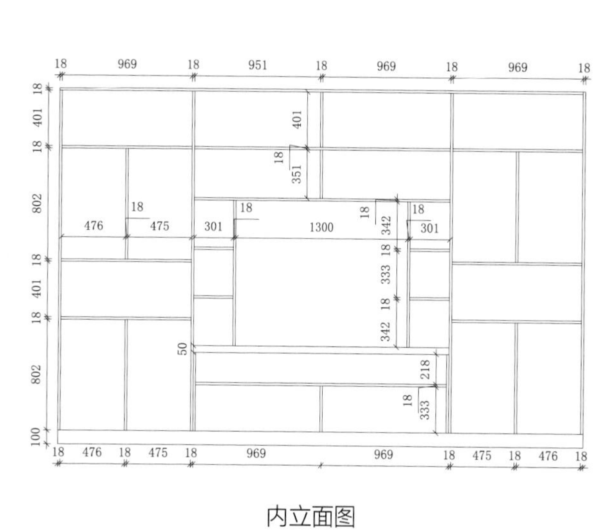

内立面图

编号：DSG-012 ◆ 风格：新中式

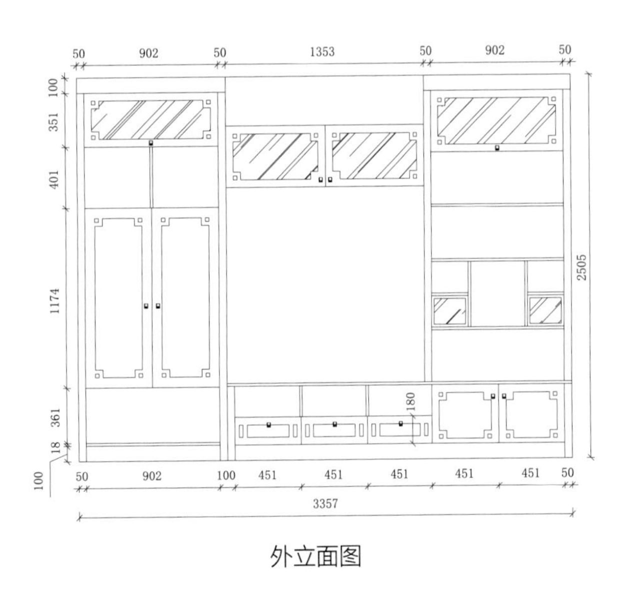

外立面图

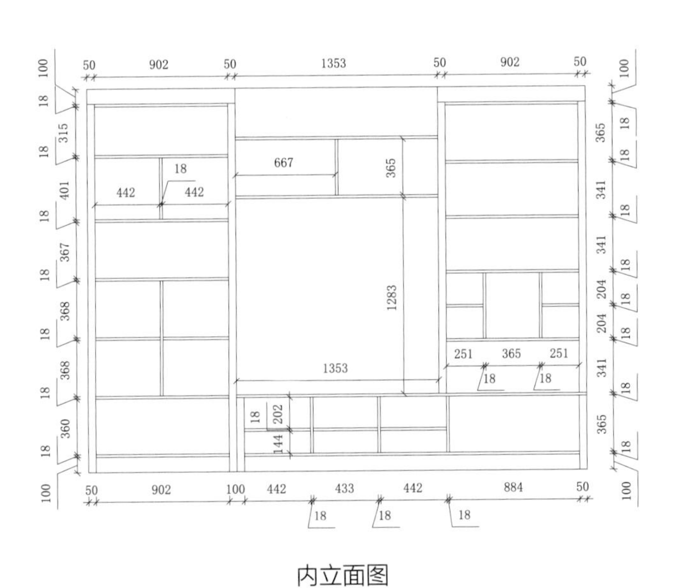

内立面图

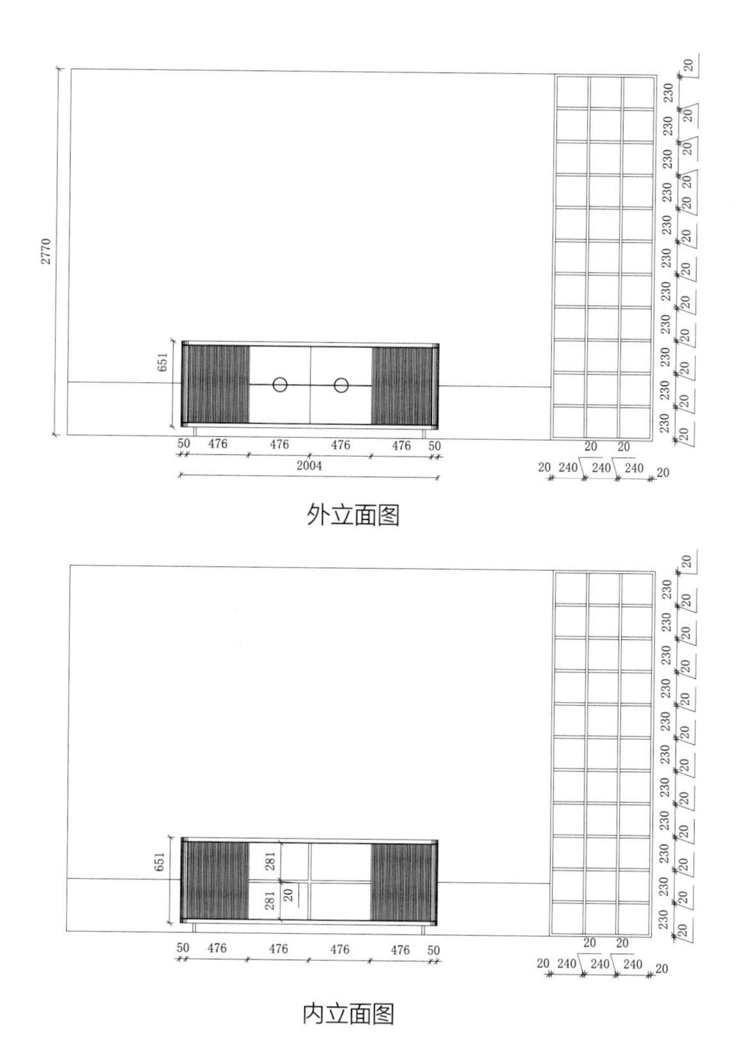

外立面图

内立面图

编号：DSG-013 ◆ 风格：日式

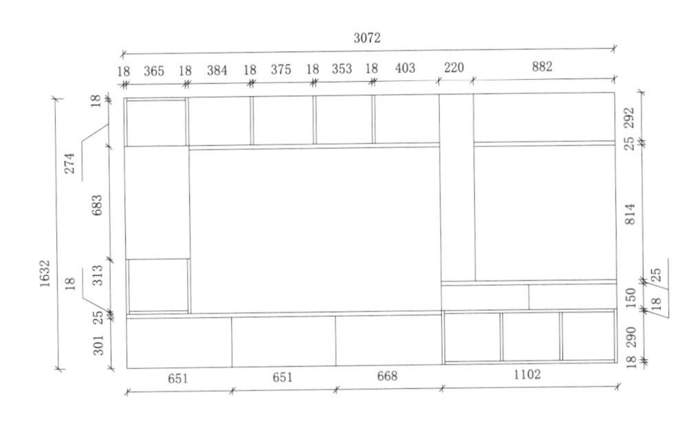

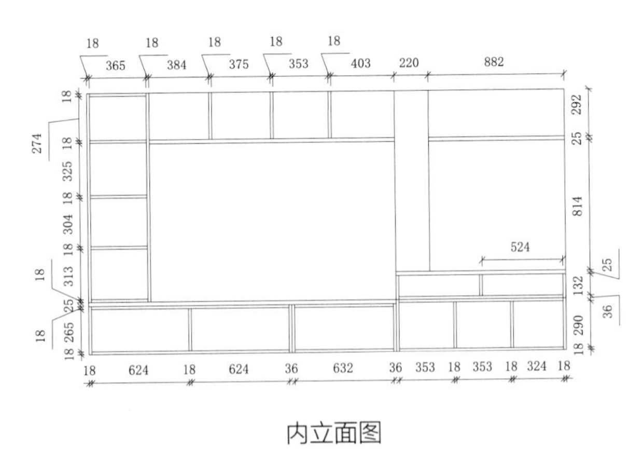

外立面图　　内立面图

编号：DSG-014 ◆ 风格：日式

编号：DSG-015 ◆ 风格：日式

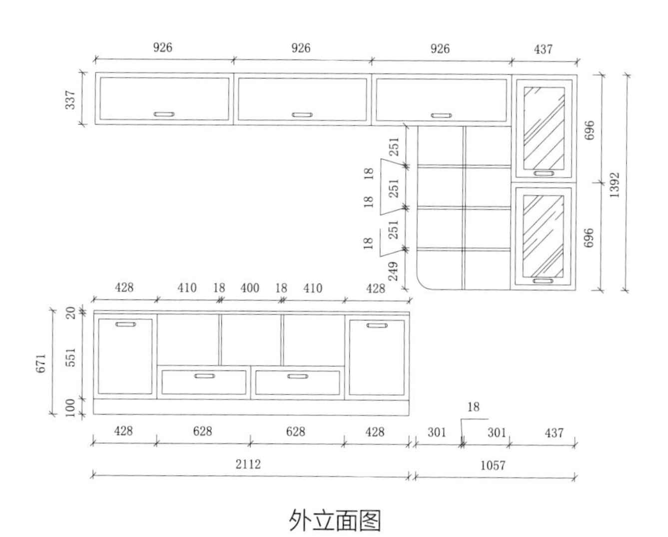

外立面图

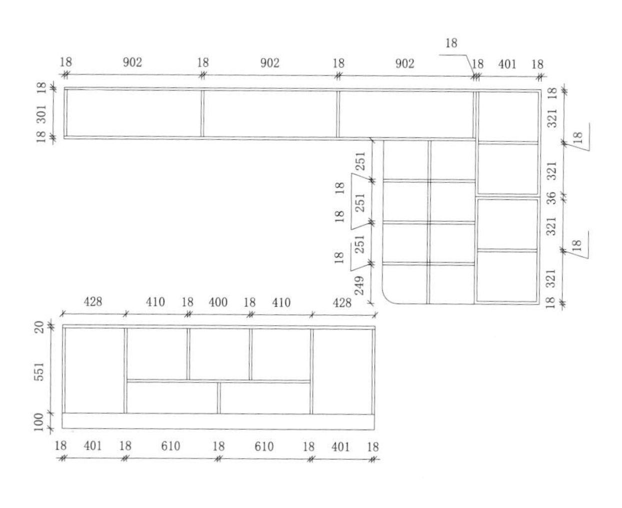

内立面图

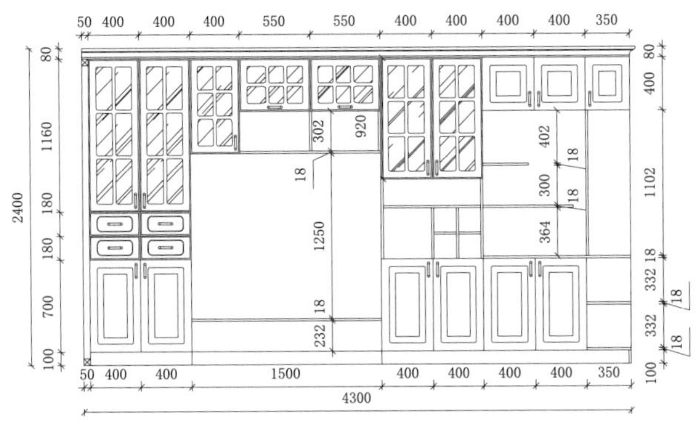
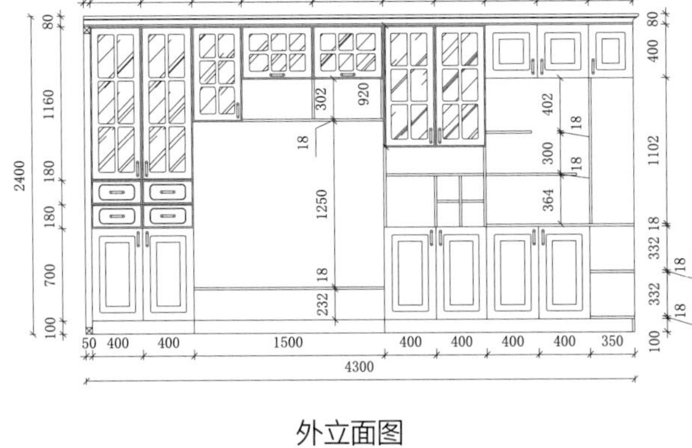

外立面图

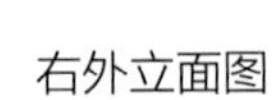

右外立面图

内立面图

右内立面图

编号：DSG-016 ◆ 风格：简欧

编号：DSG-017 ◆ 风格：简欧

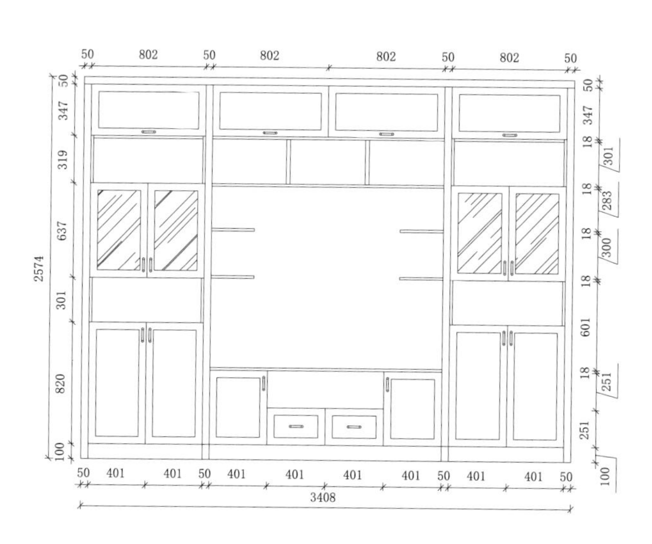

外立面图

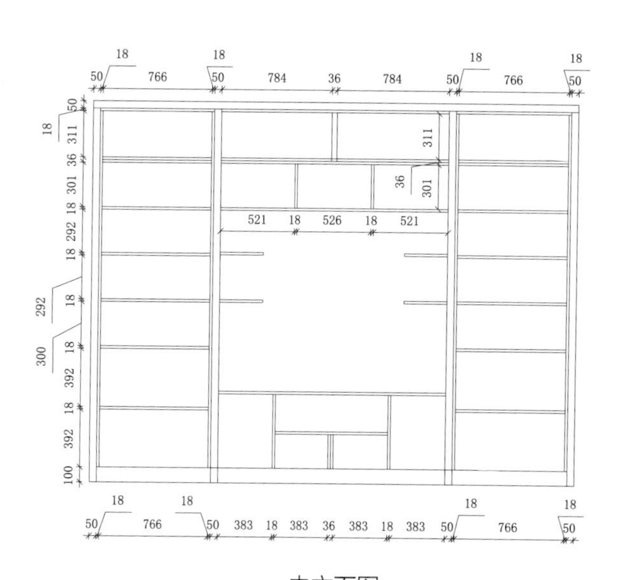

内立面图

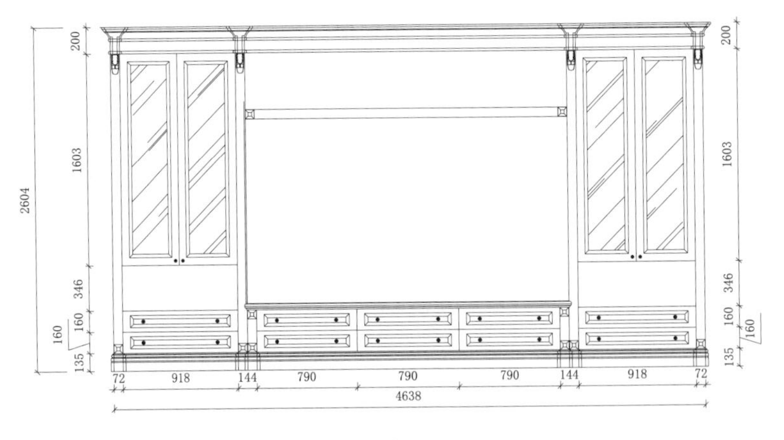

外立面图

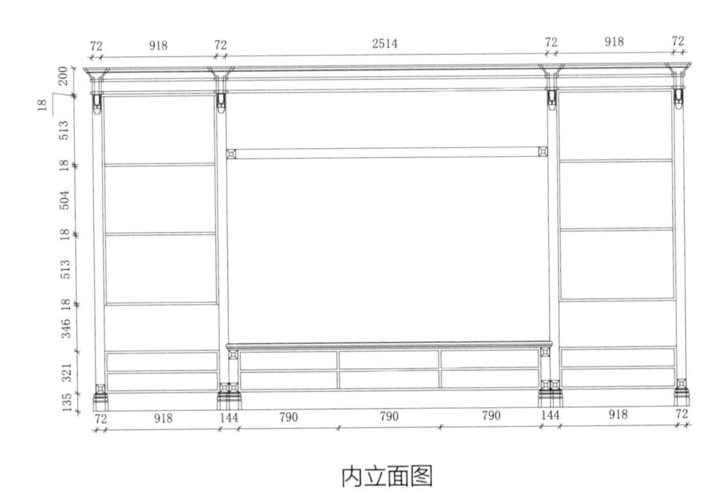

内立面图

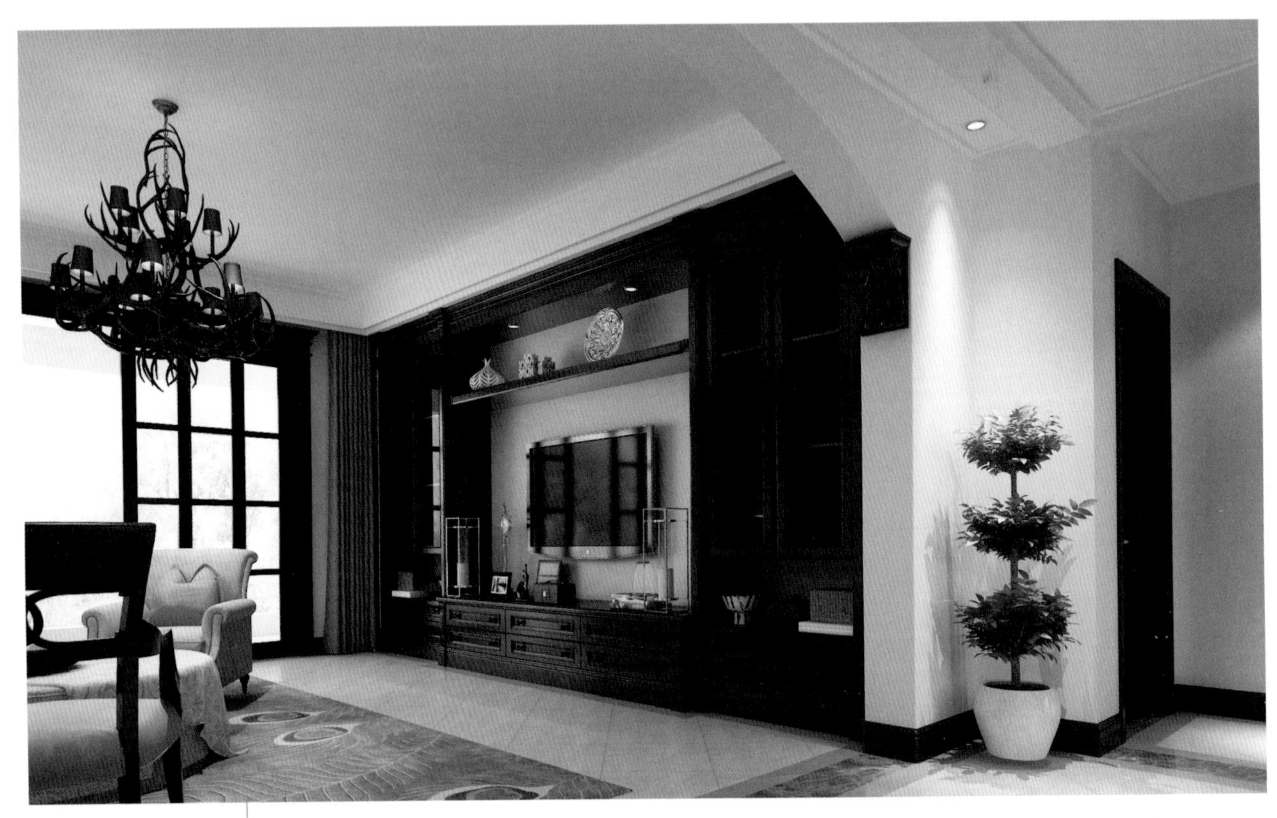

编号：DSG-018 ◆ 风格：美式乡村

第三章

餐边柜、酒柜

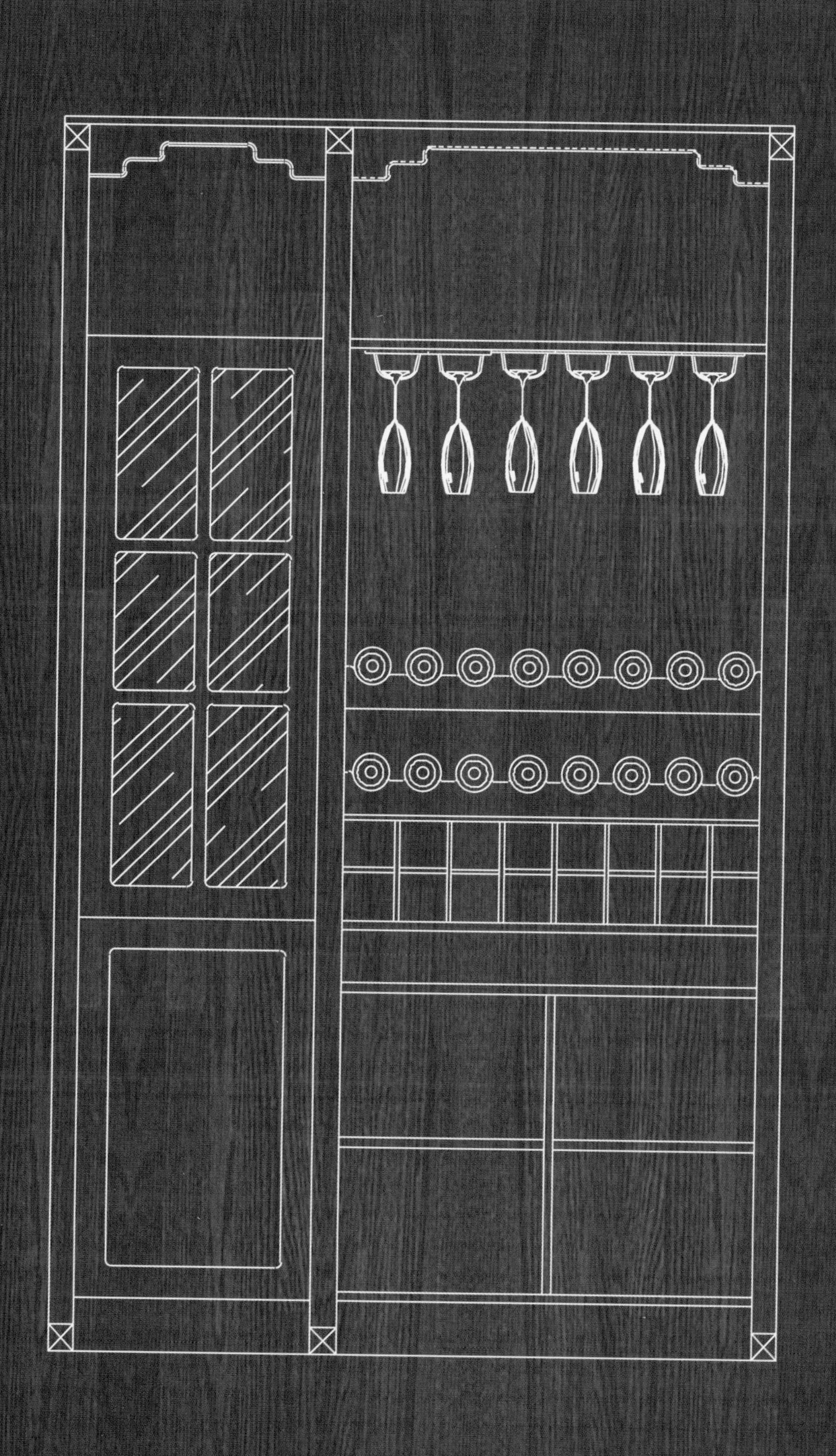

编号：CBG-001 ◆ 风格：现代轻奢

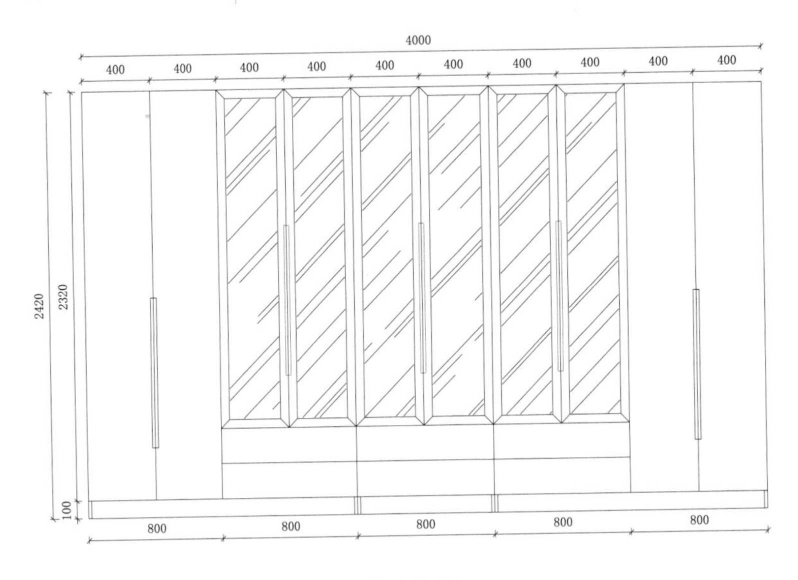

外立面图

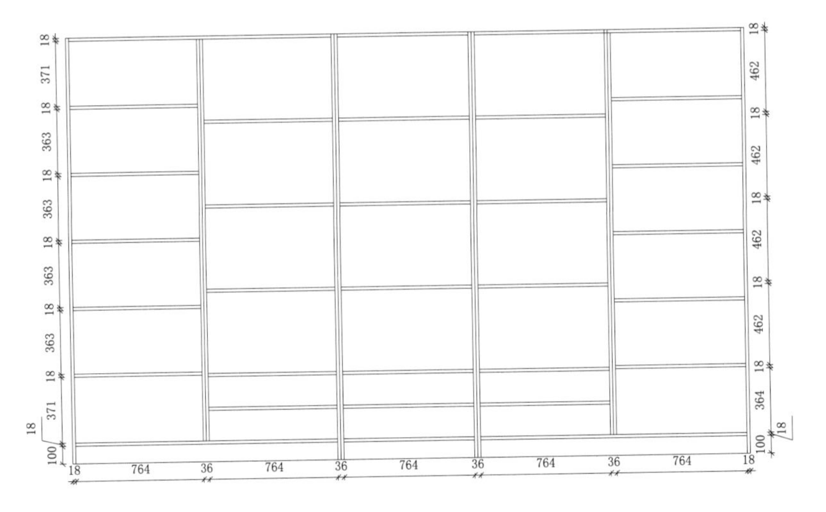

内立面图

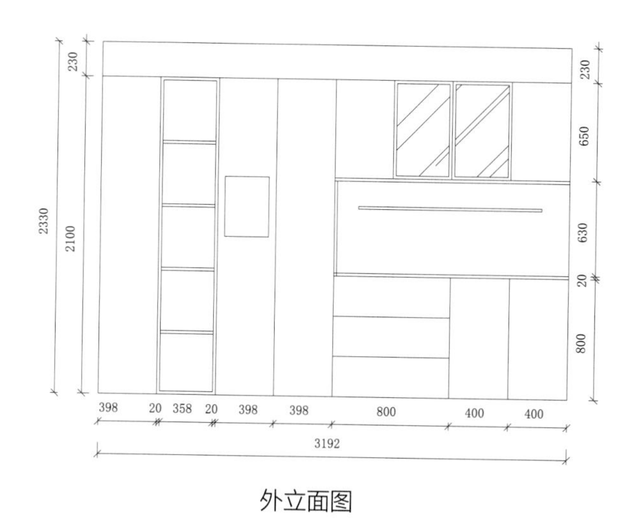

外立面图

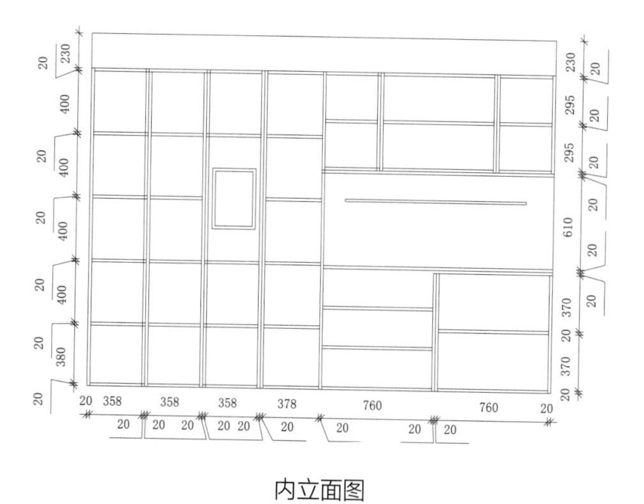

内立面图

编号：CBG-002 ◆ 风格：现代轻奢

编号：CBG-003 ◆ 风格：现代轻奢

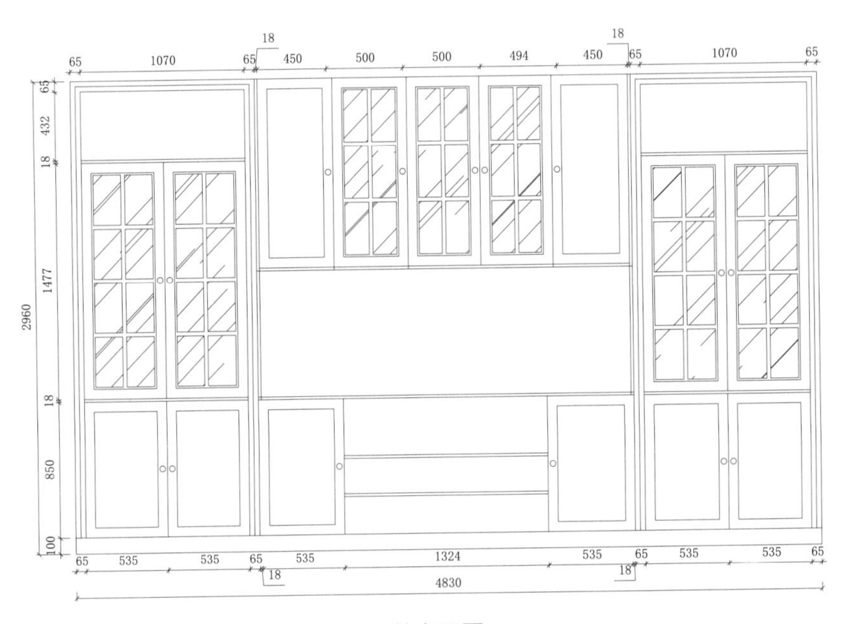

外立面图

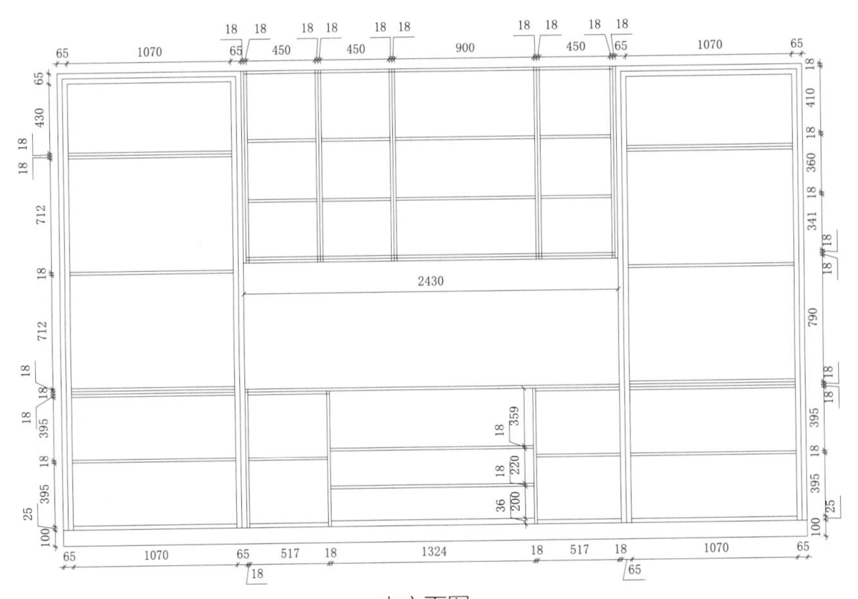

内立面图

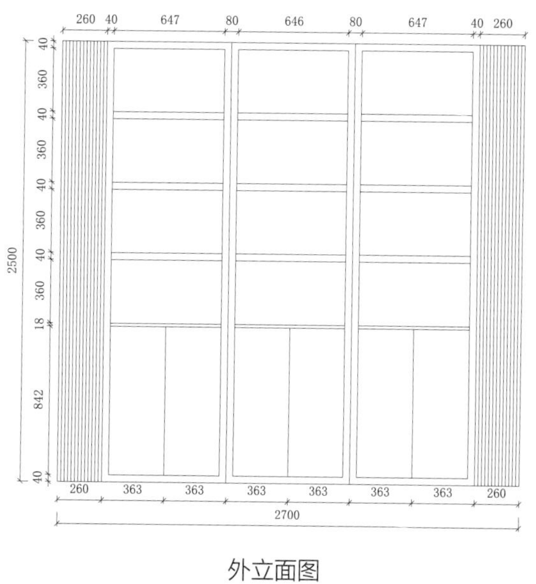

外立面图

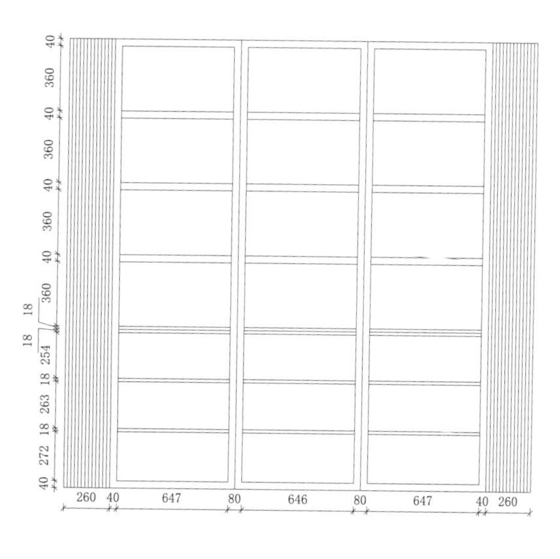

内立面图

编号：CBG-004 ◆ 风格：现代简约

编号：CBG-005 ◆ 风格：现代简约

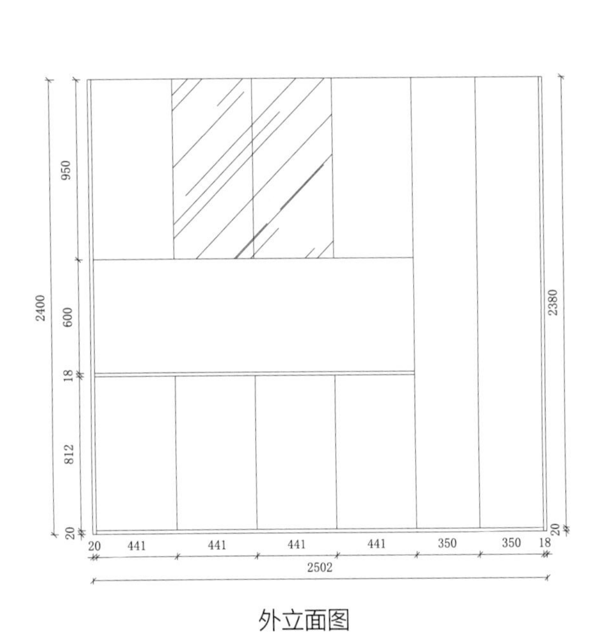

外立面图

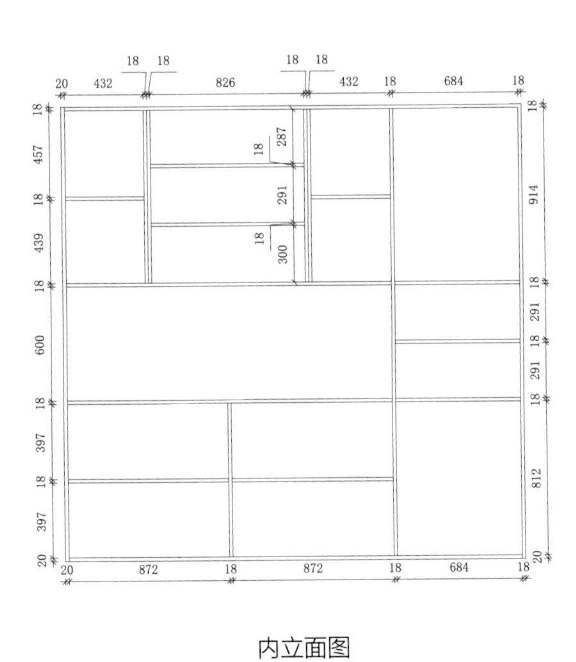

内立面图

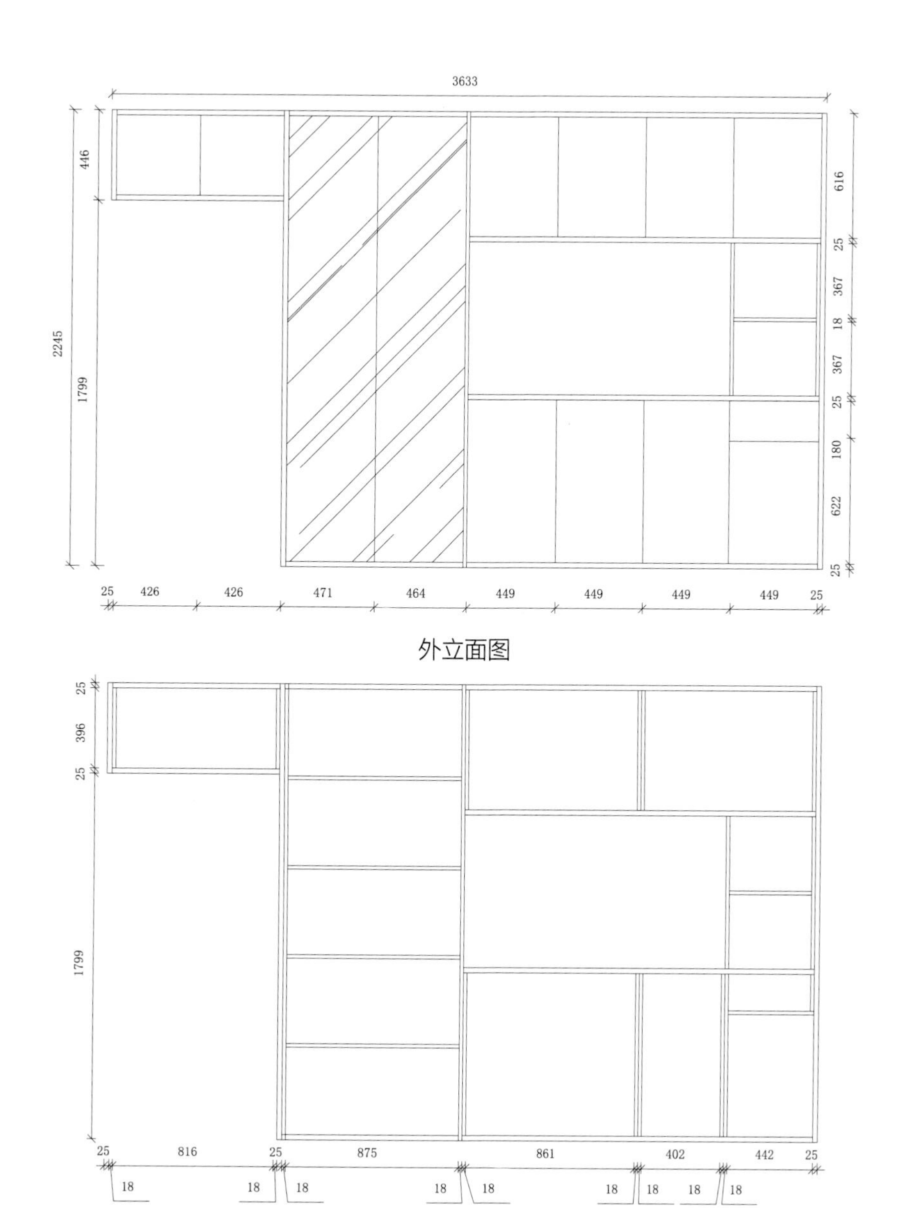

编号：CBG-006 ◆ 风格：现代简约

编号：CBG-007 ◆ 风格：现代简约

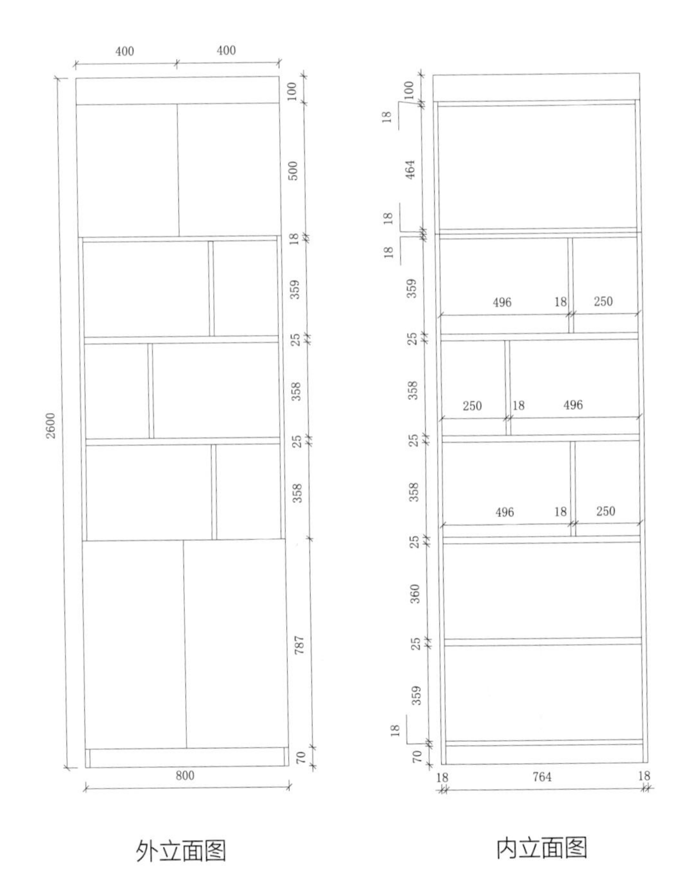

外立面图　　内立面图

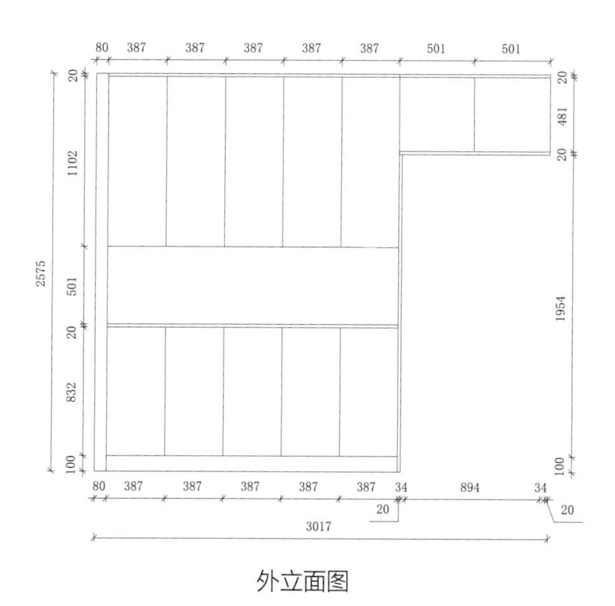

外立面图

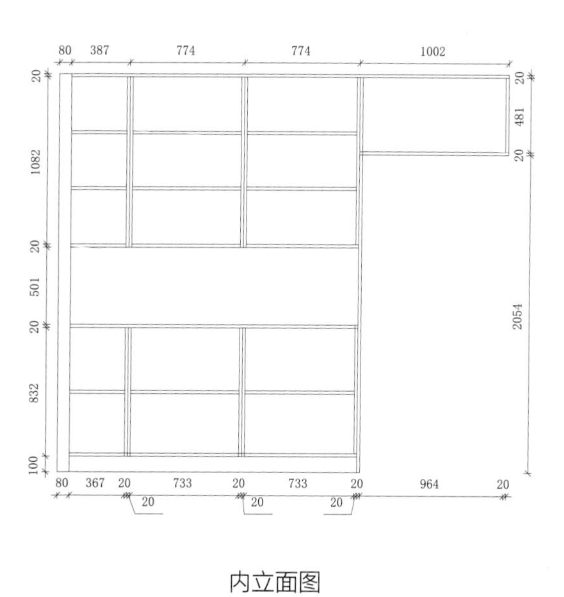

内立面图

编号：CBG-008 ◆ 风格：现代简约

编号：CBG-009 ◆ 风格：现代简约

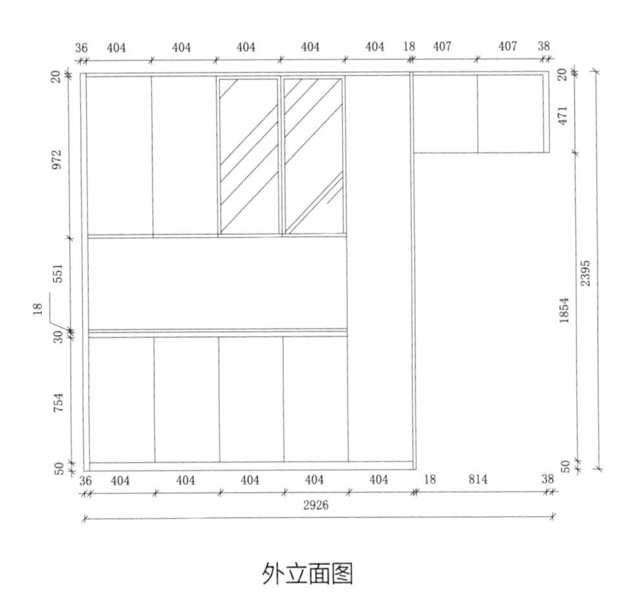

外立面图

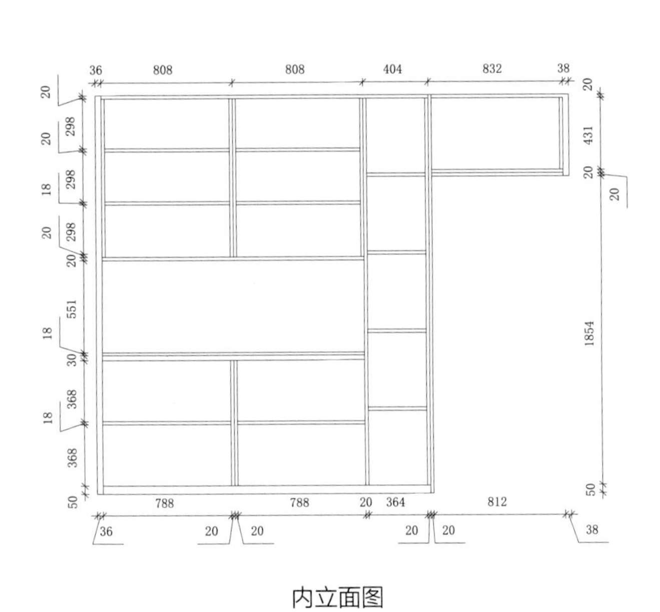

内立面图

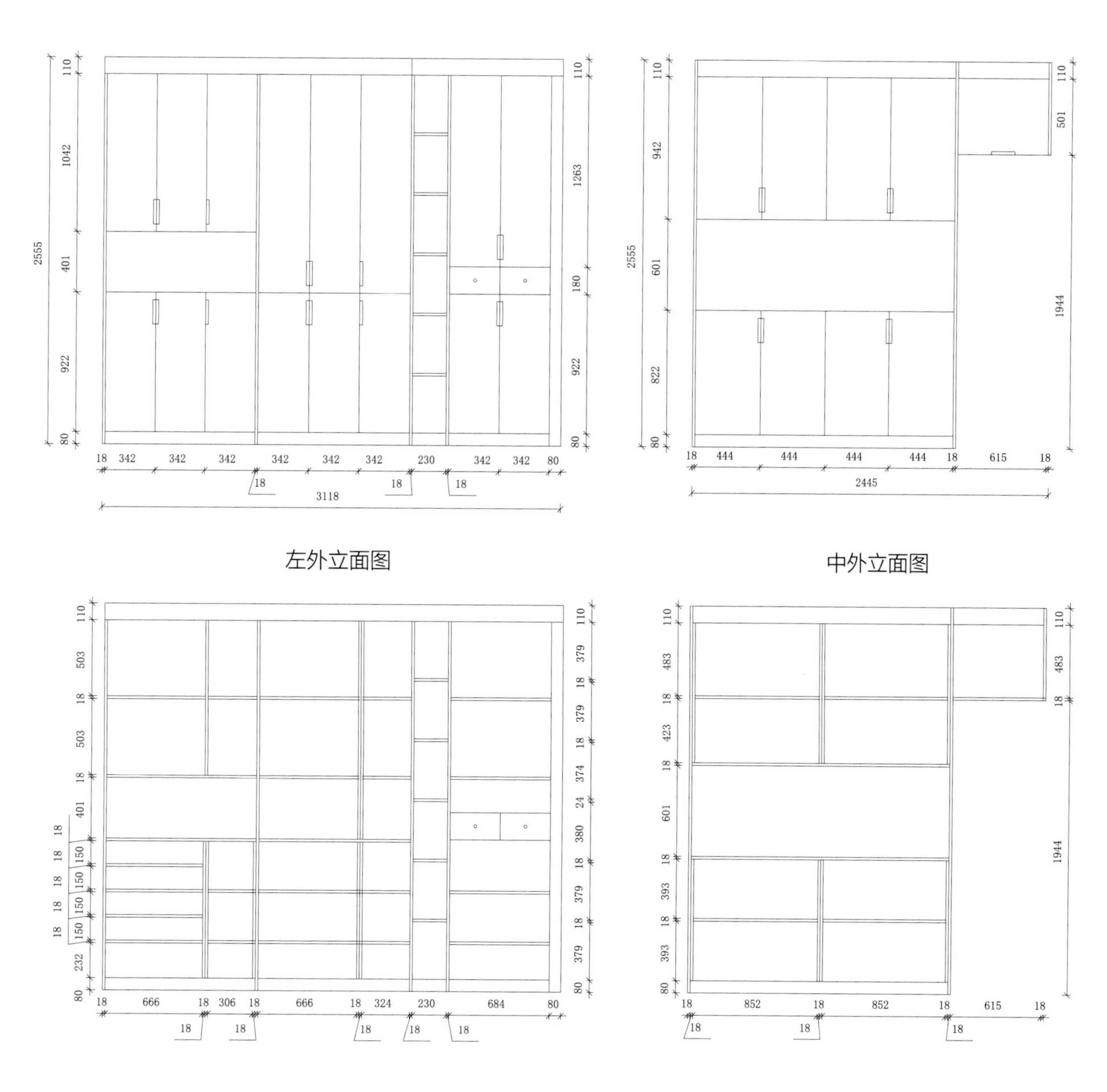

编号：CBG-010 ◆ 风格：简欧

编号：JG-001 ◆ 风格：现代轻奢

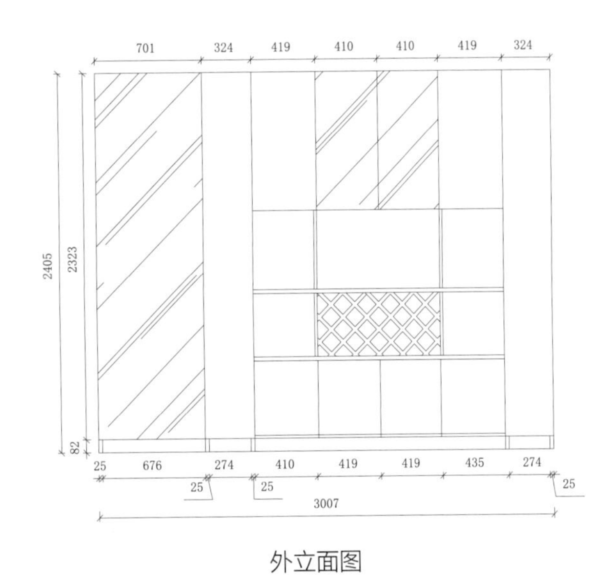

外立面图

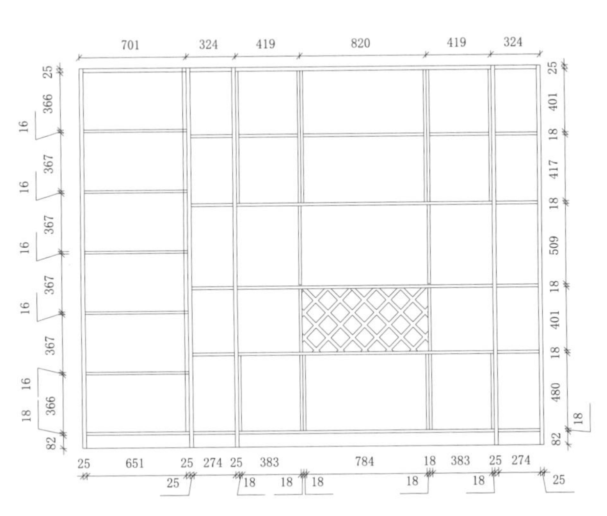

内立面图

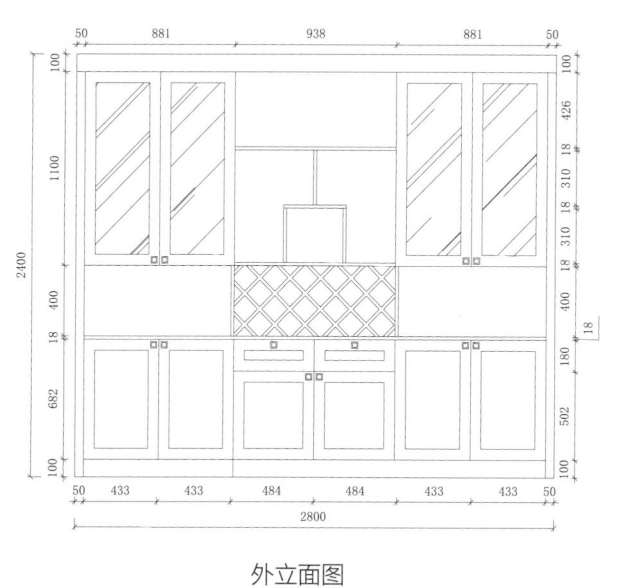

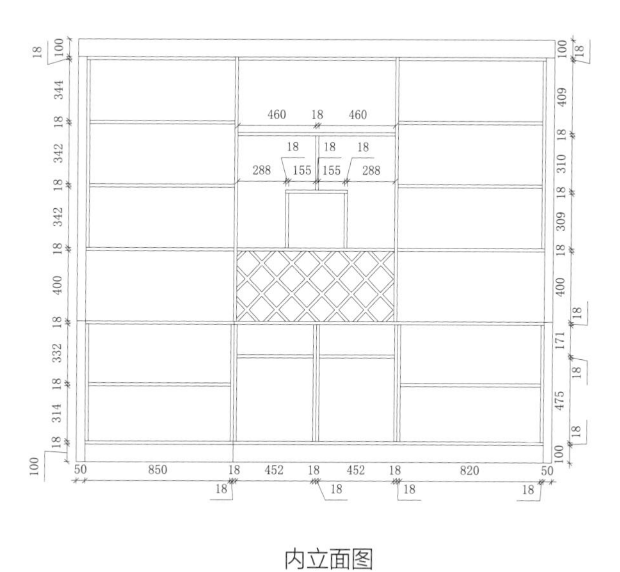

外立面图　　内立面图

编号：JG-002 ◆ 风格：现代简约

编号：JG-003 ◆ 风格：新中式

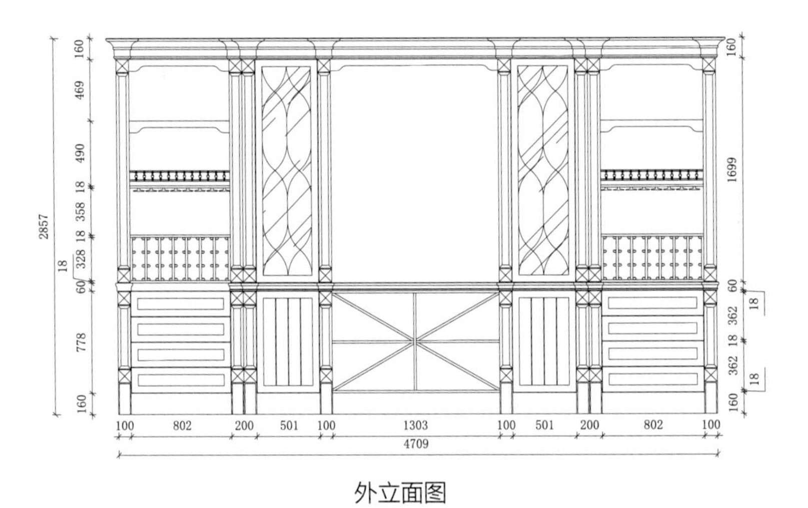

外立面图

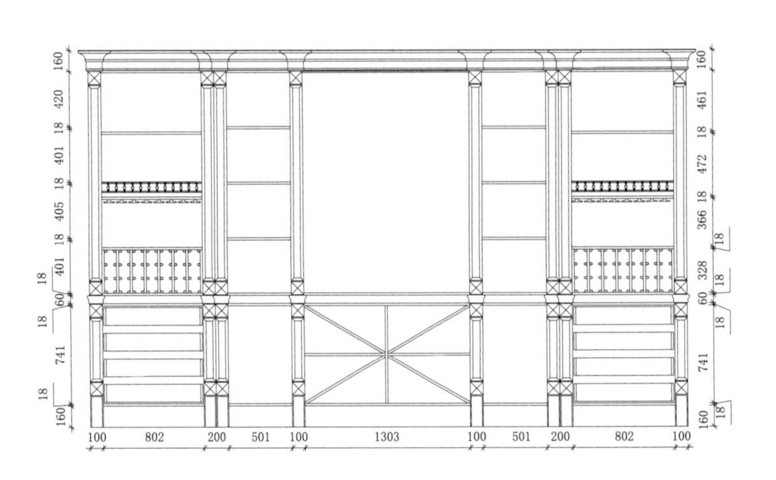

内立面图

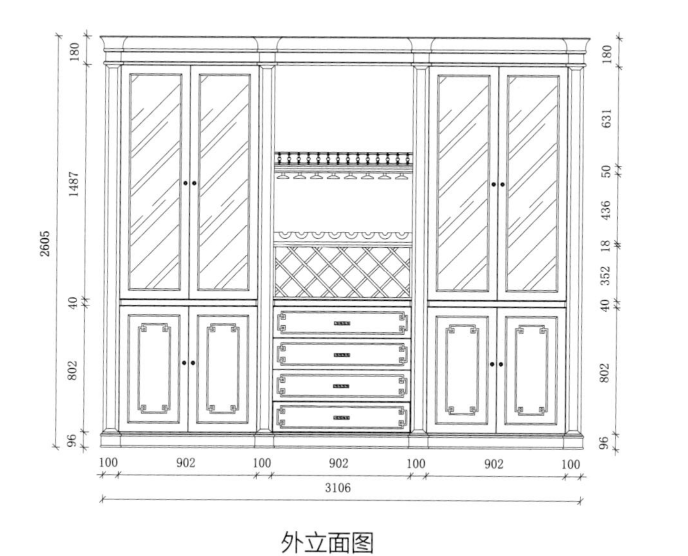

外立面图

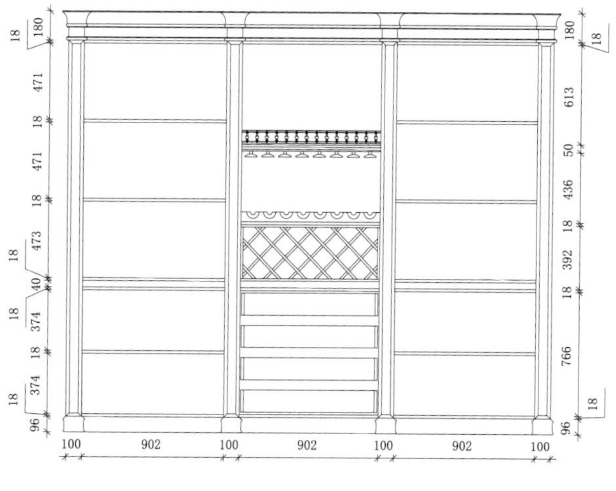

内立面图

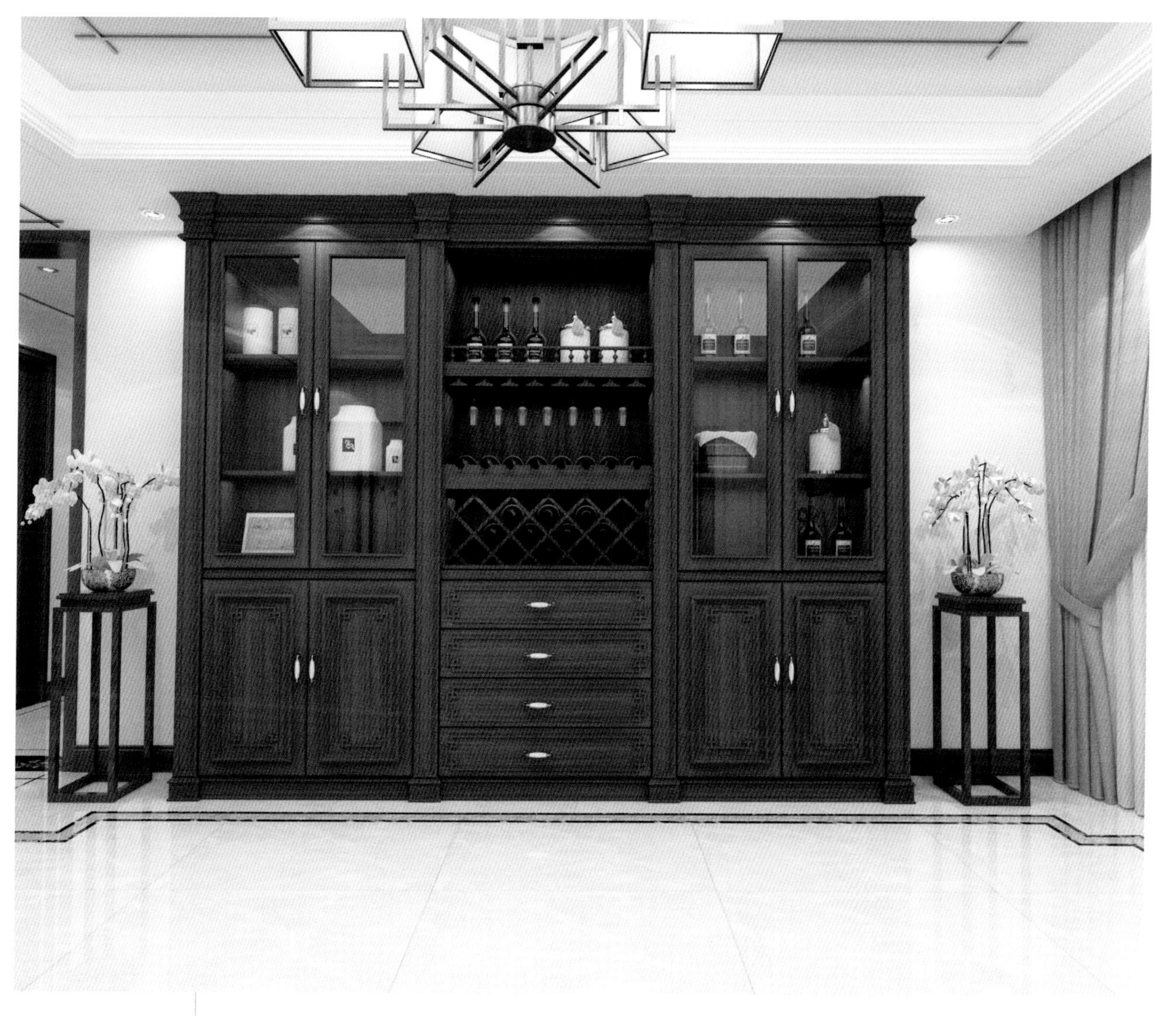

编号：JG-004 ◆ 风格：新中式

编号：JG-005 ◆ 风格：简欧

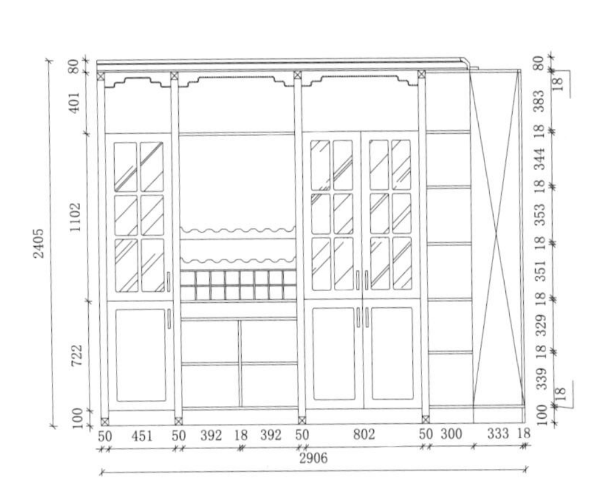

外立面图

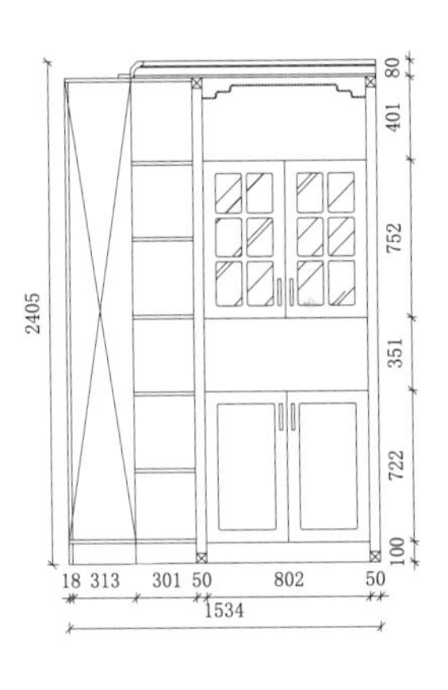

外立面图

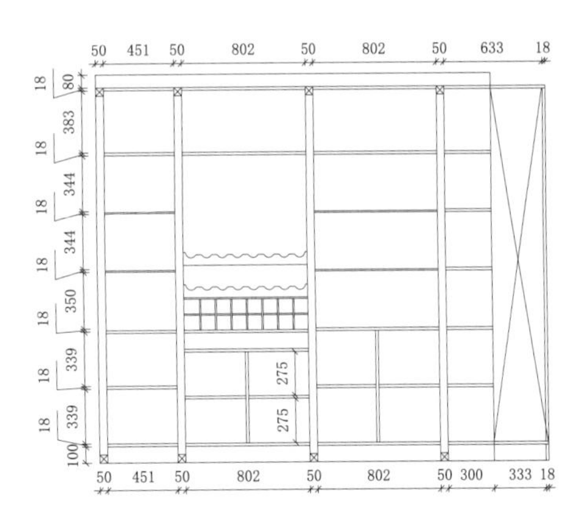

内立面图

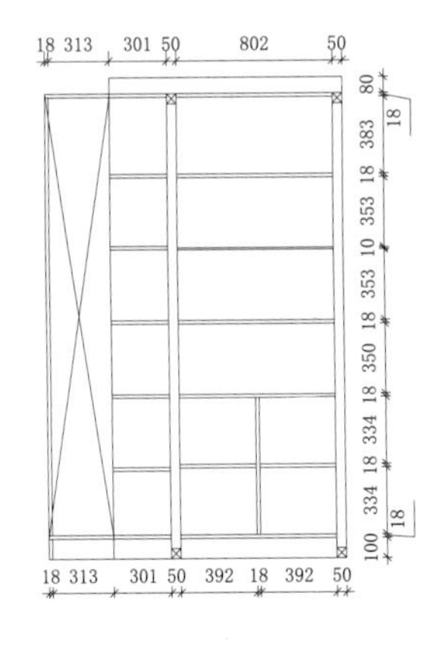

内立面图

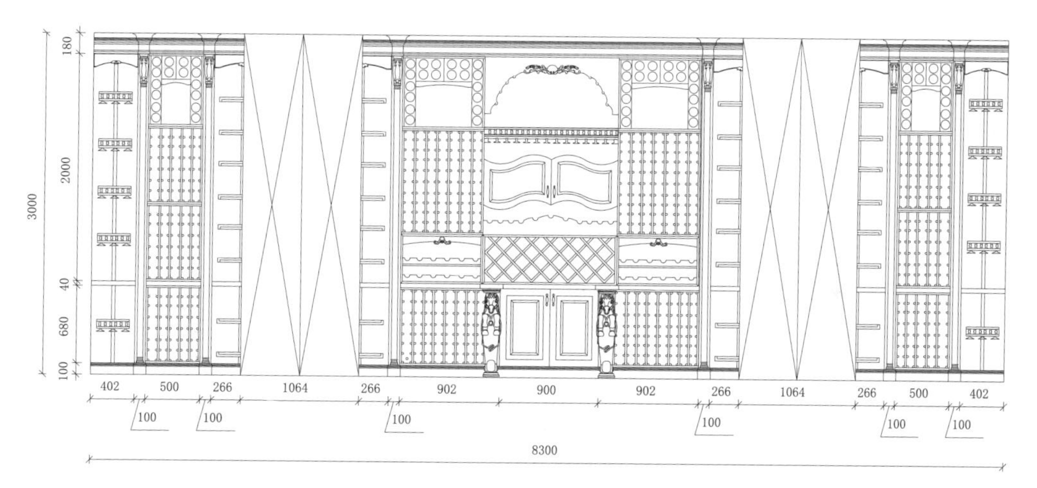

外立面图

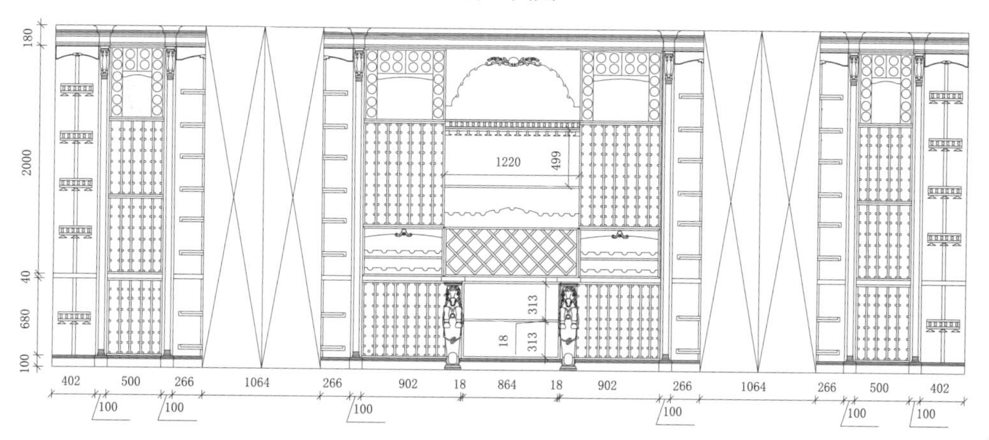

内立面图

编号：JG-006 ◆ 风格：美式乡村

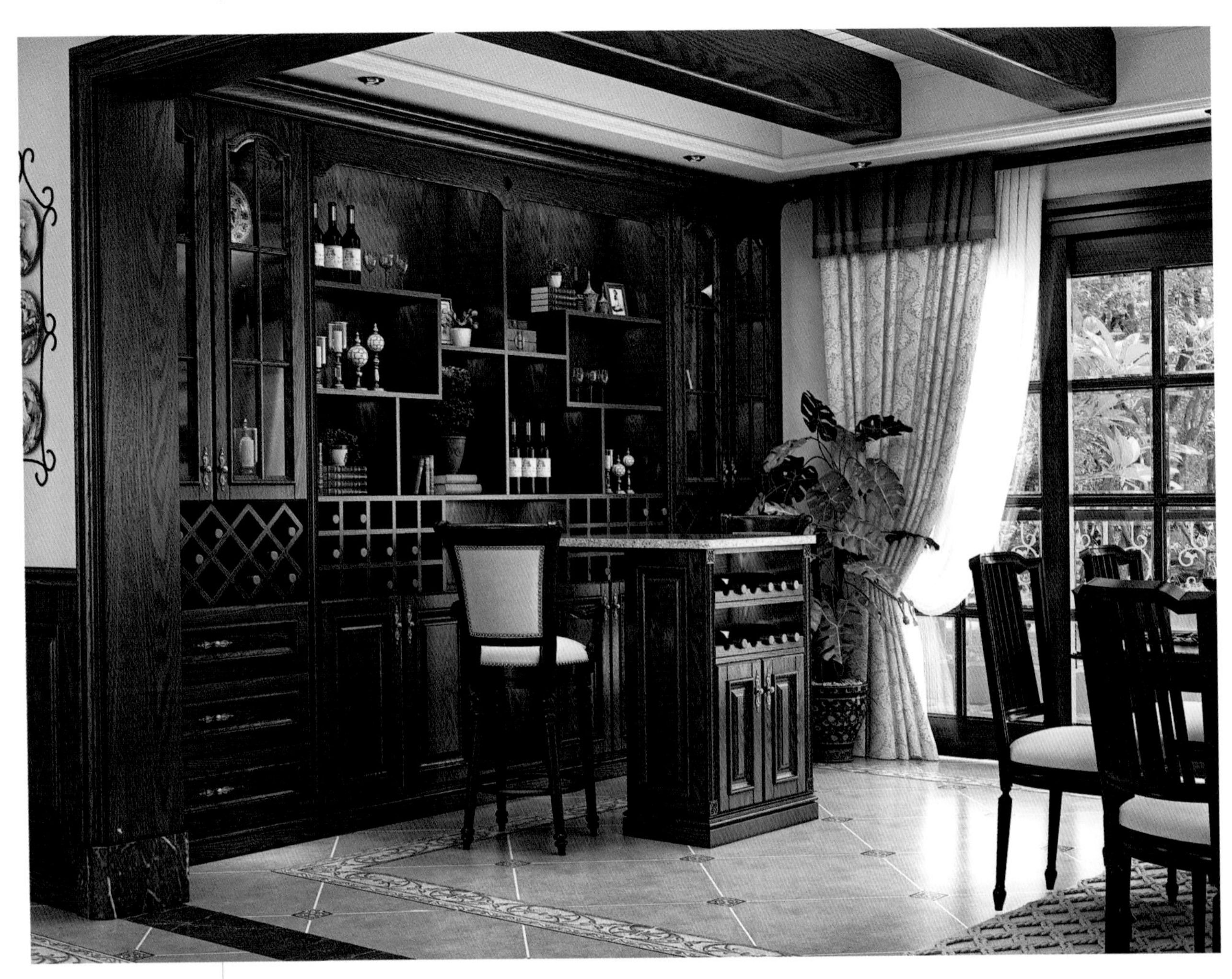

编号：JG-007 ◆ 风格：美式乡村

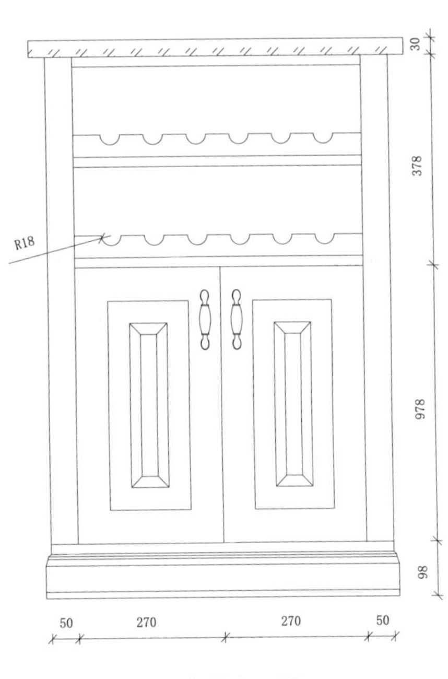

吧台外立面图

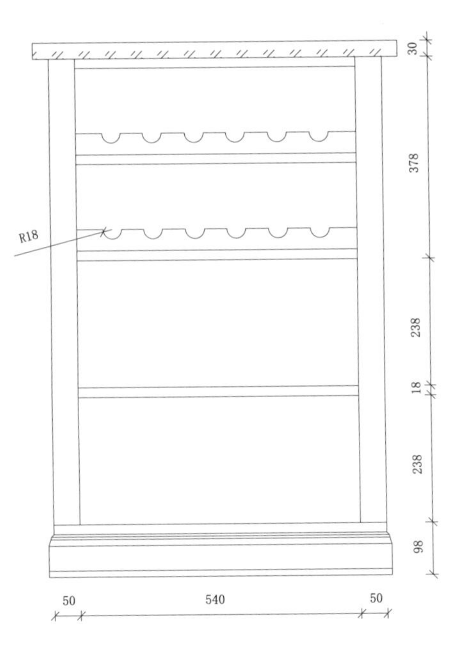

吧台内立面图

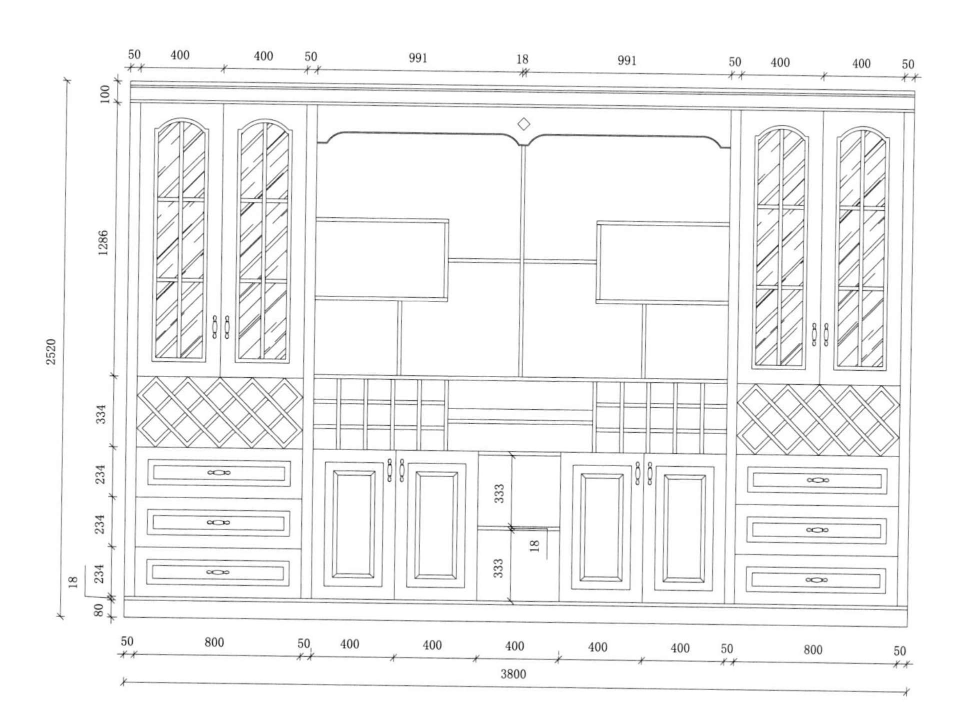

餐边柜外立面图

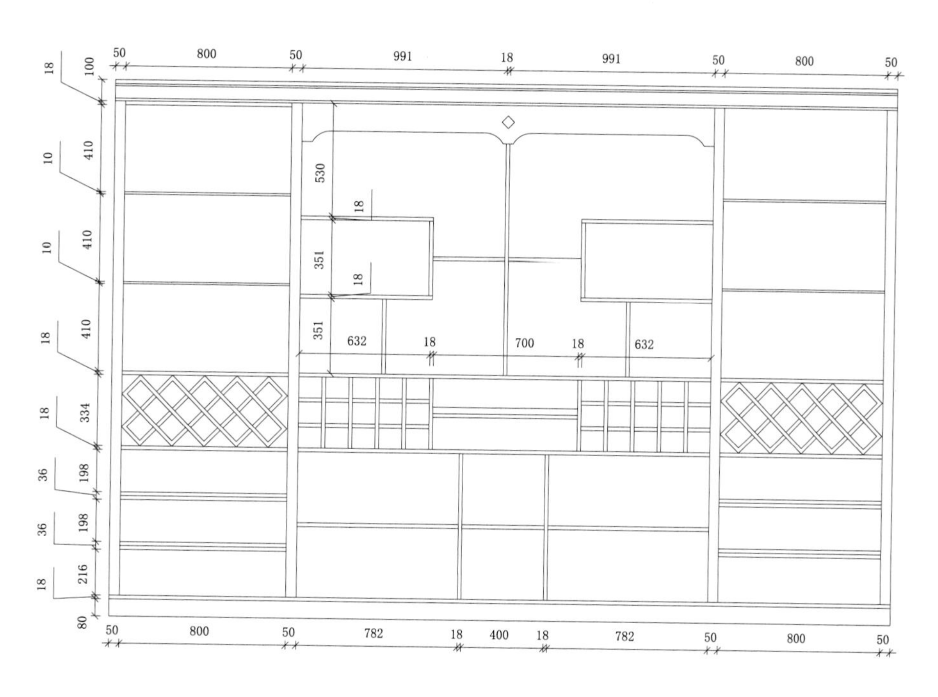

餐边柜内立面图

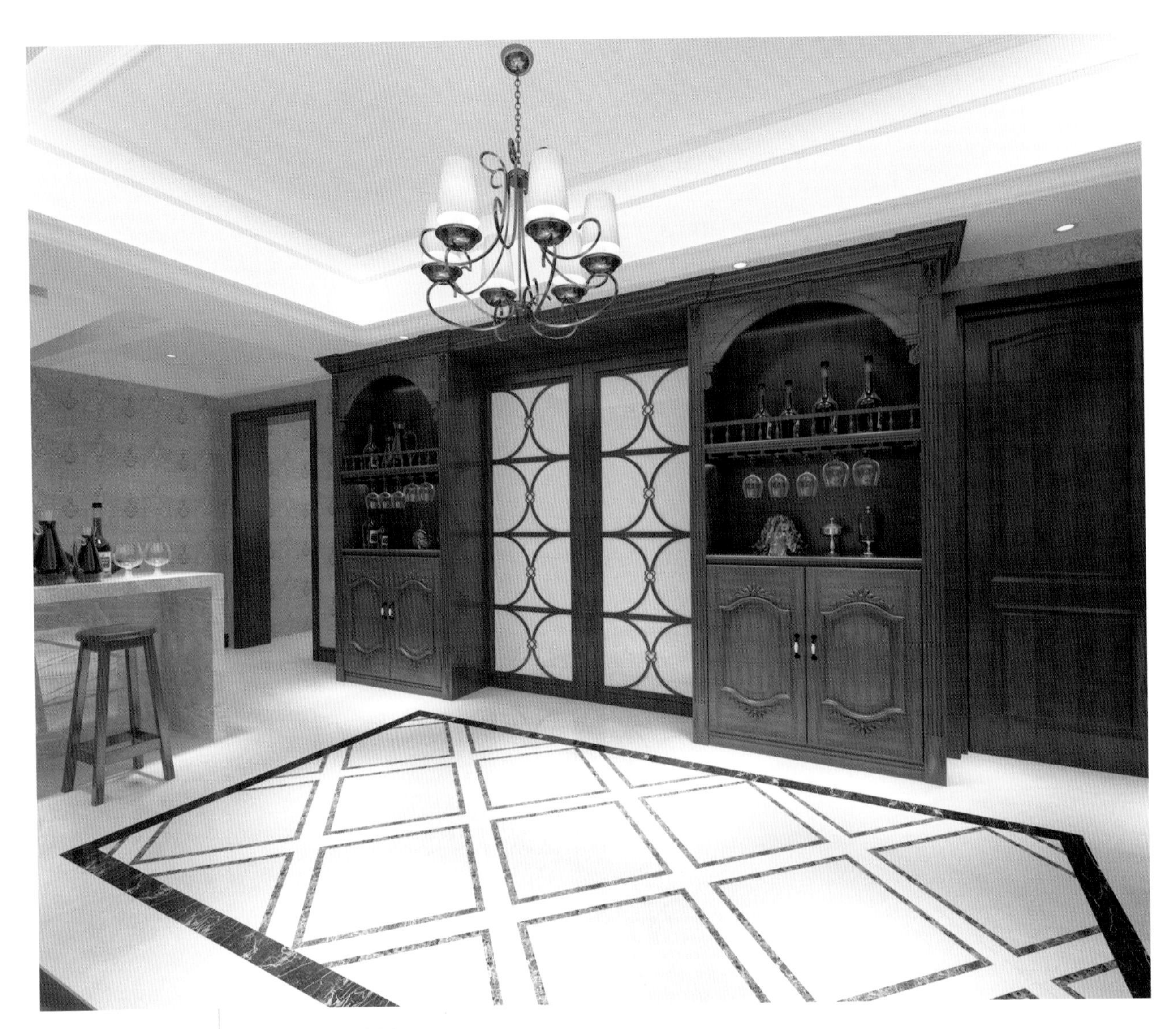

编号：JG-008 ◆ 风格：美式乡村

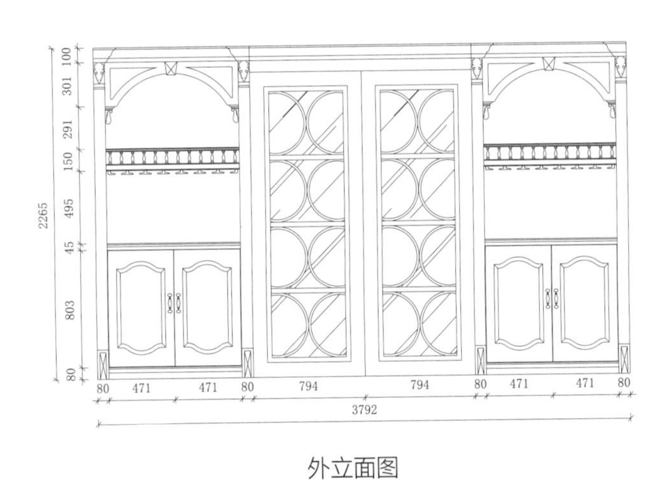

外立面图

100
590
150
496
63
376
18
392
80
80 942 80 1588 80 942 80

内立面图

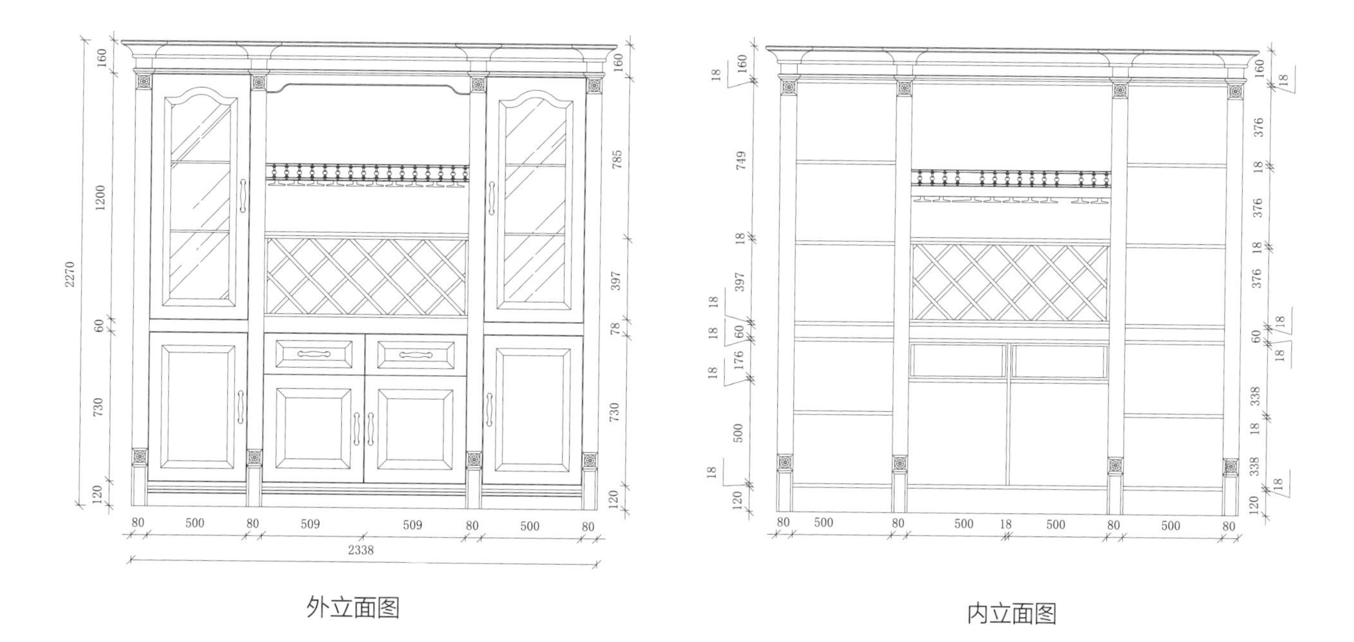

外立面图

内立面图

编号：JG-009 ◆ 风格：美式乡村

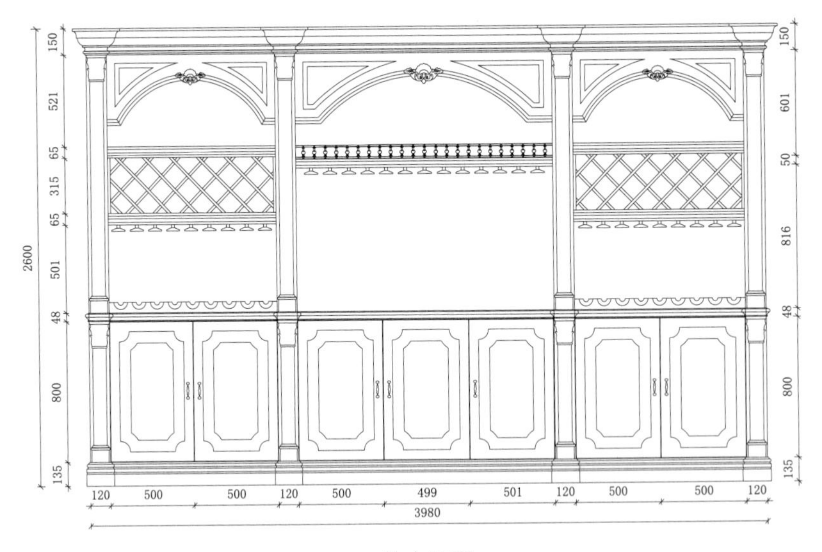

外立面图

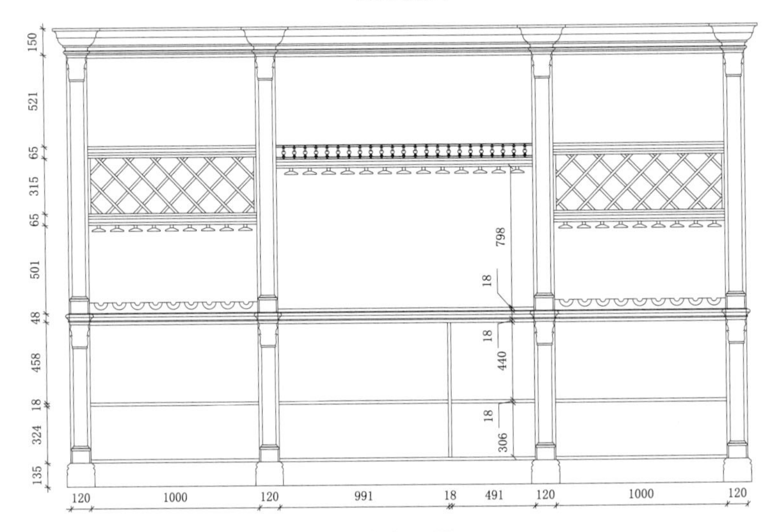

内立面图

编号：JG-010 ◆ 风格：美式乡村

编号：JG-011　◆ 风格：美式乡村

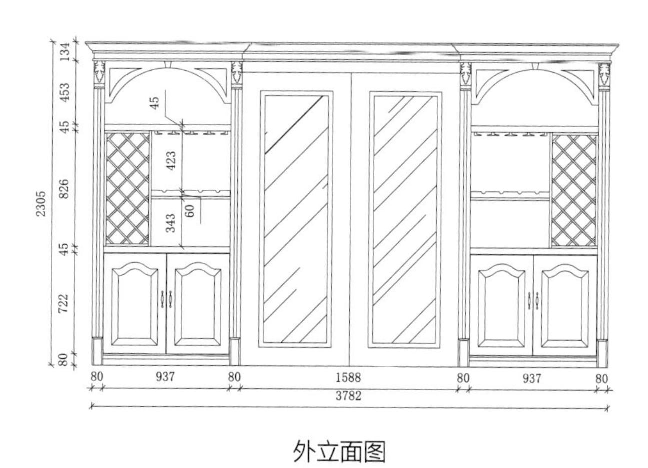

外立面图

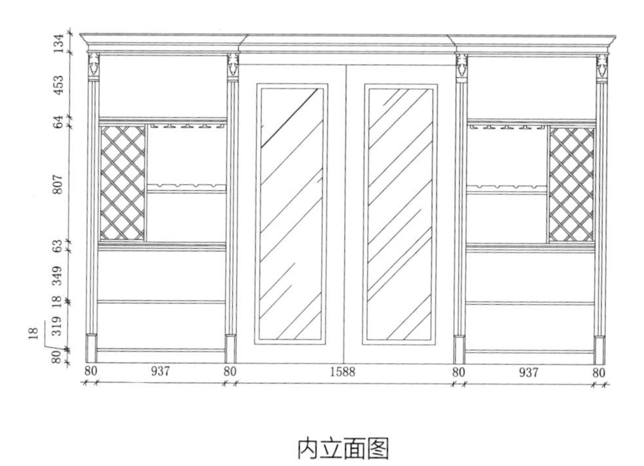

内立面图

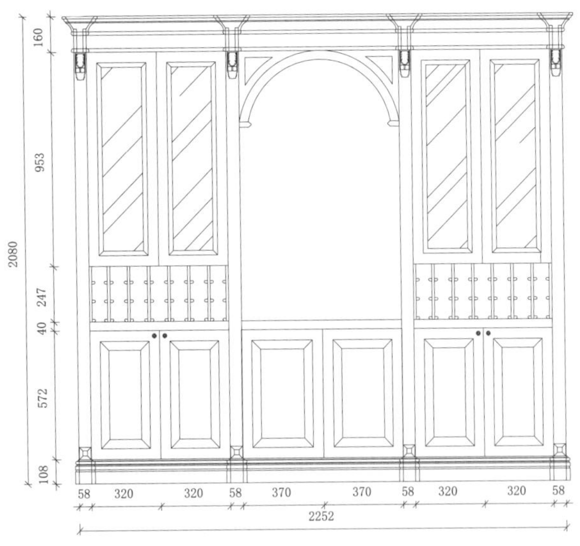

外立面图

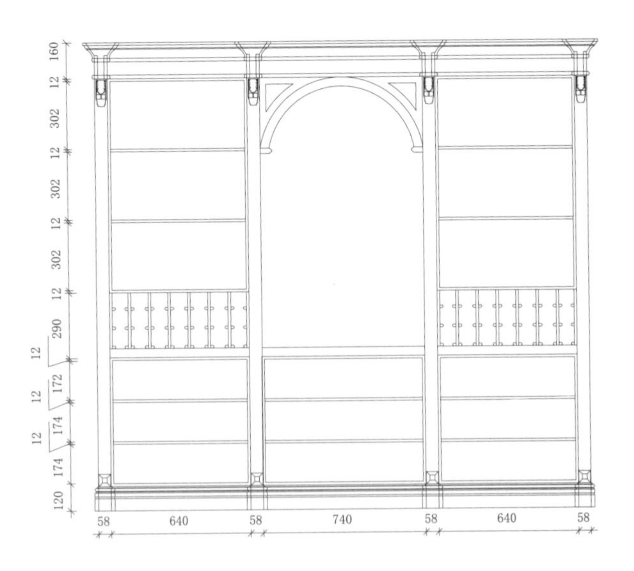

内立面图

编号：JG-012 ◆ 风格：美式乡村

编号：JG-013 ◆ 风格：美式乡村

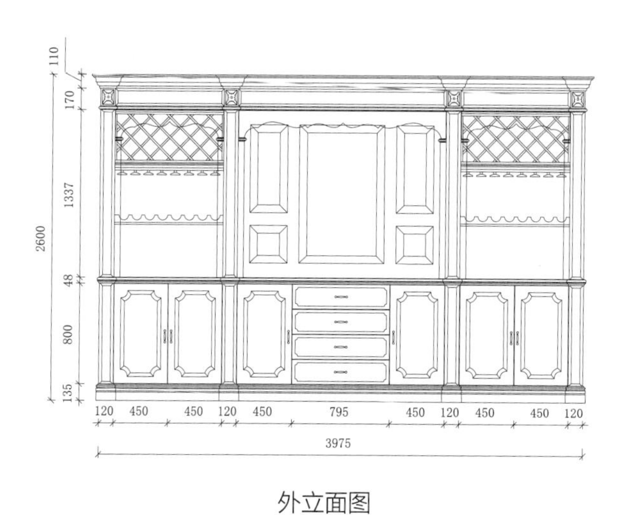

外立面图

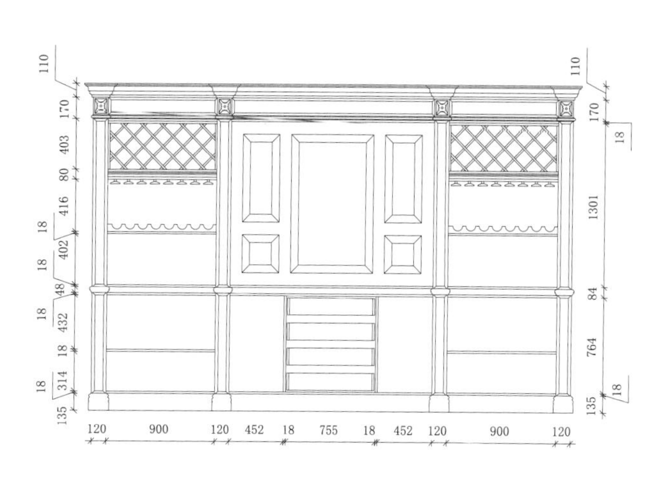

内立面图

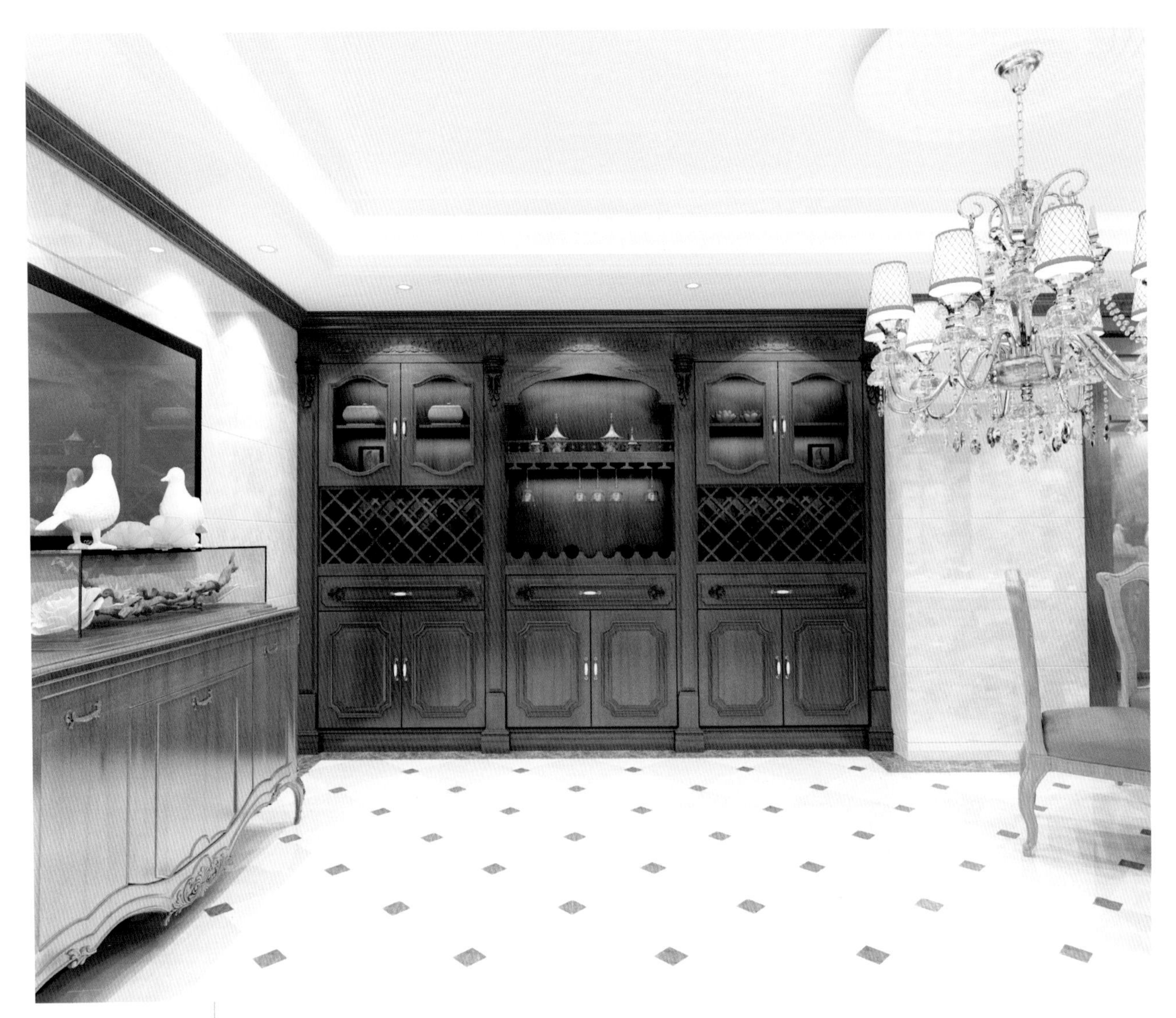

编号：JG-014 ◆ 风格：美式乡村

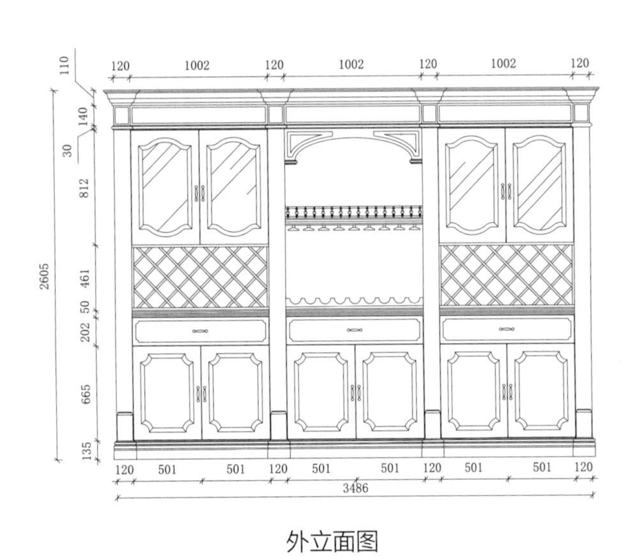

外立面图

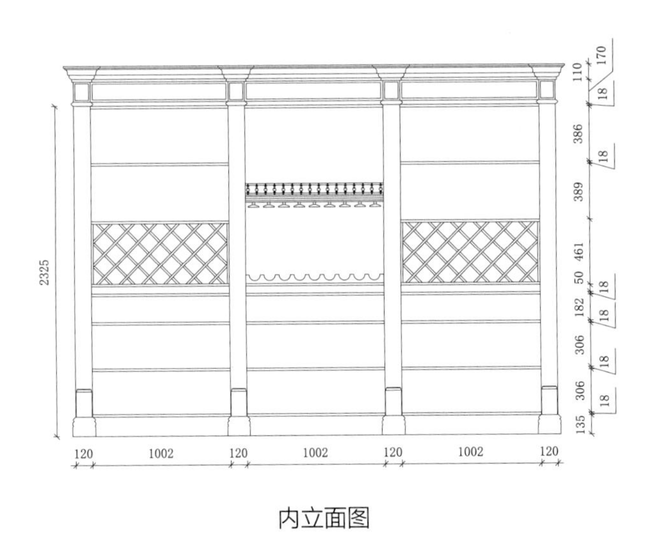

内立面图

第四章

衣柜

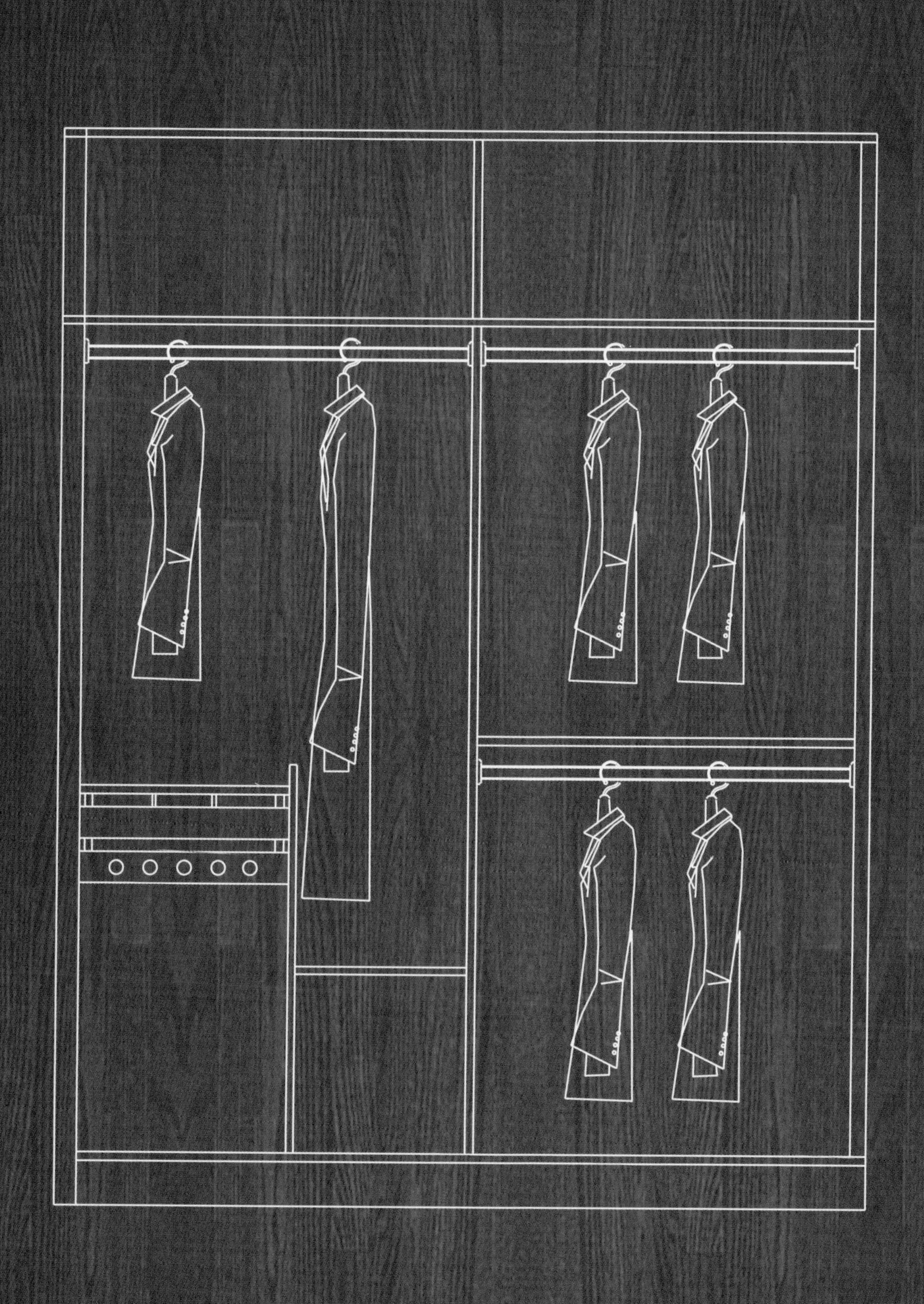

编号：YG-001 ◆ 风格：现代轻奢

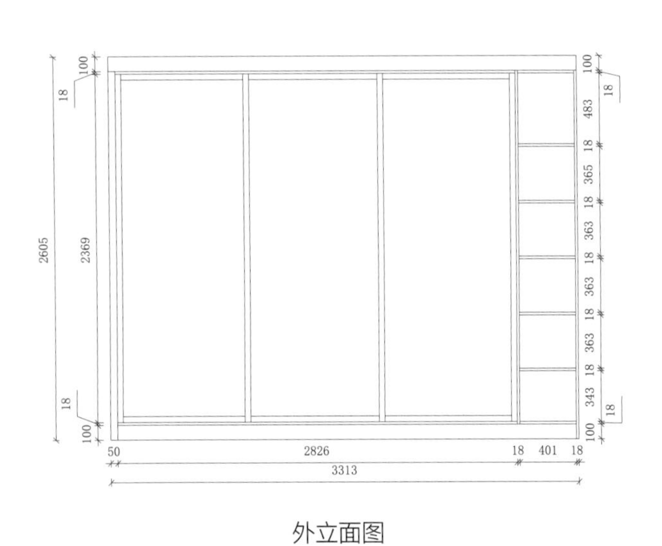

外立面图

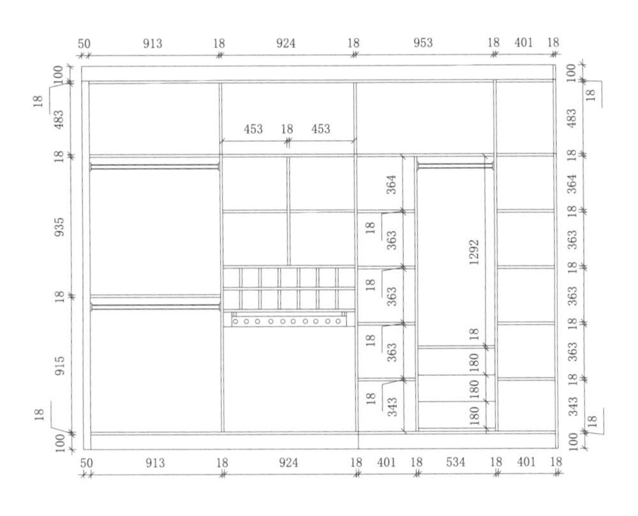

内立面图

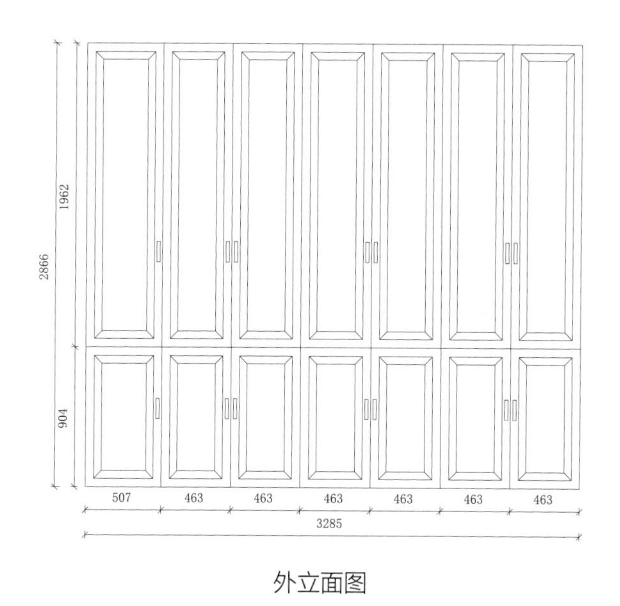

外立面图

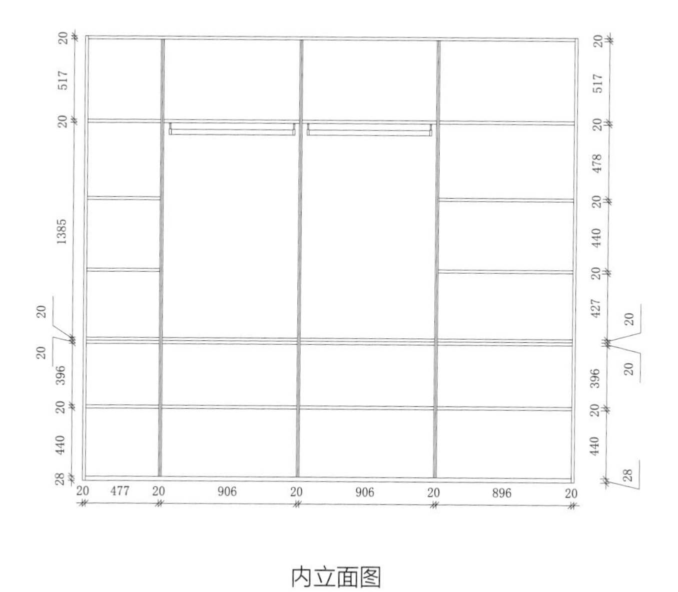

内立面图

编号：YG-002 ◆ 风格：现代轻奢

编号：YG-003 ◆ 风格：现代轻奢

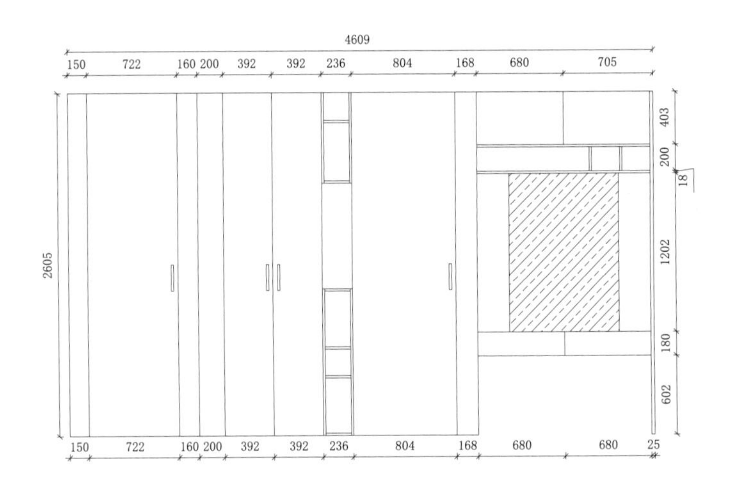

外立面图

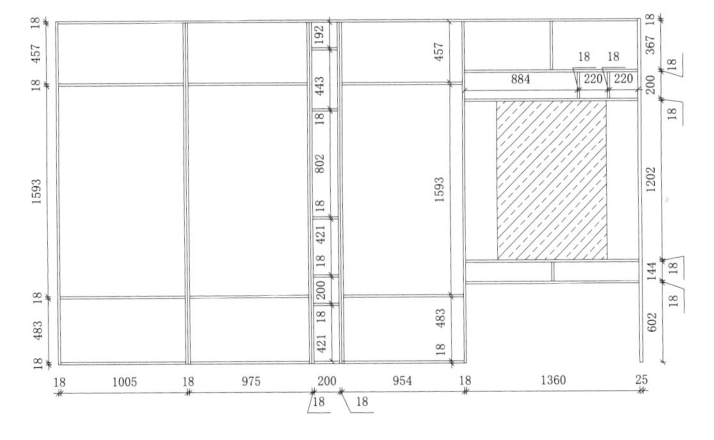

内立面图

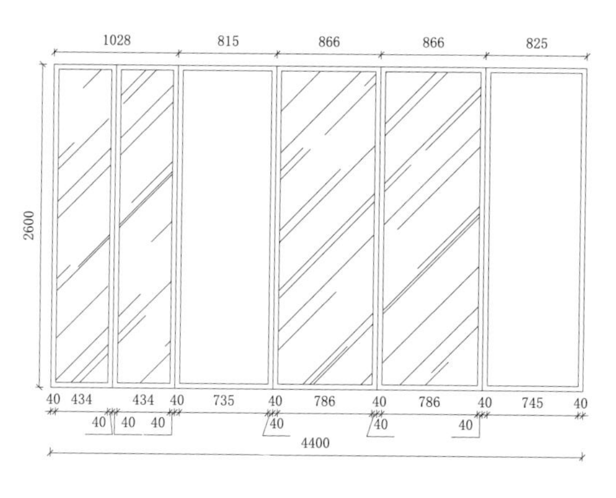

外立面图

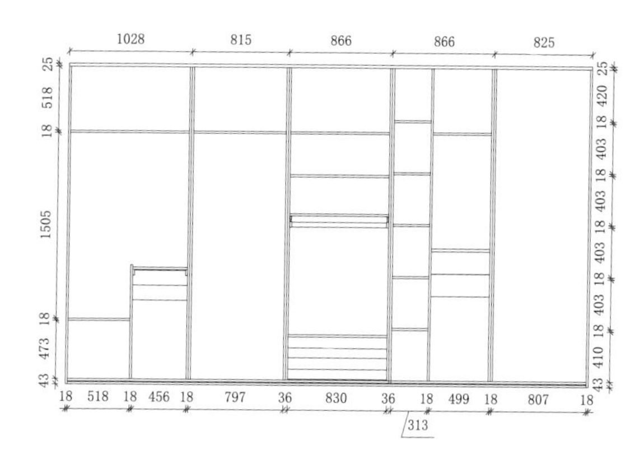

内立面图

编号：YG-004 ◆ 风格：现代轻奢

编号：YG-005 ◆ 风格：现代简约

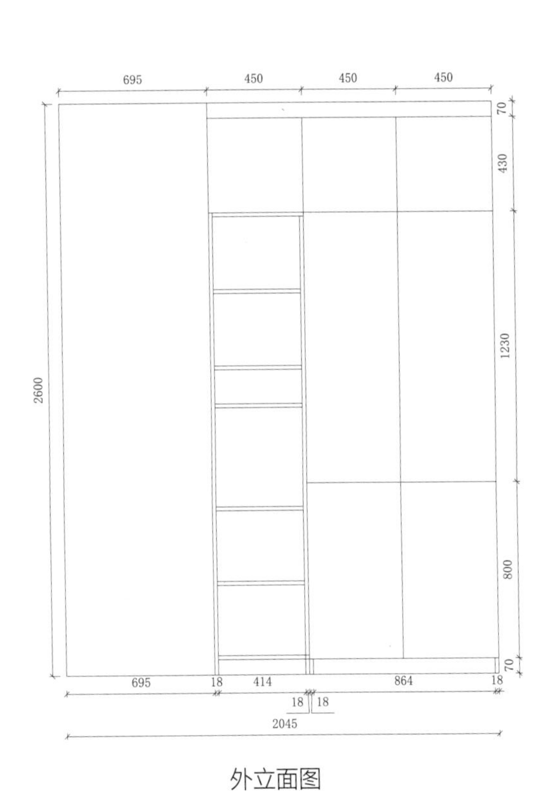

外立面图

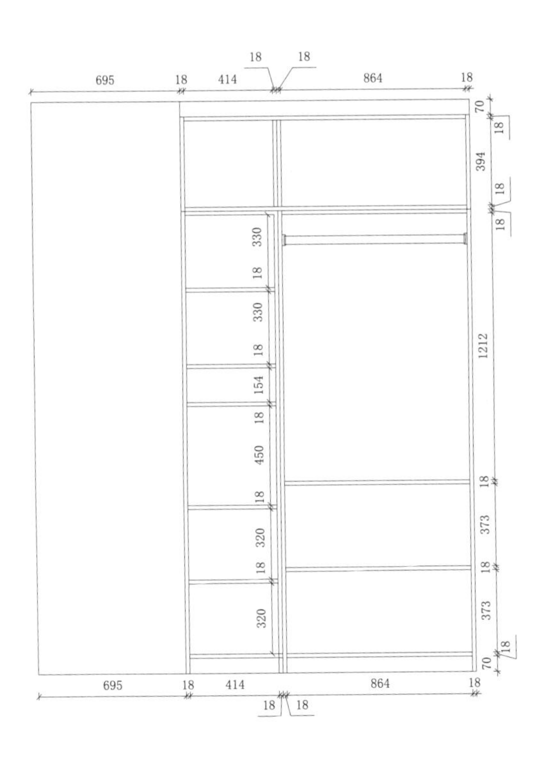

内立面图

编号：YG-006 ◆ 风格：现代简约

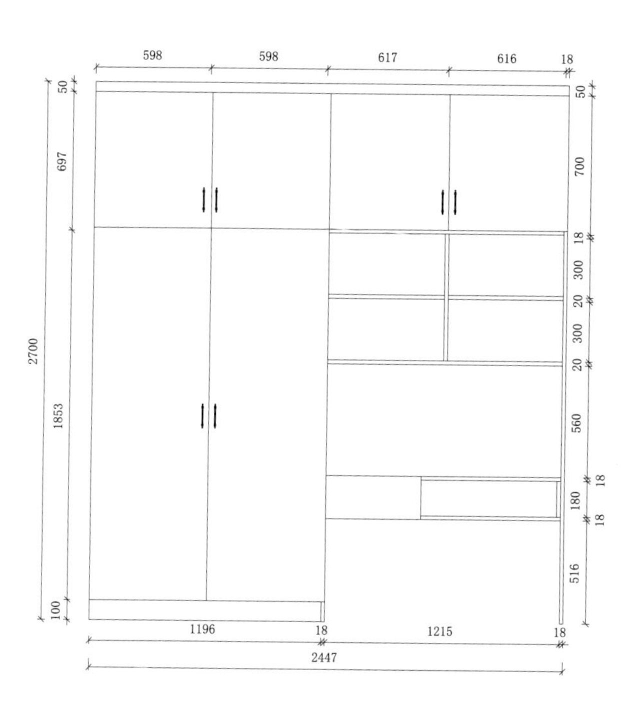

外立面图

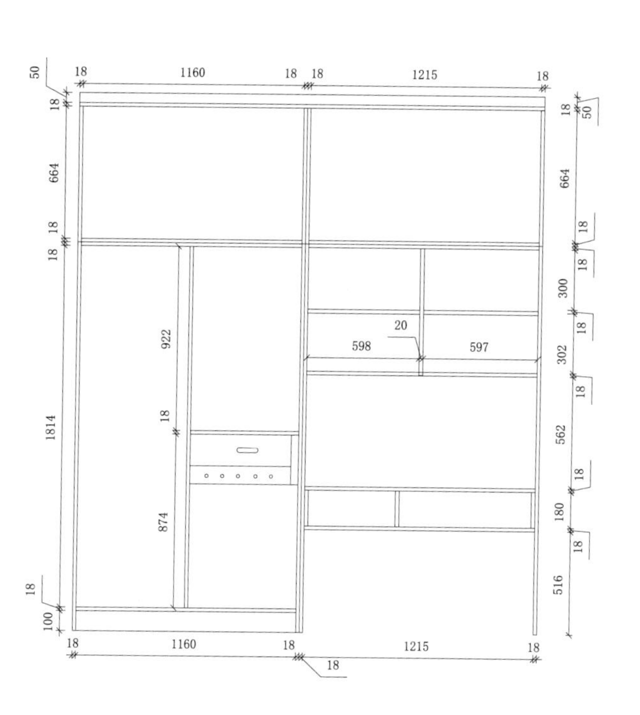

内立面图

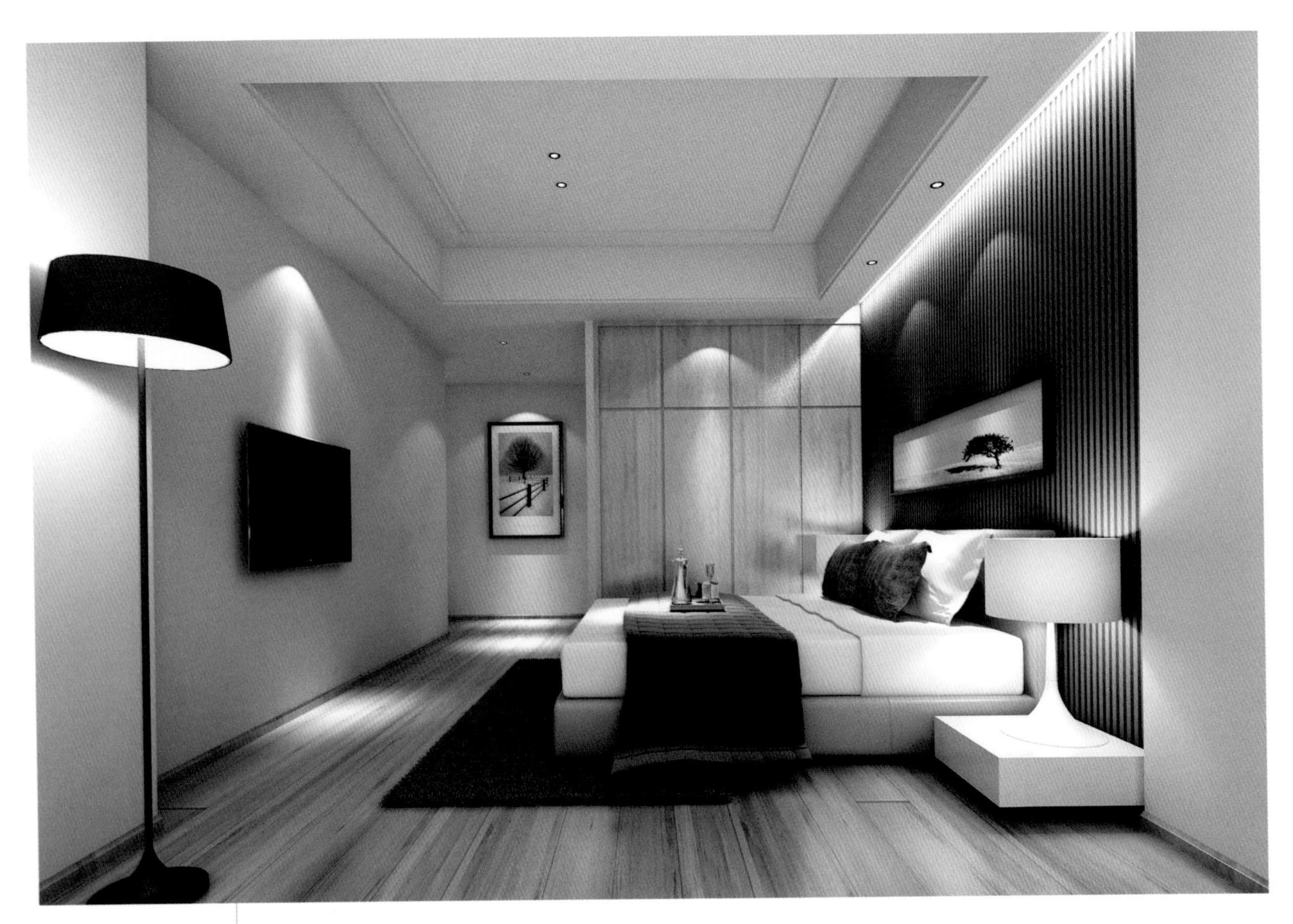

编号：YG-007 ◆ 风格：现代简约

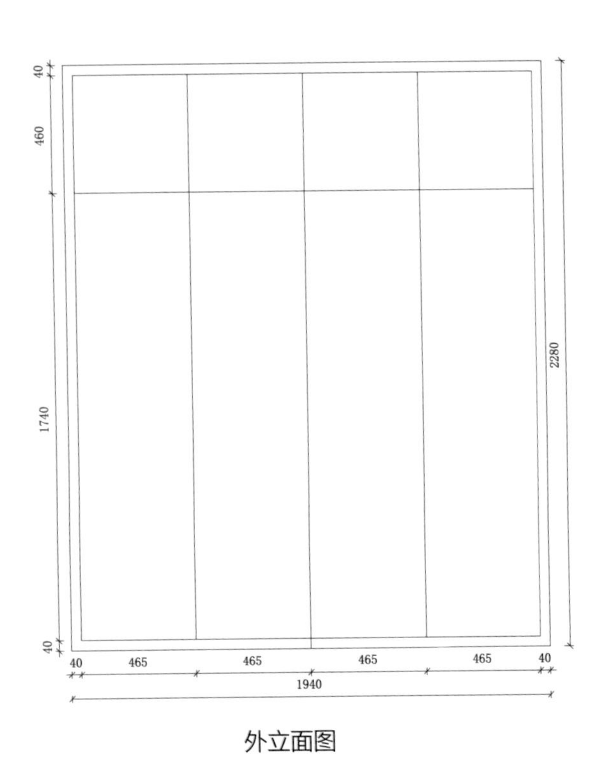

外立面图

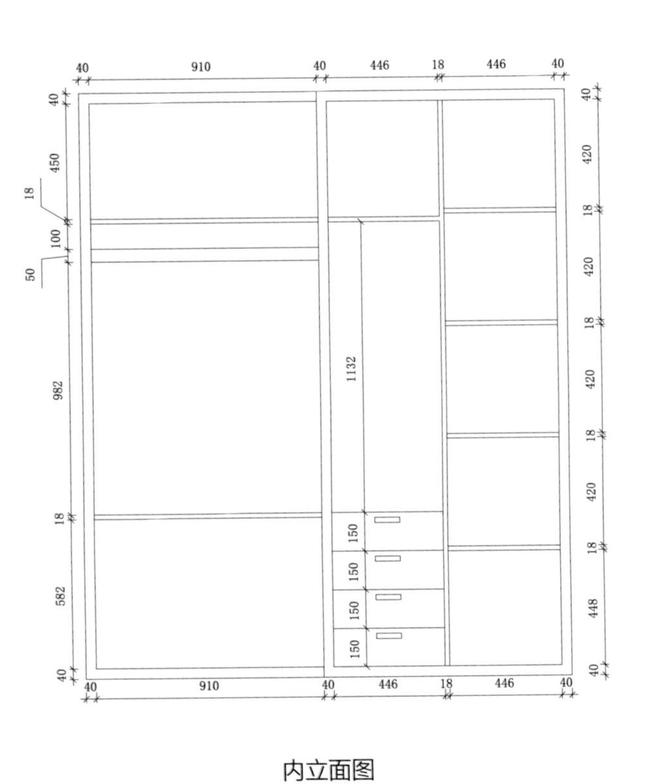

内立面图

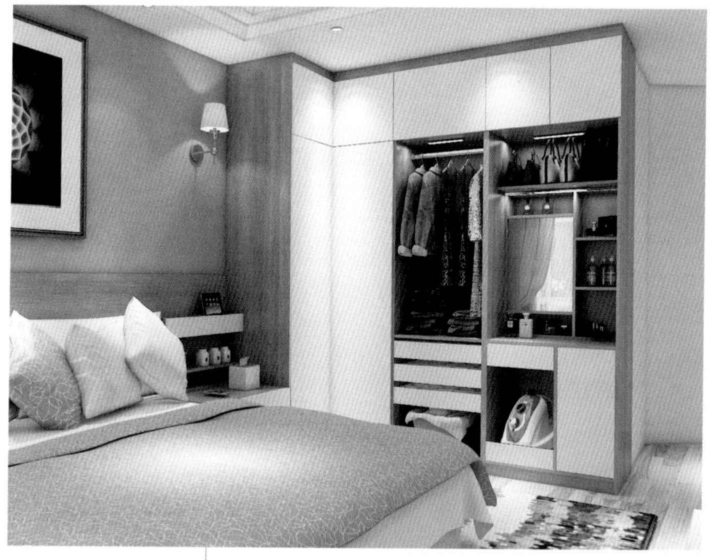

编号：YG-008 ◆ 风格：现代简约

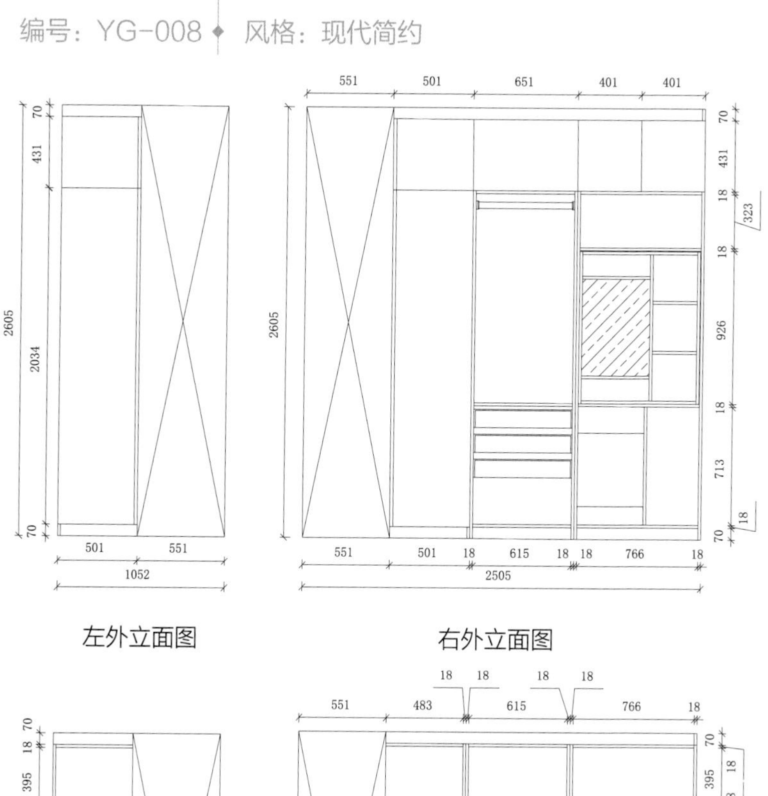

左外立面图　　右外立面图

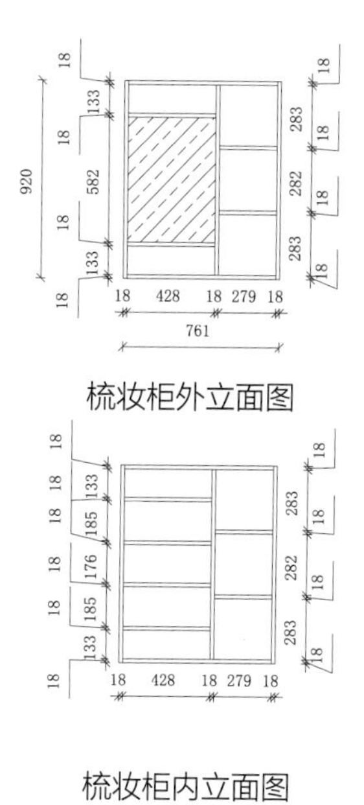

梳妆柜外立面图

梳妆柜内立面图

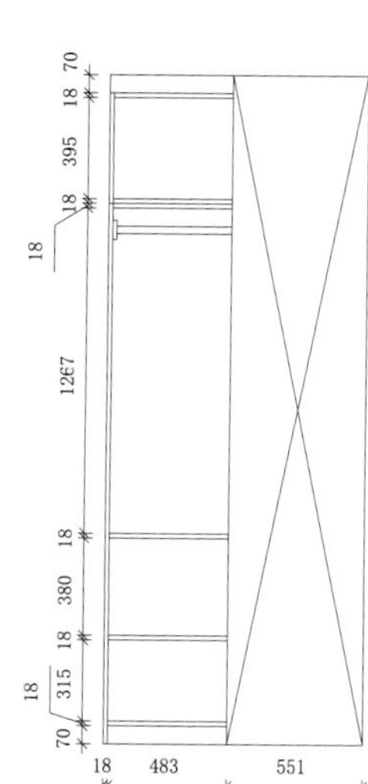

左内立面图

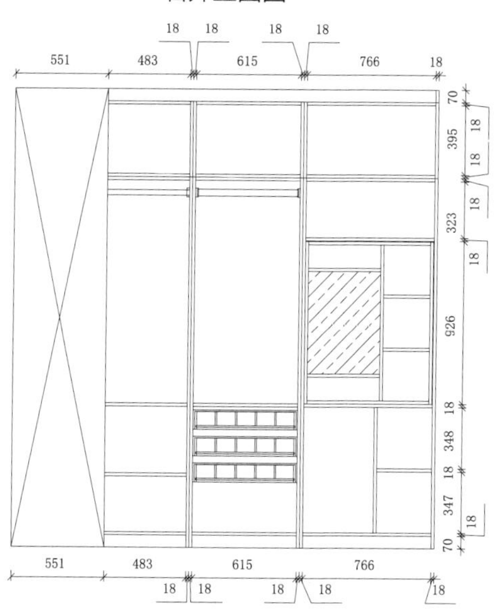

右内立面图

编号：YG-009 ◆ 风格：现代简约

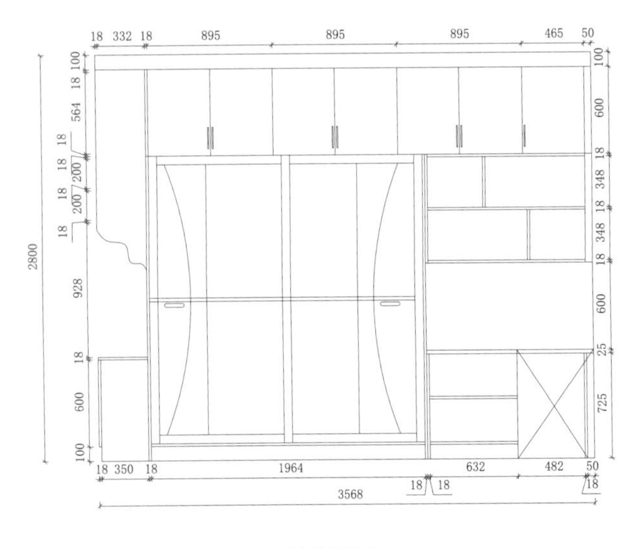

外立面图

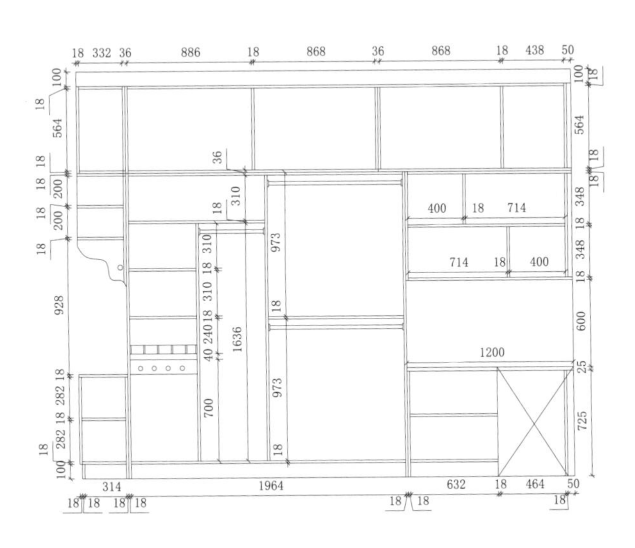

内立面图

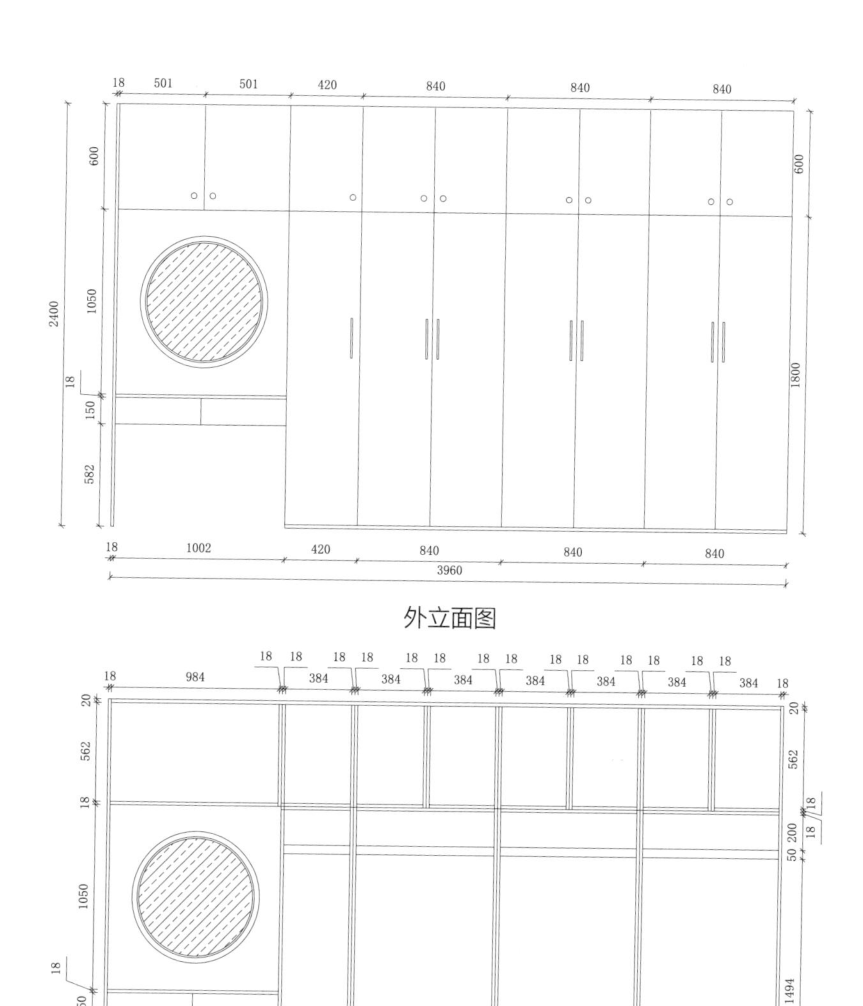

外立面图

内立面图

编号：YG-010 ◆ 风格：现代简约

编号：YG-011 ◆ 风格：现代工业

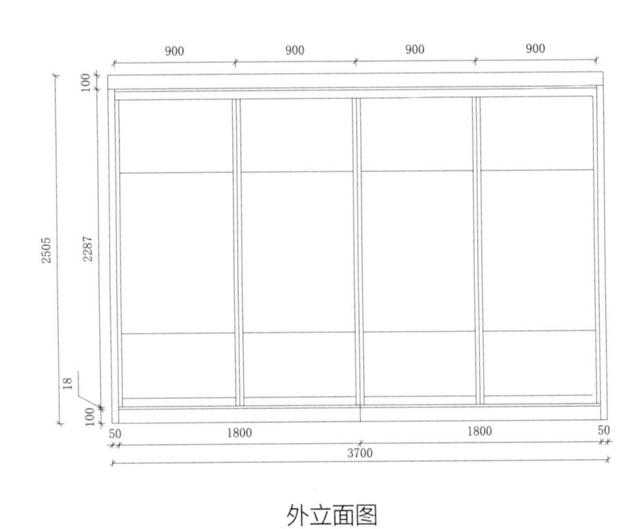

外立面图

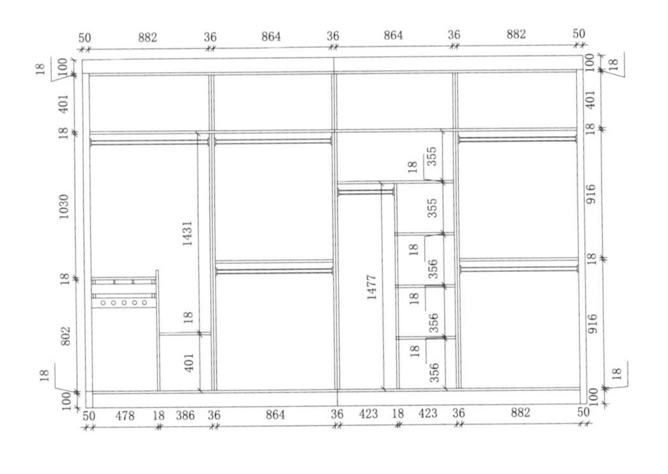

内立面图

编号：YG-012 ◆ 风格：新中式

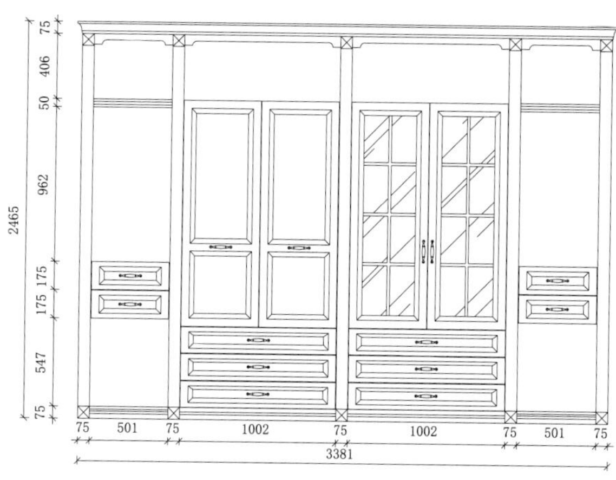

外立面图

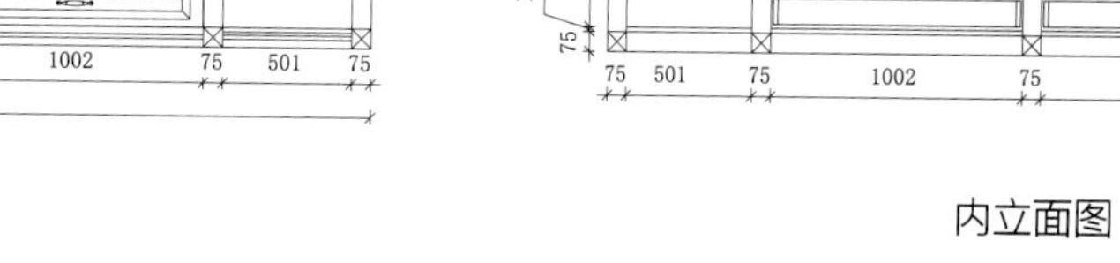

内立面图

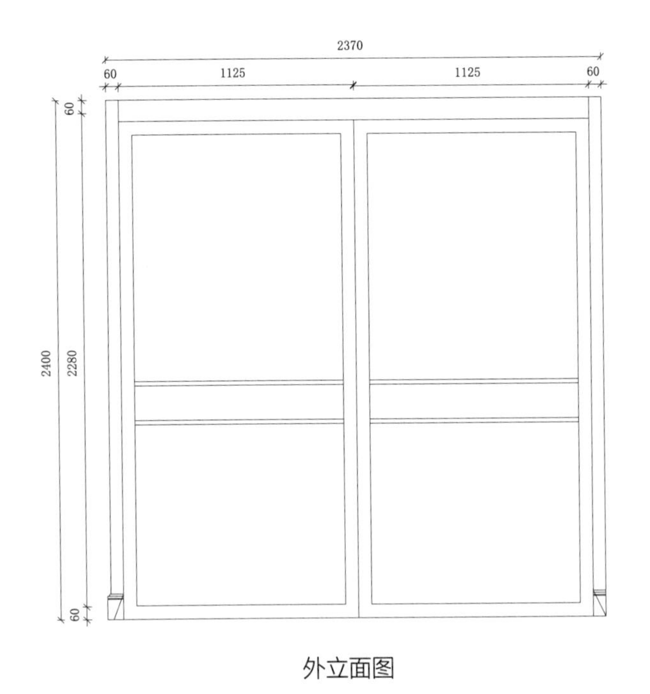

外立面图

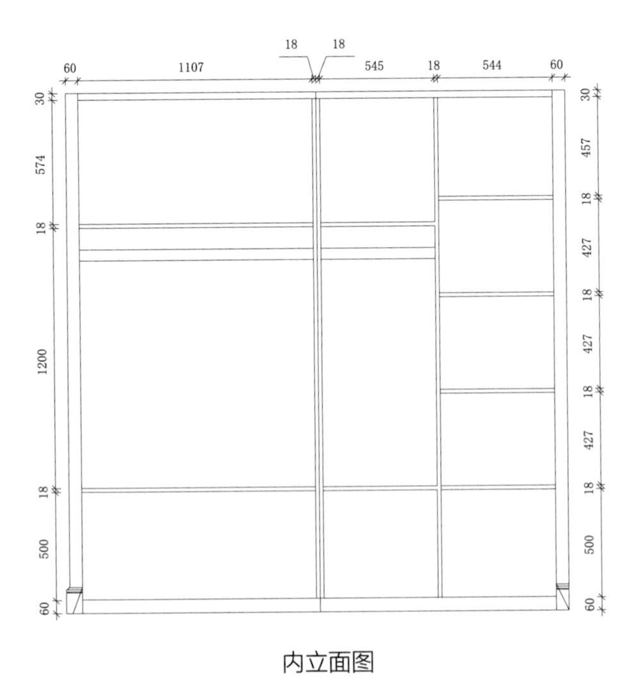

内立面图

编号：YG-013 ◆ 风格：新中式

编号：YG-014 ◆ 风格：新中式

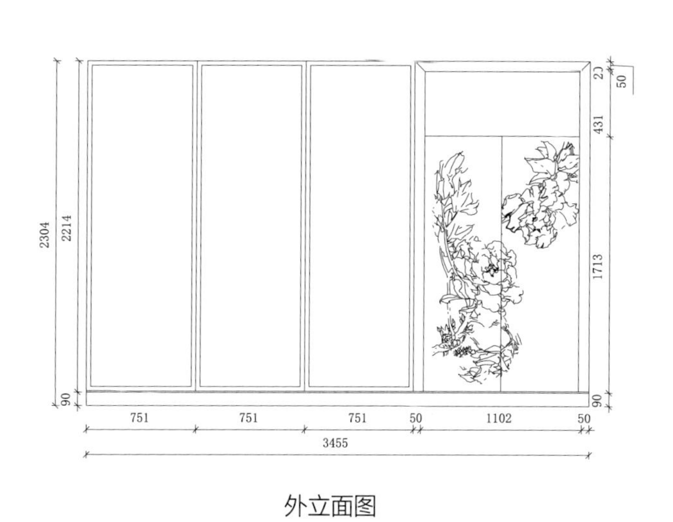

外立面图

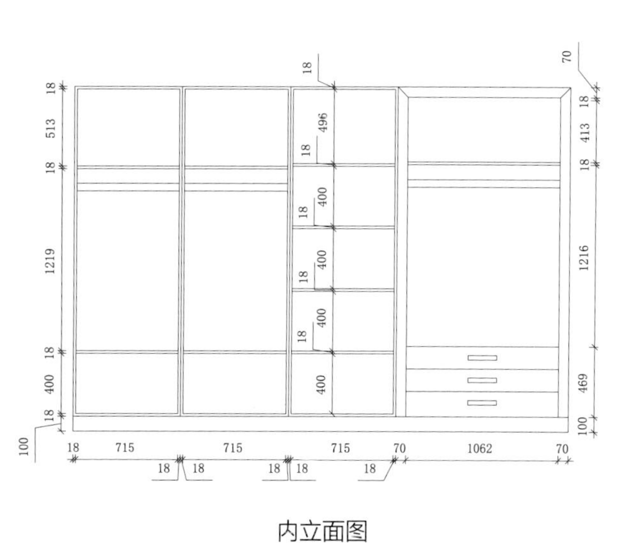

内立面图

编号：YG-015 ◆ 风格：新中式

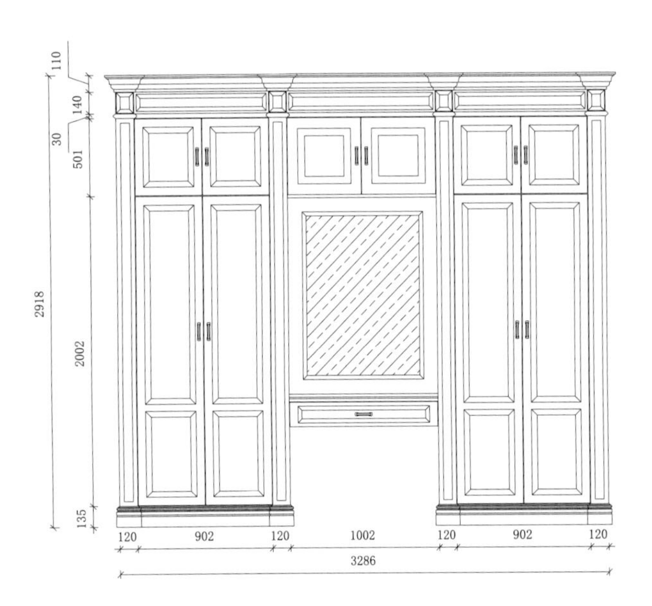

外立面图

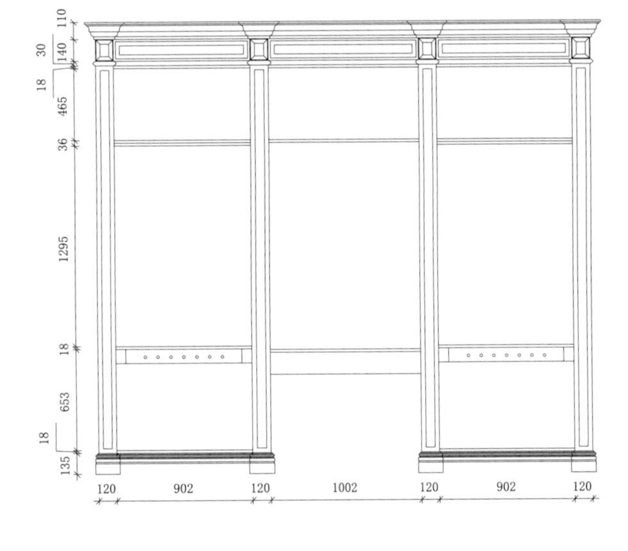

内立面图

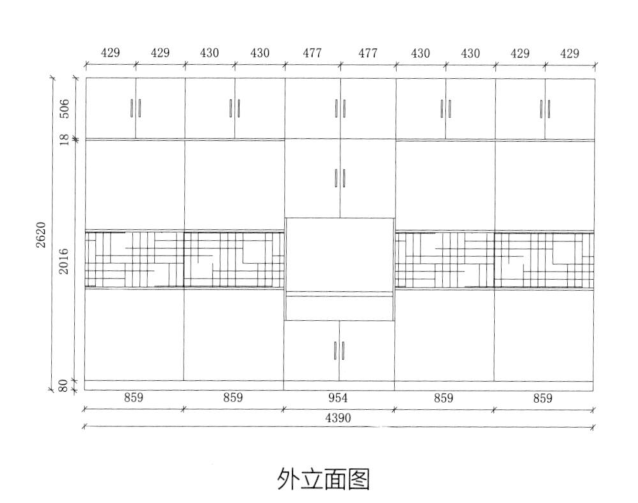

外立面图

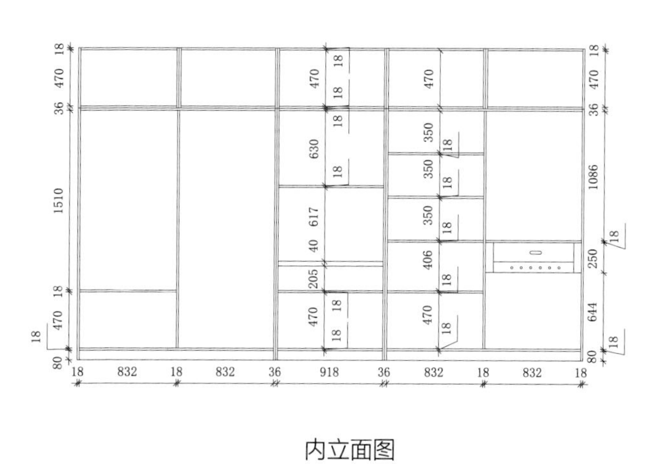

内立面图

编号：YG-016 ◆ 风格：新中式

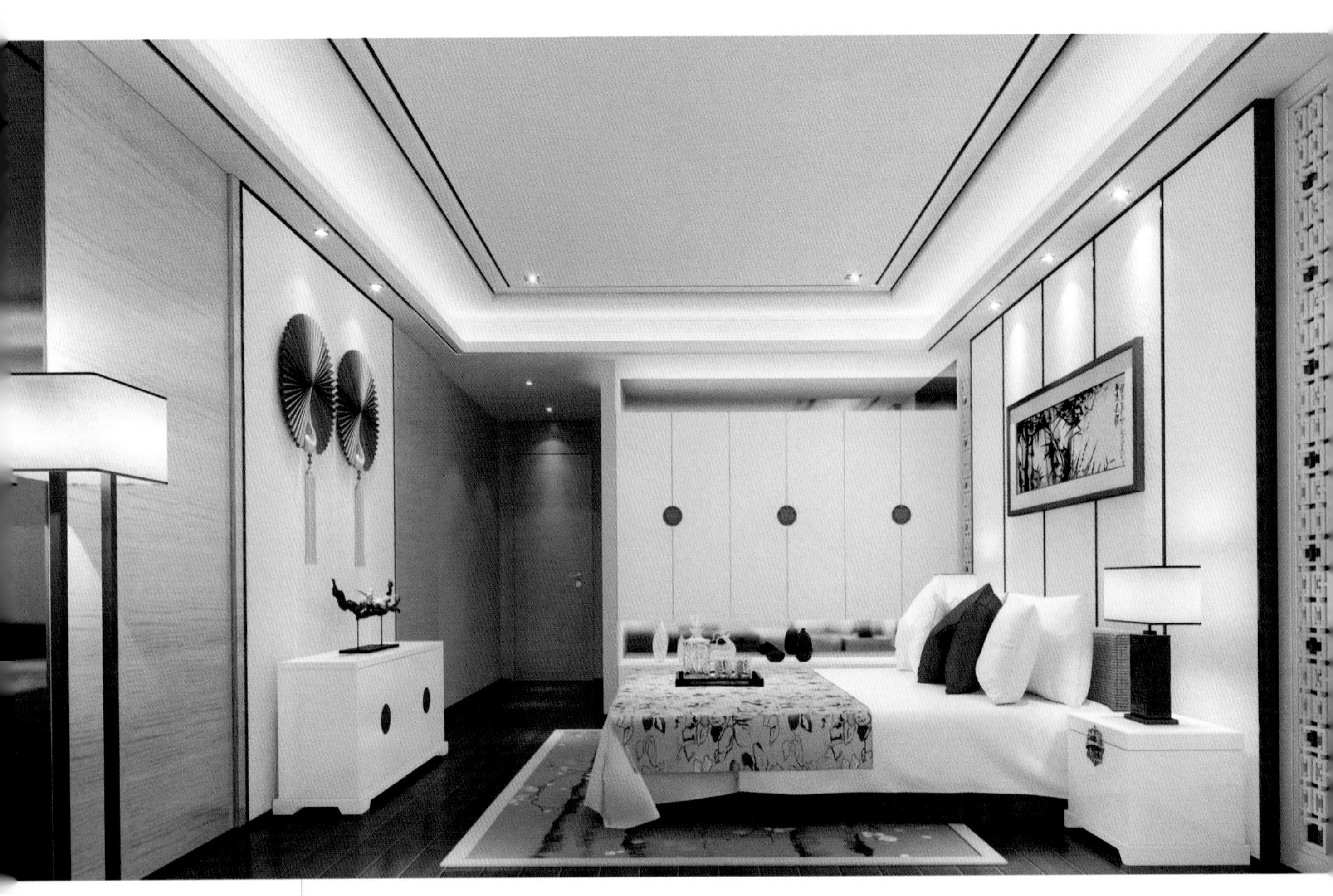

编号：YG-017 ◆ 风格：新中式

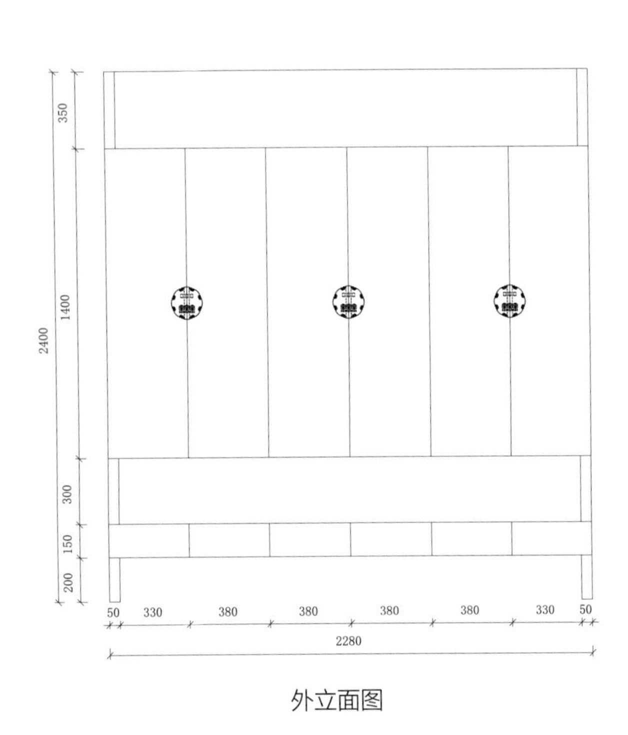

外立面图

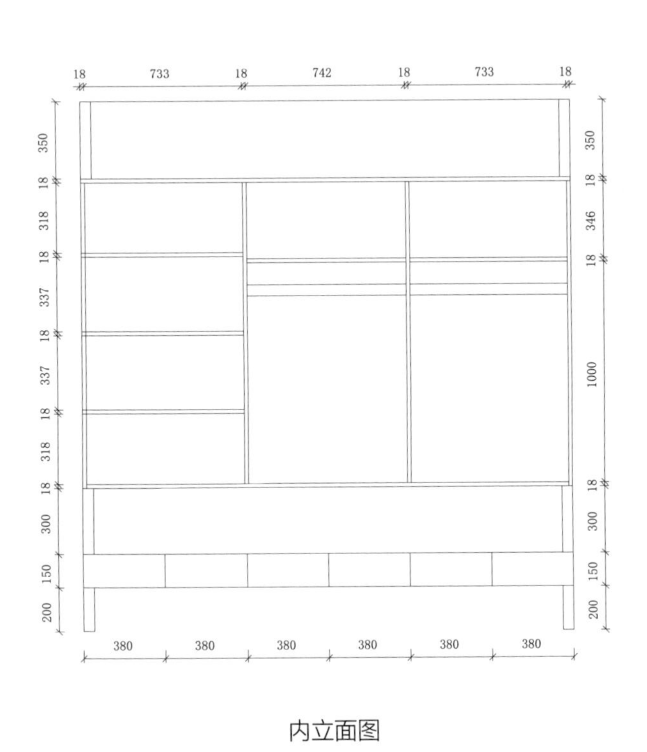

内立面图

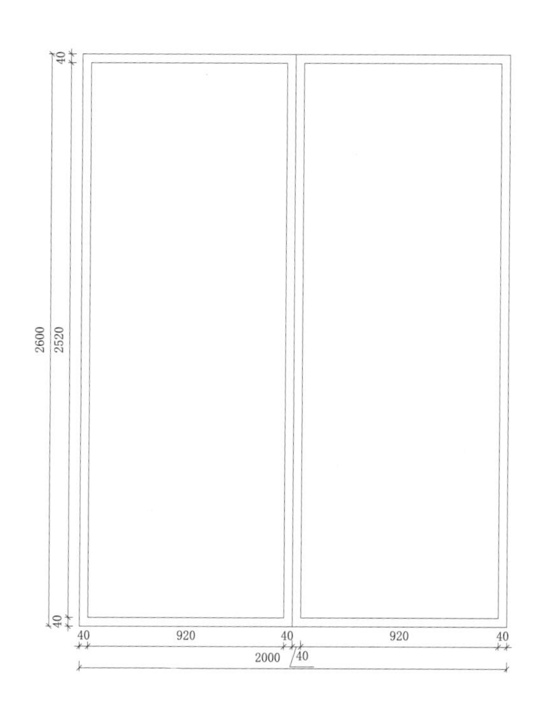

外立面图

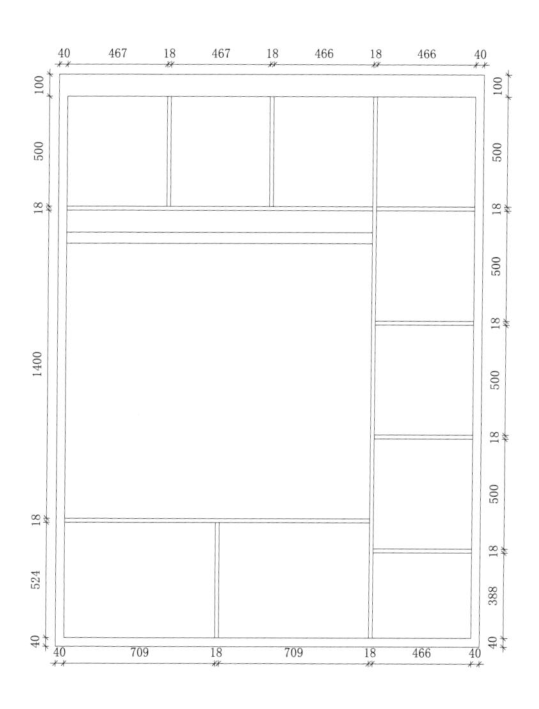

内立面图

编号：YG-018 ◆ 风格：新中式

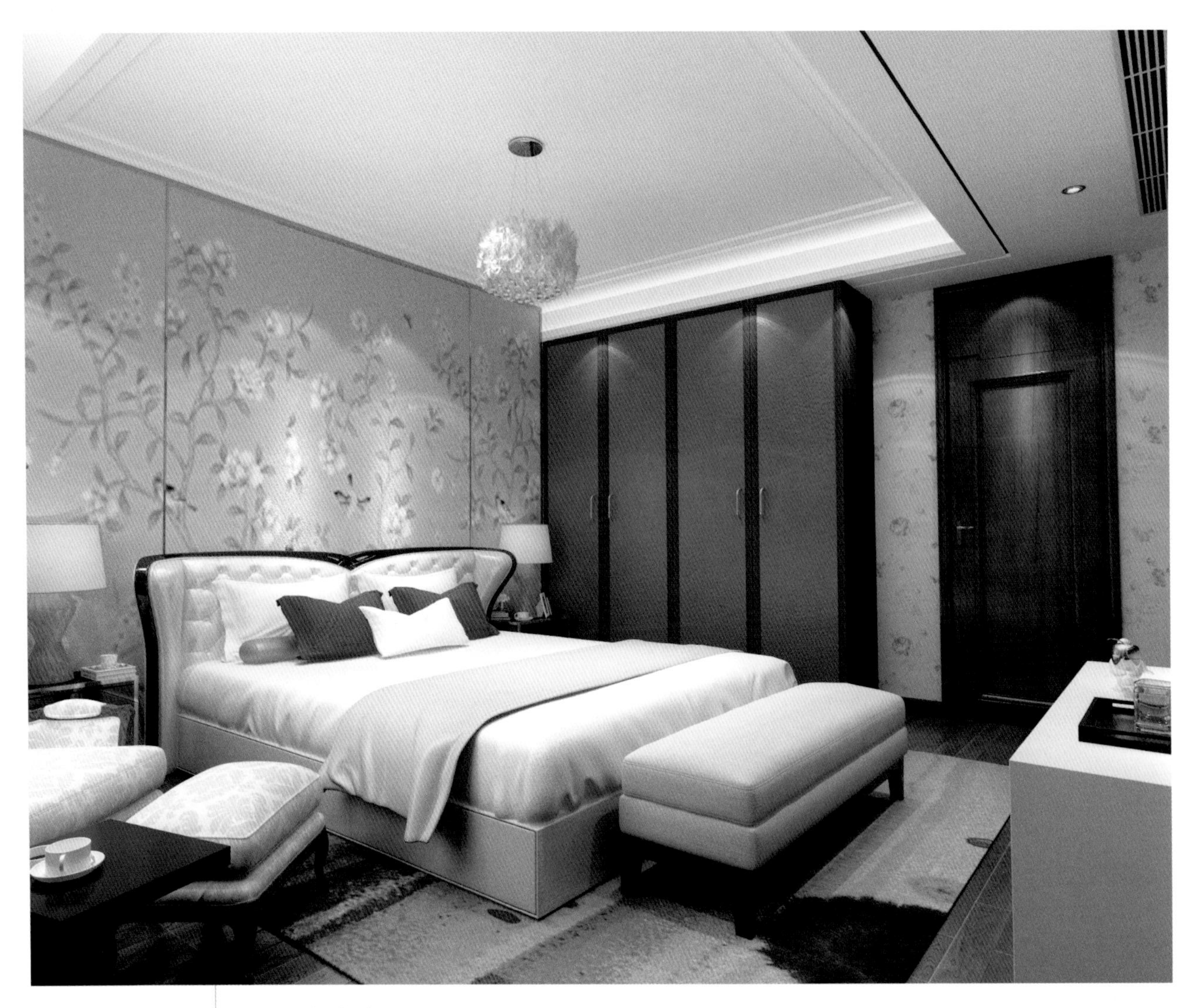

编号：YG-019 ◆ 风格：新中式

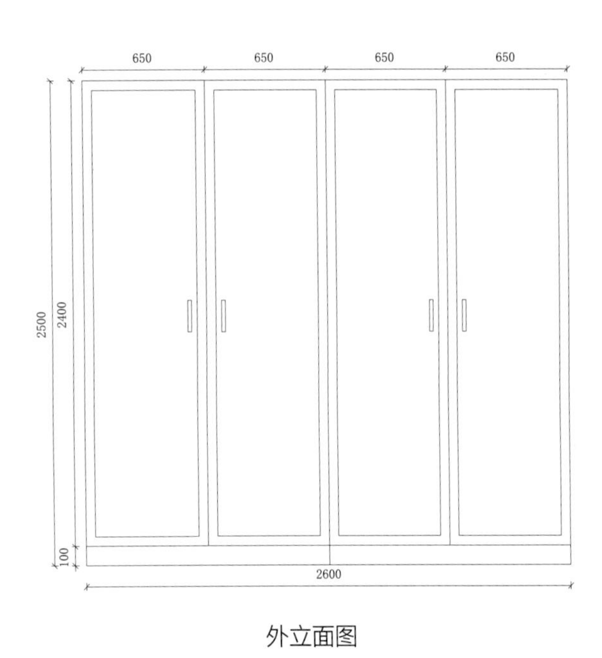

外立面图

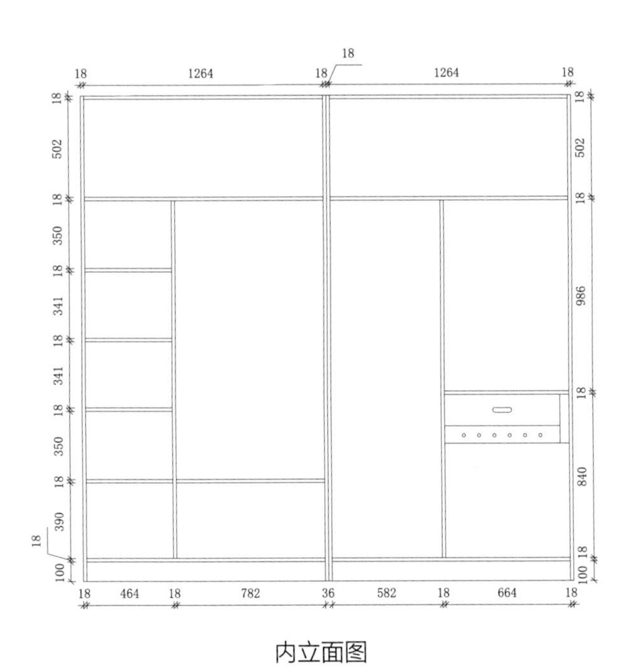

内立面图

编号：YG-020 ◆ 风格：日式

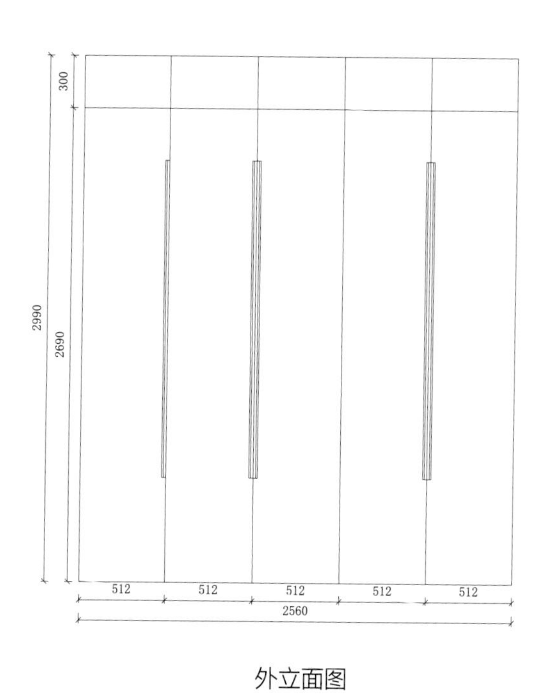

外立面图

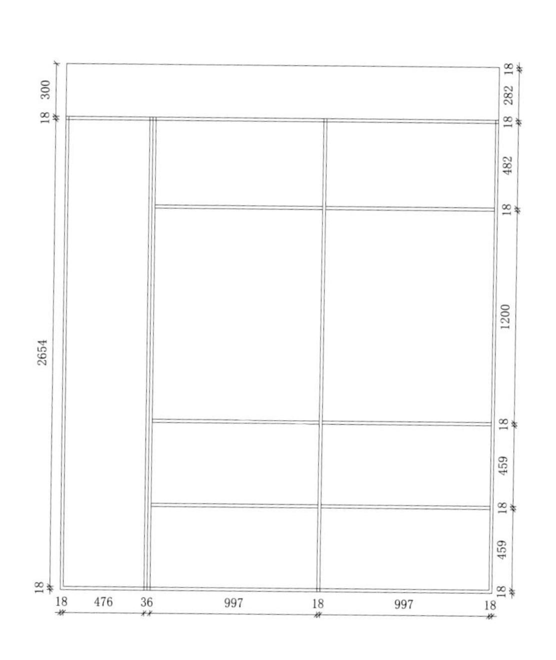

内立面图

编号：YG-021 ◆ 风格：简欧

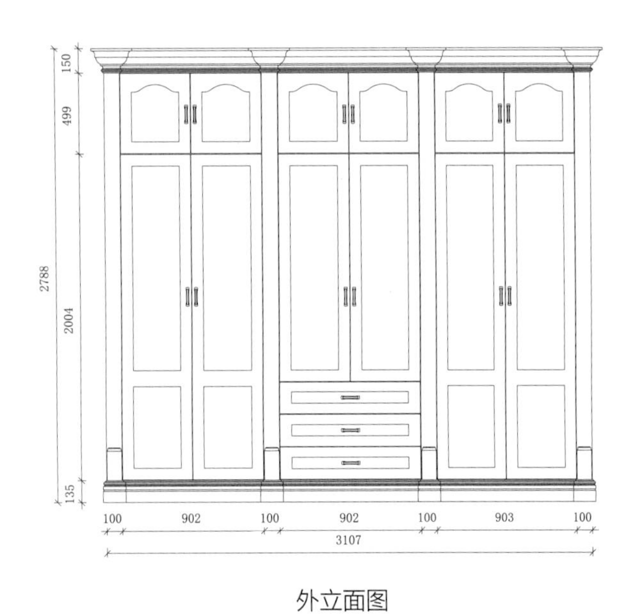

外立面图

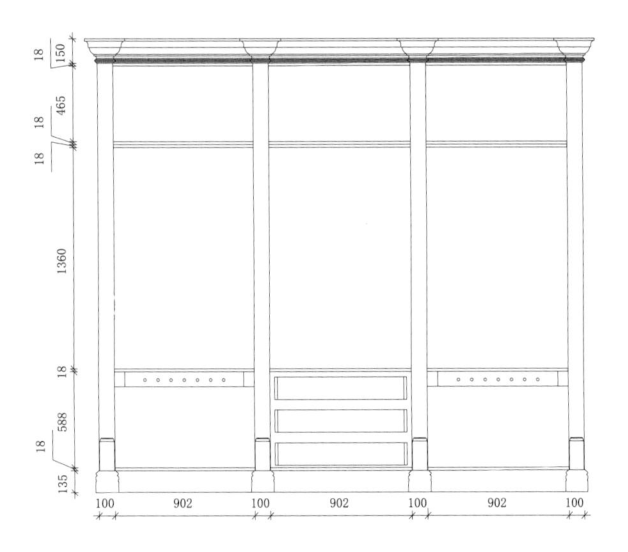

内立面图

编号：YG-022 ◆ 风格：简欧

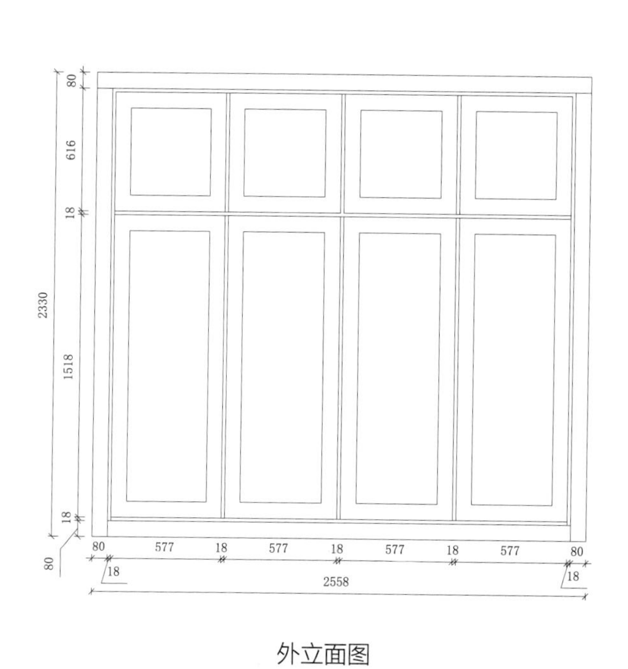

外立面图

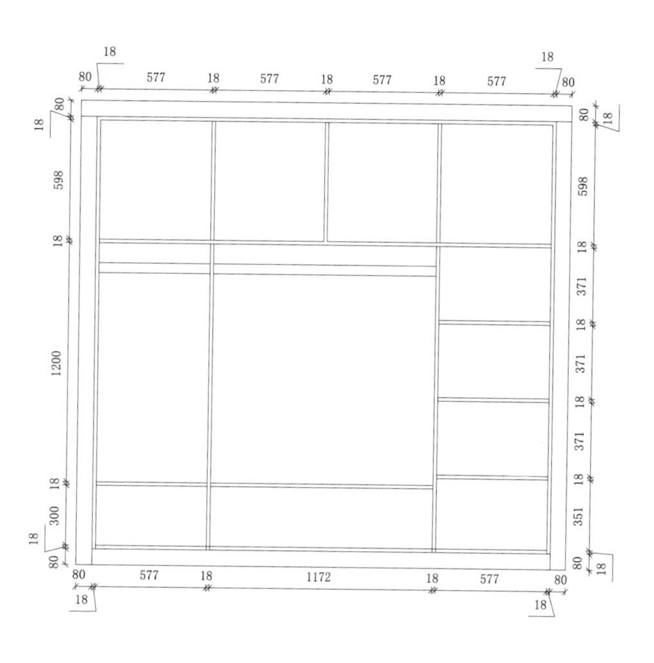

内立面图

编号：YG-023 ◆ 风格：简欧

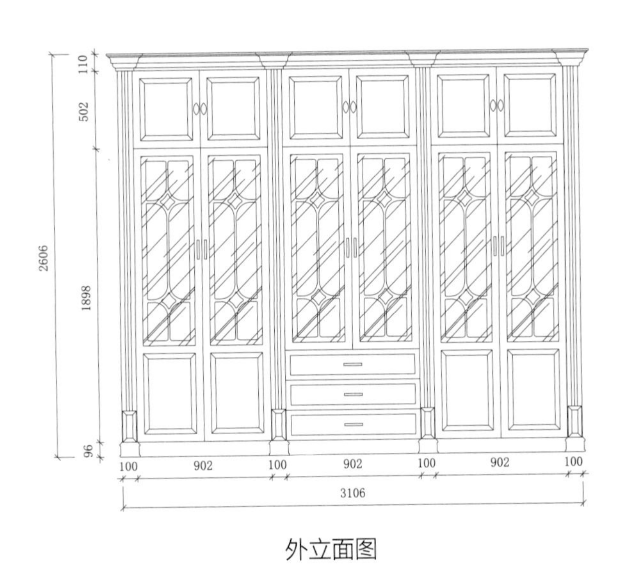

外立面图

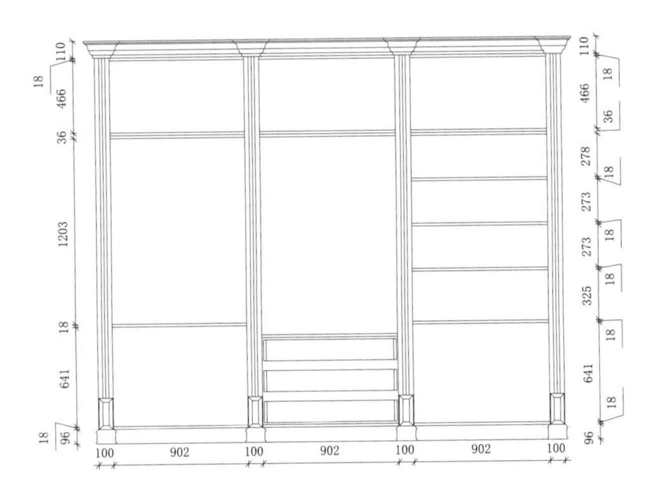

内立面图

编号：YG-024 ◆ 风格：简欧

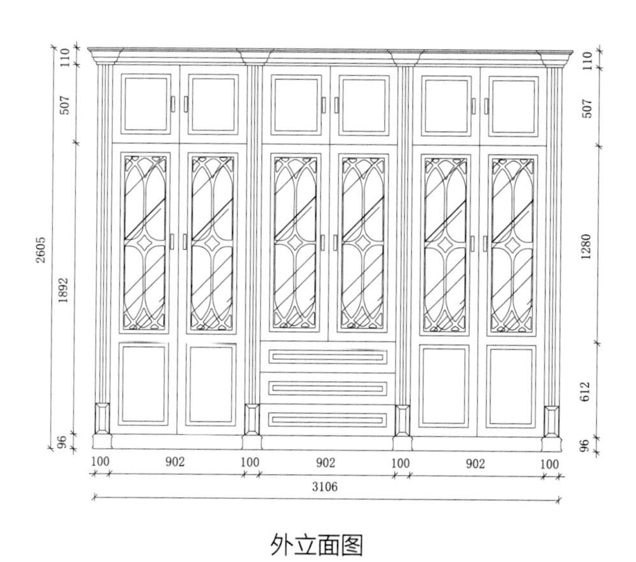

外立面图

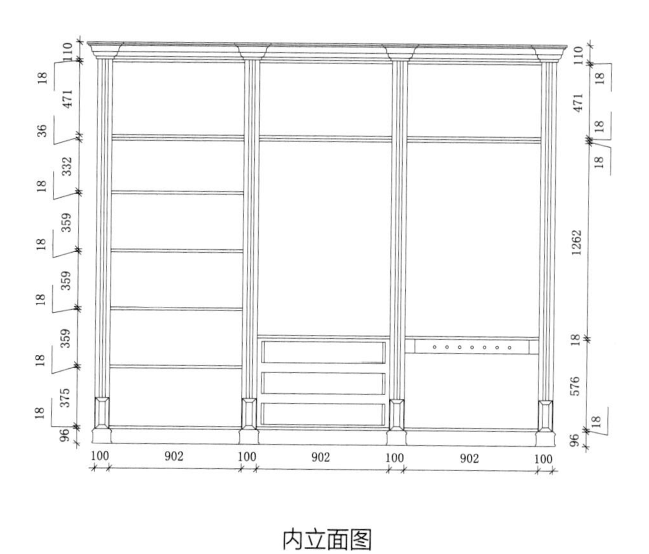

内立面图

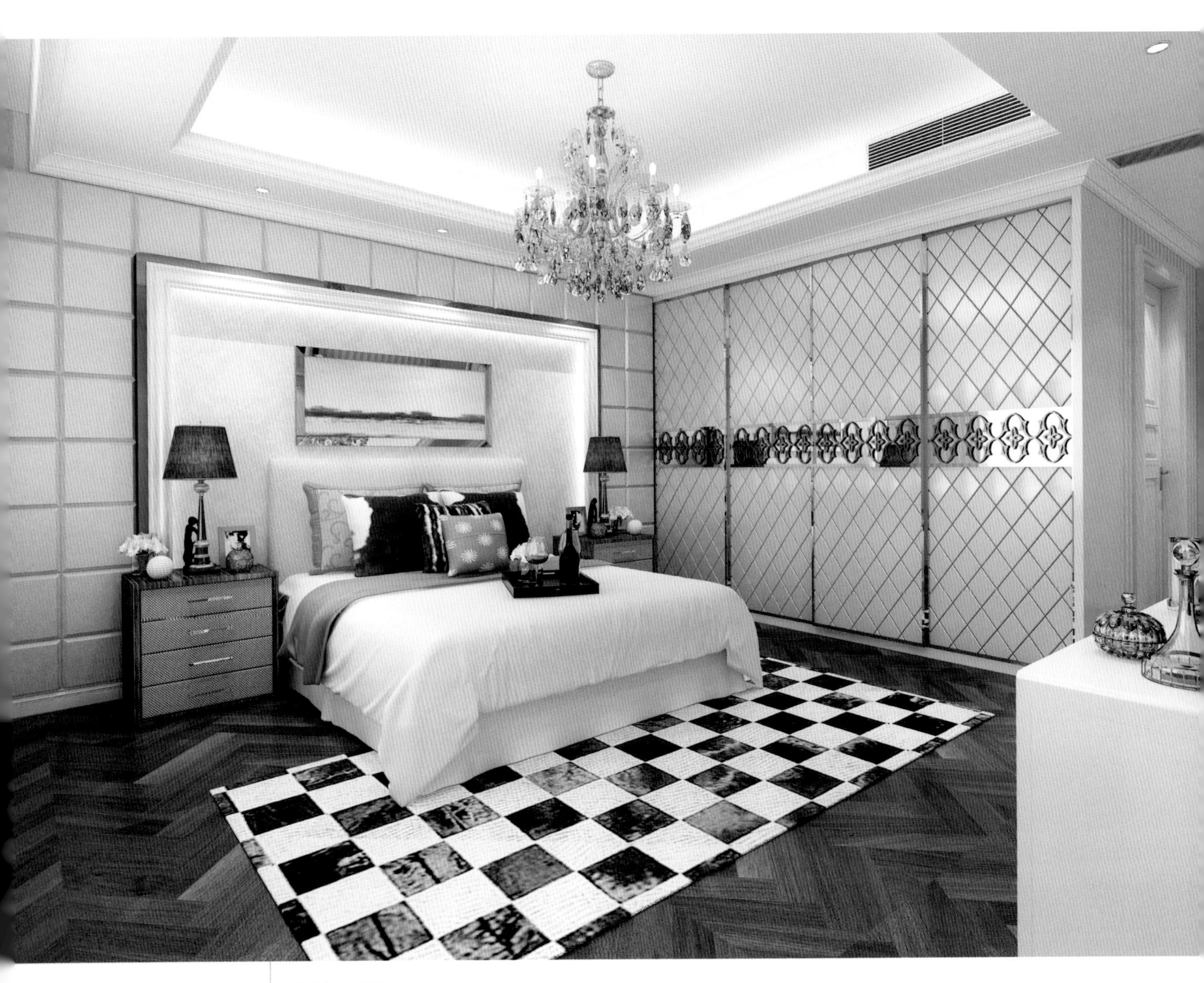

编号：YG-025 ◆ 风格：简欧

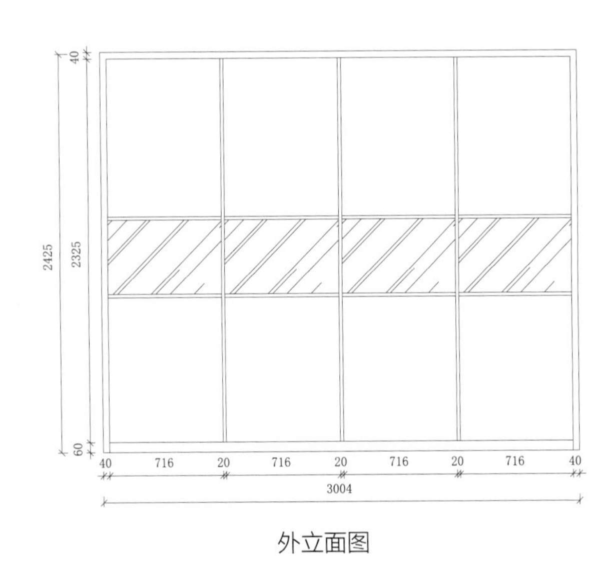

外立面图

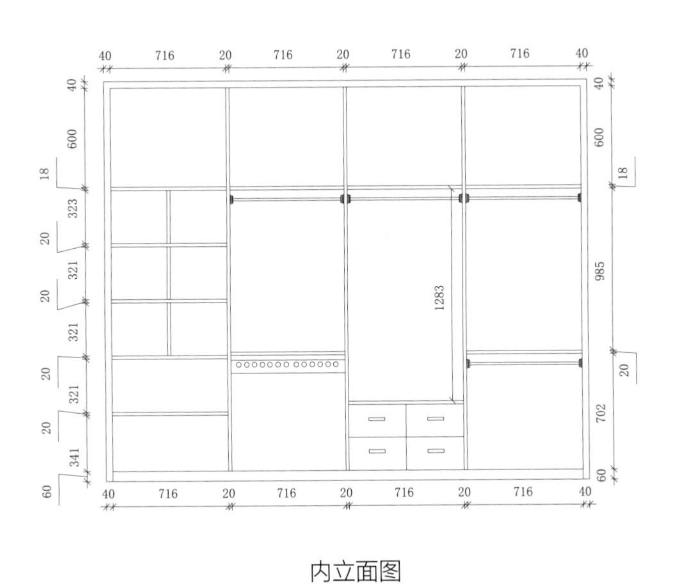

内立面图

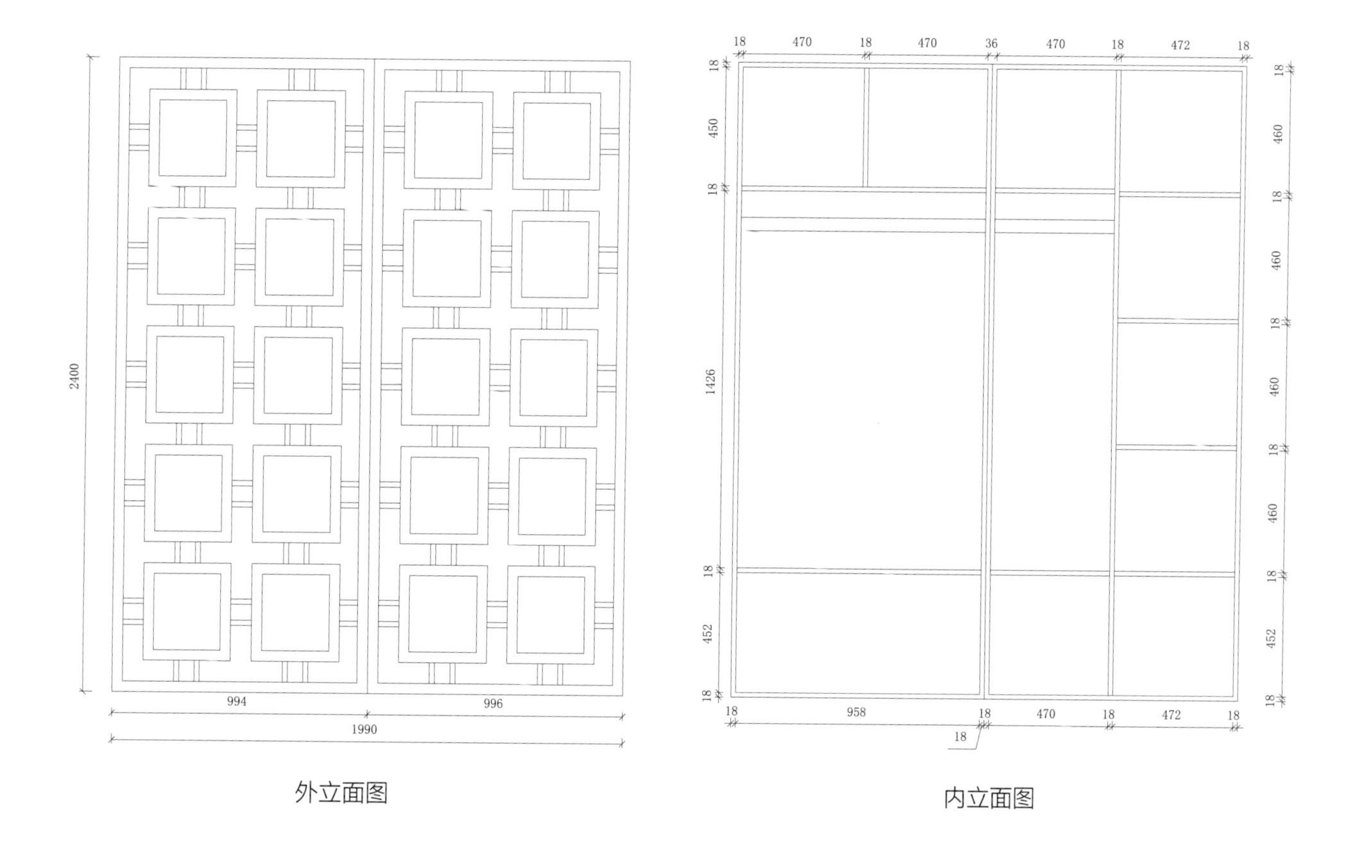

外立面图

内立面图

编号：YG-026 ◆ 风格：简欧

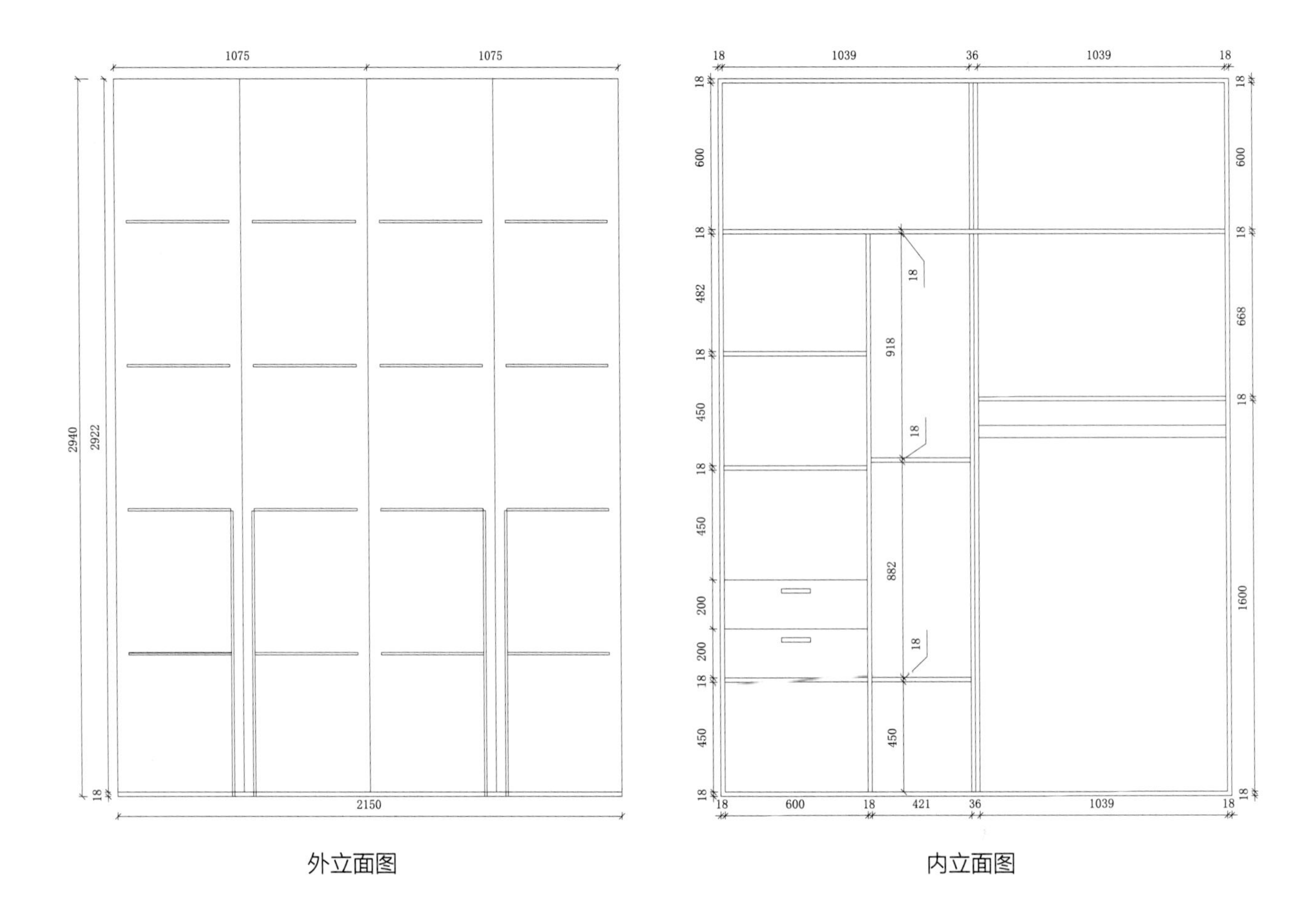

外立面图　　内立面图

编号：YG-027 ◆ 风格：简欧

编号：YG-028 ◆ 风格：美式乡村

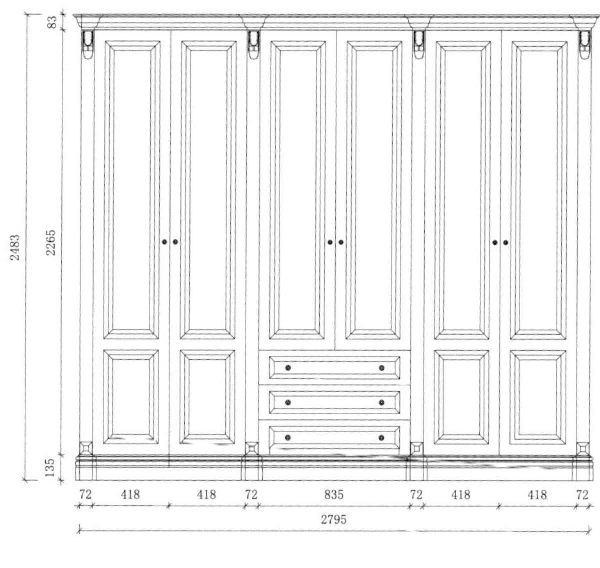

外立面图

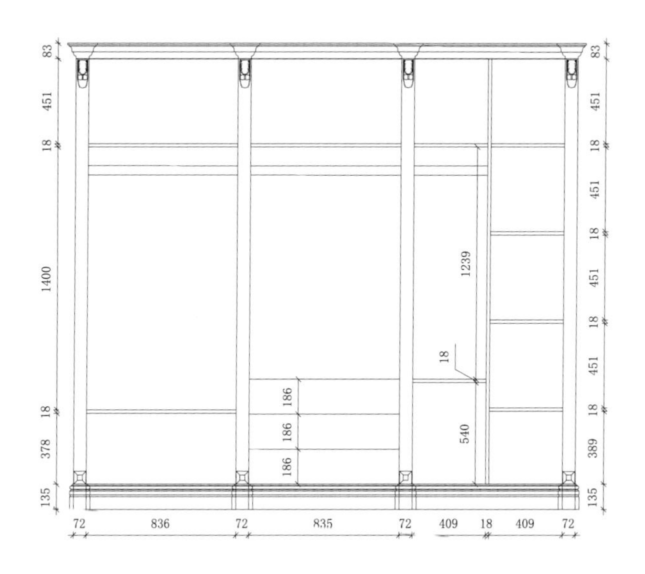

内立面图

编号：YG-029 ◆ 风格：美式乡村

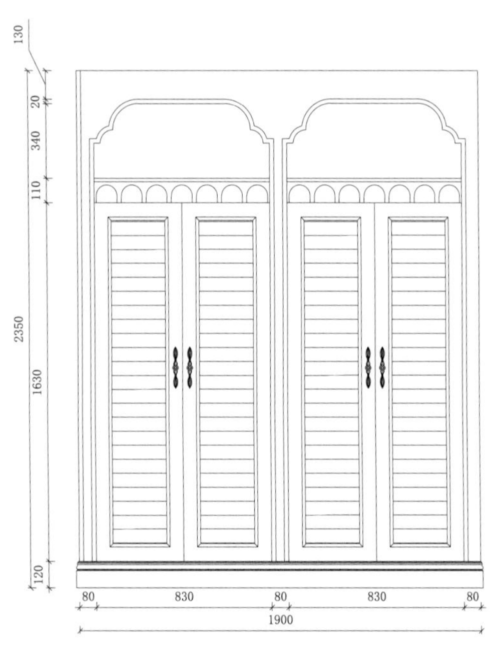

外立面图

130
20
340
110
100
40
1022
18
450
120
80
830
80
830
80

内立面图

第五章

榻榻米及组合柜

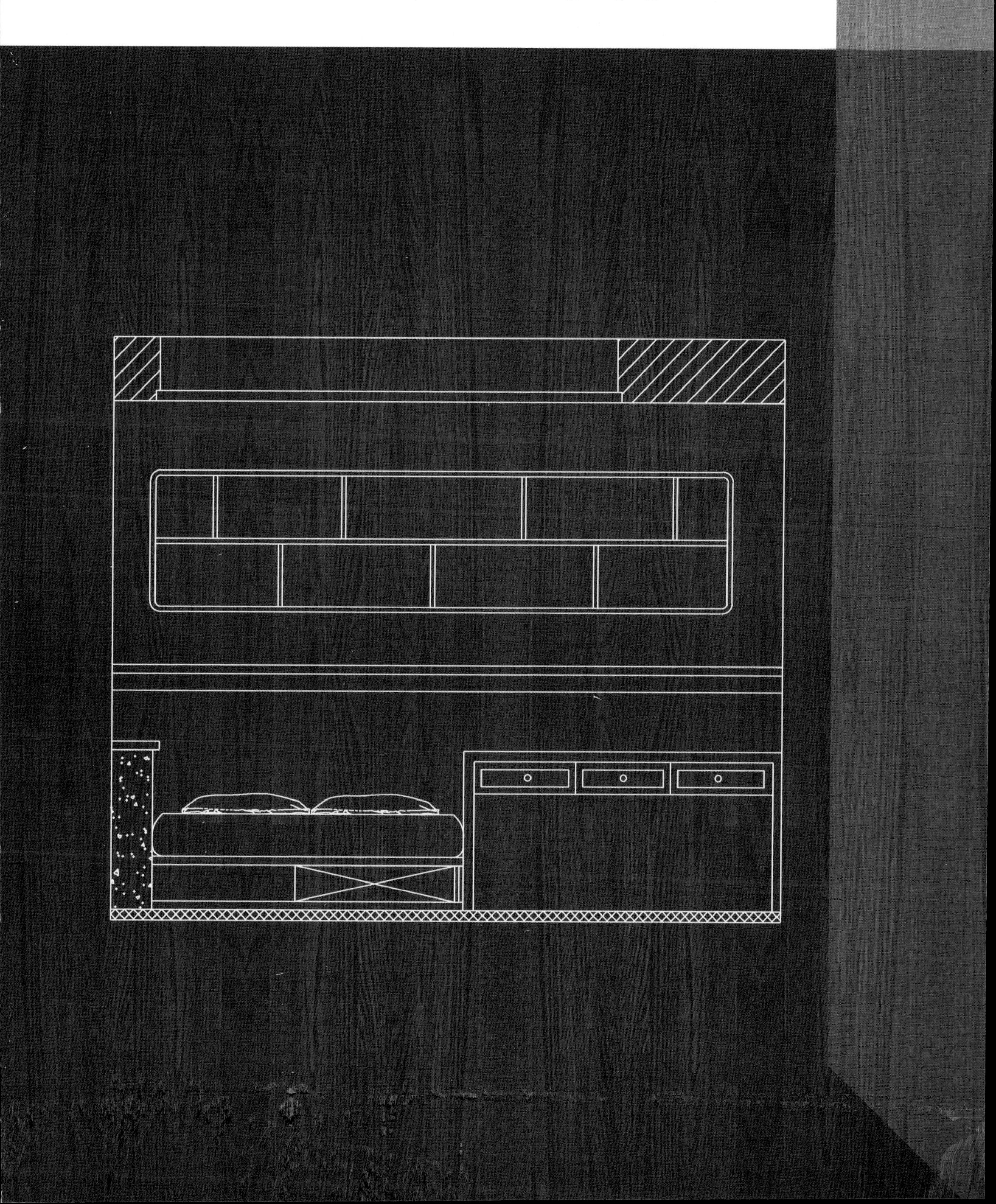

编号：TTM-001 ◆ 风格：现代轻奢

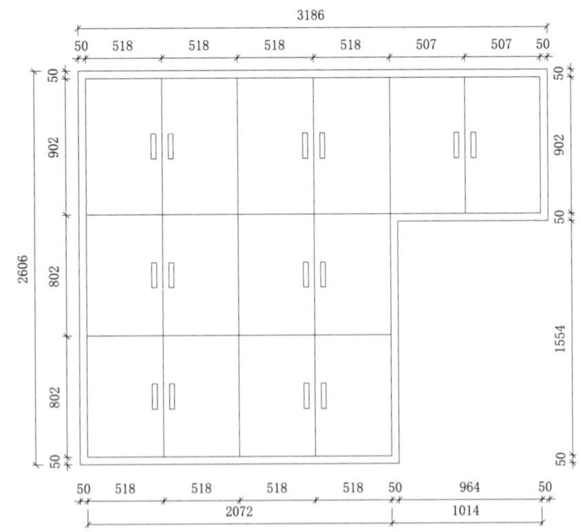

榻榻米俯视图

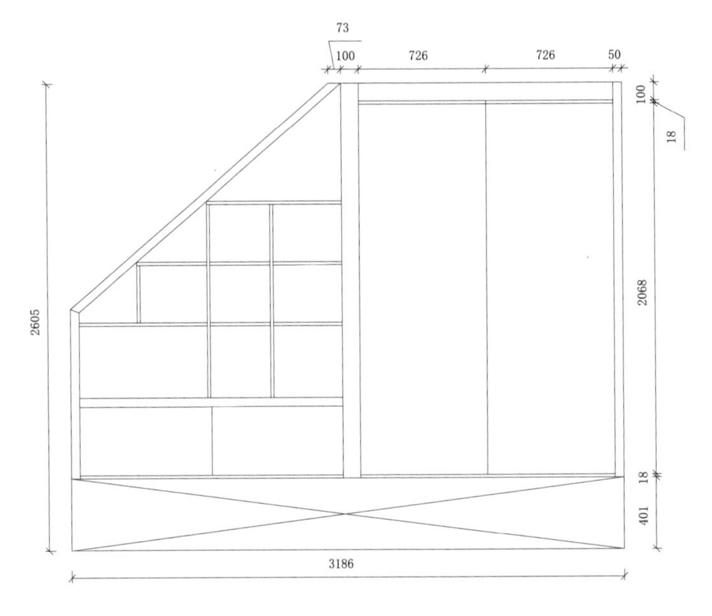

柜体外立面图

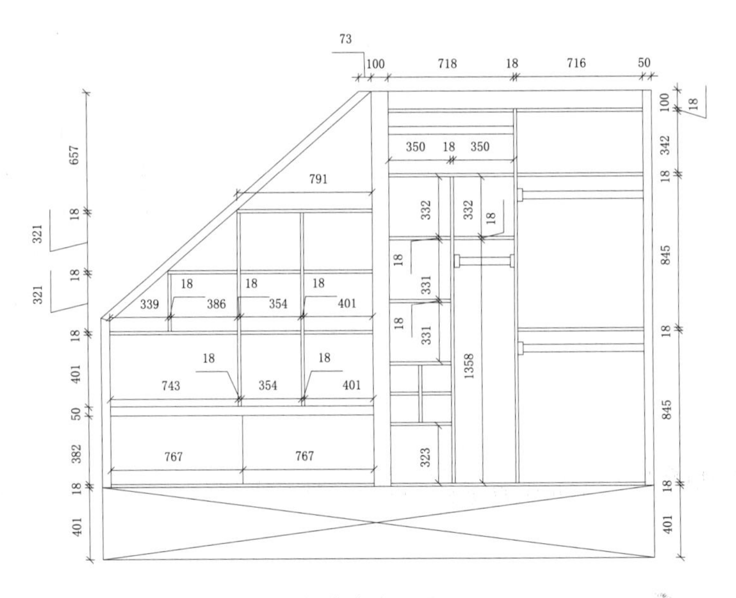

柜体内立面图

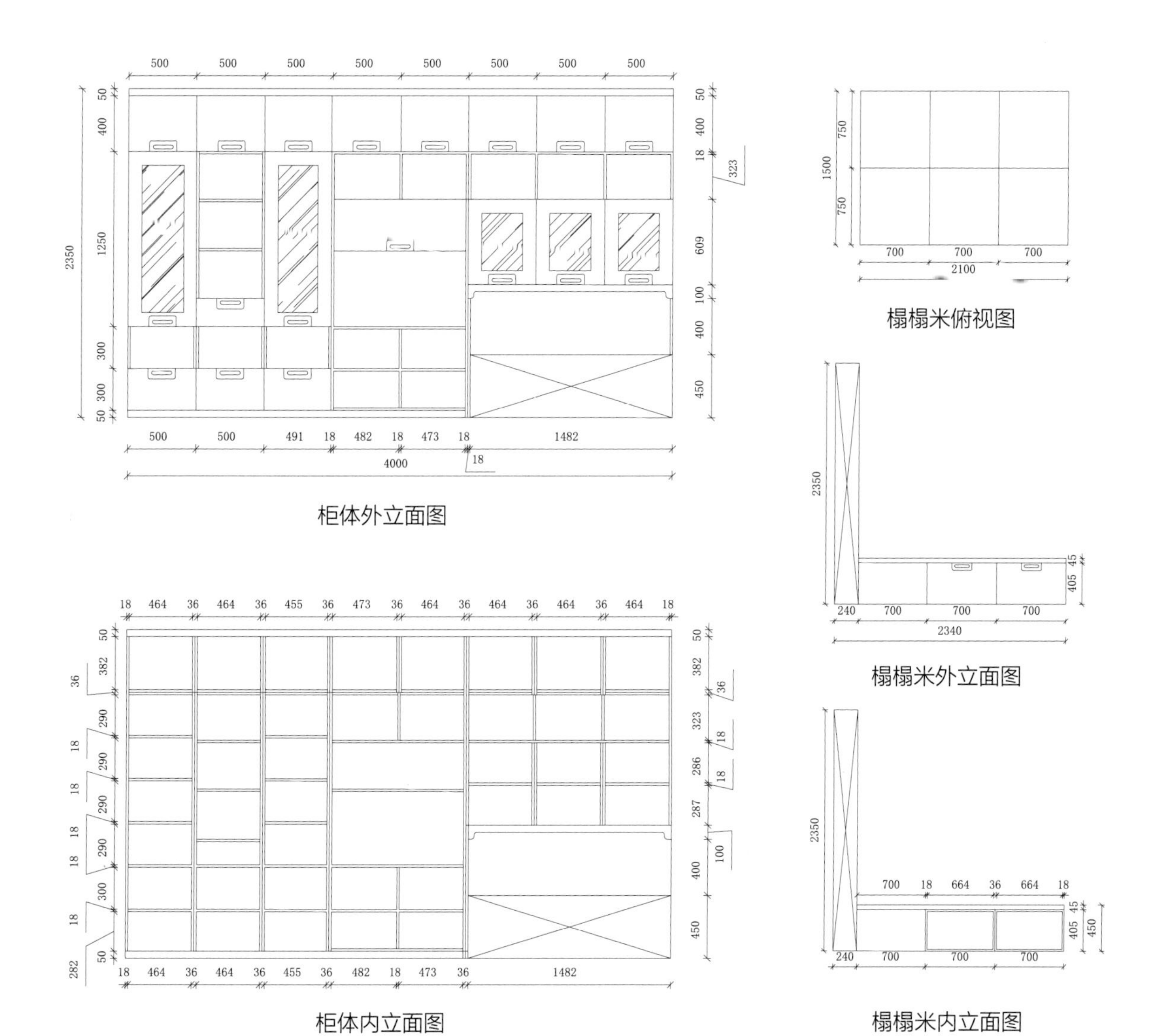

柜体外立面图

榻榻米俯视图

榻榻米外立面图

柜体内立面图

榻榻米内立面图

编号：TTM-002 ◆ 风格：现代简约

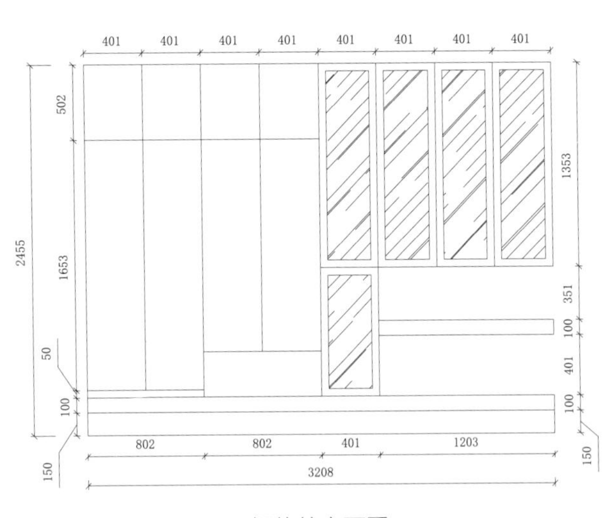

柜体外立面图

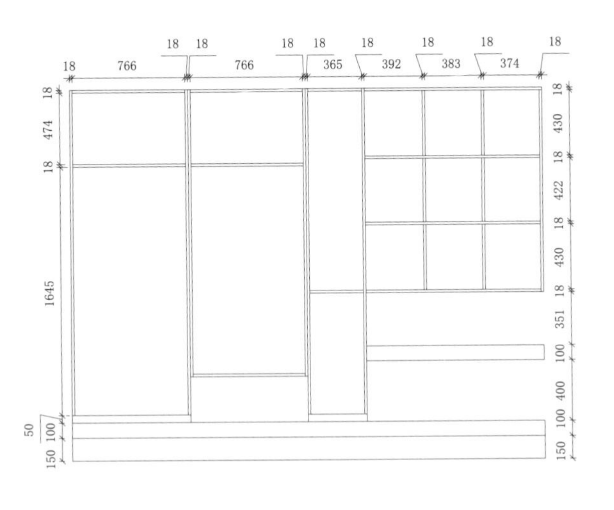

柜体内立面图

编号：TTM-003 ◆ 风格：现代简约

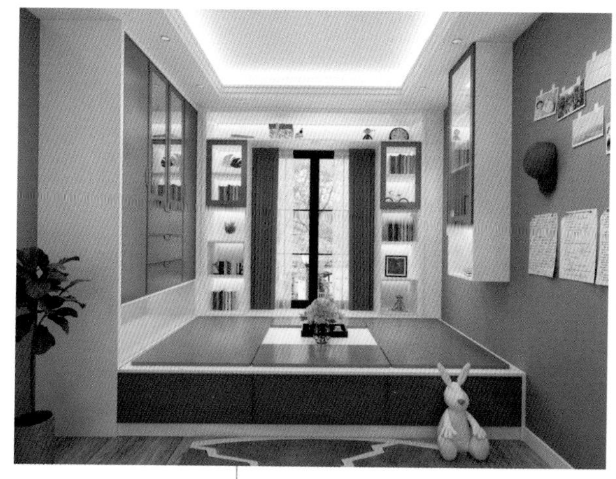

编号：TTM-004 ◆ 风格：北欧

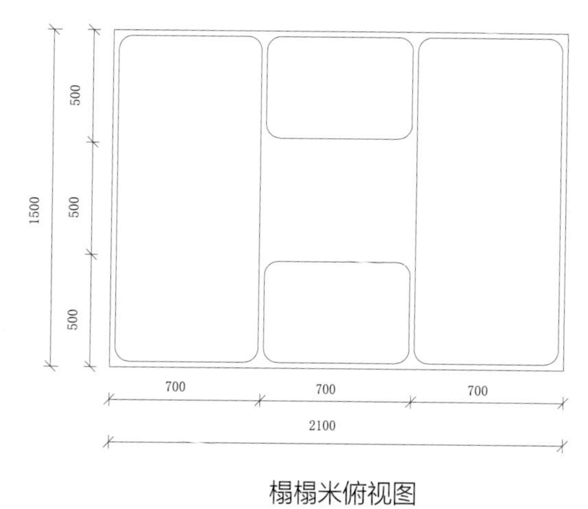

榻榻米俯视图

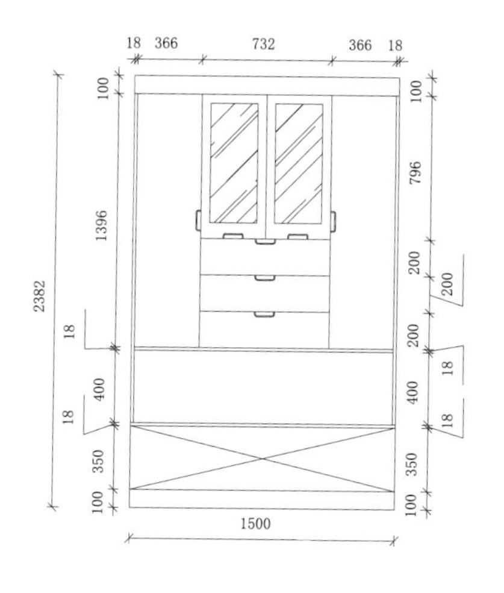

柜体左外立面图

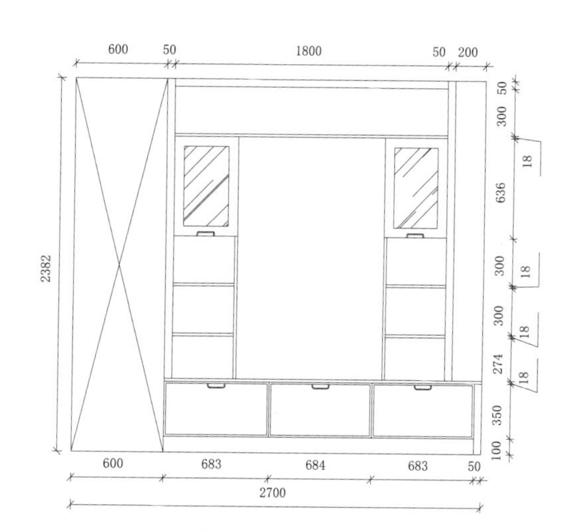

柜体中外立面图

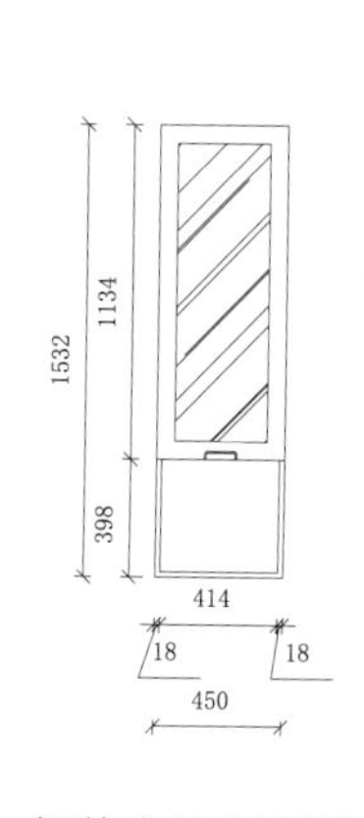

柜体右外立面图

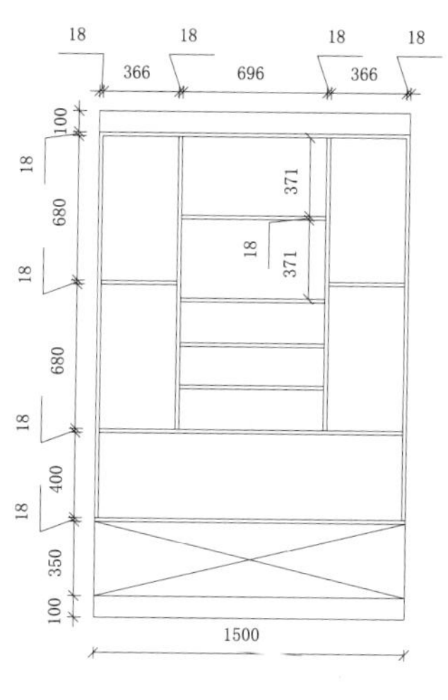

柜体左内立面图

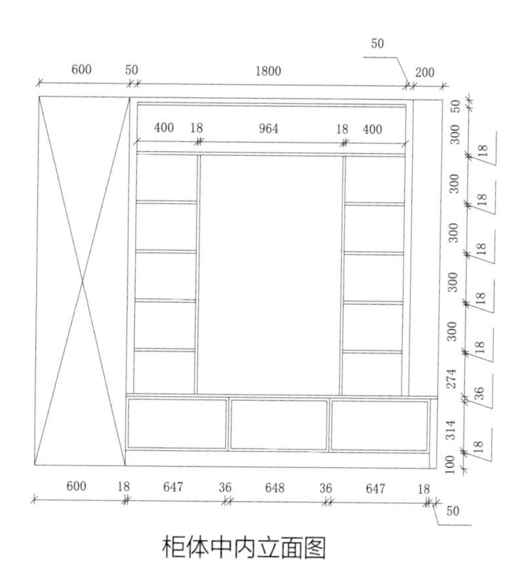

柜体中内立面图

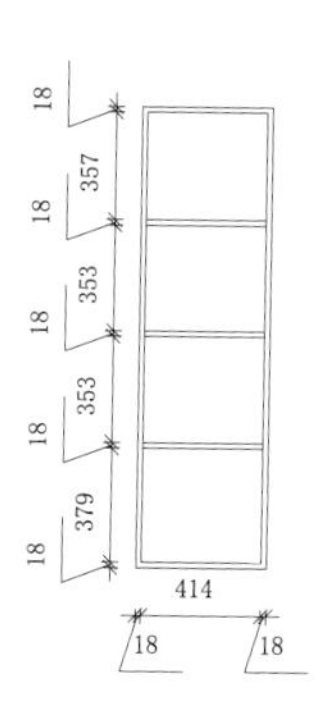

柜体右内立面图

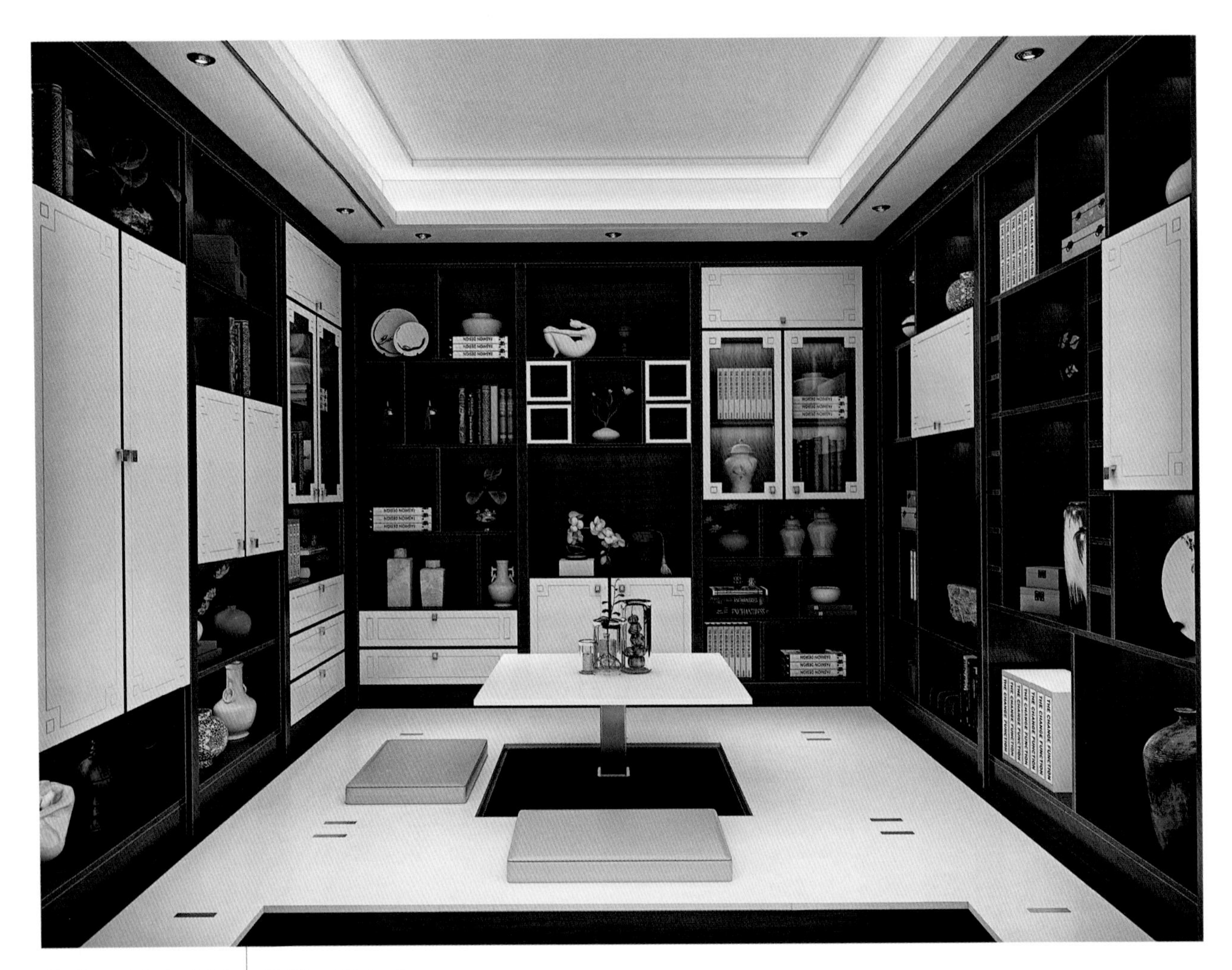

编号：TTM-005 ◆ 风格：新中式

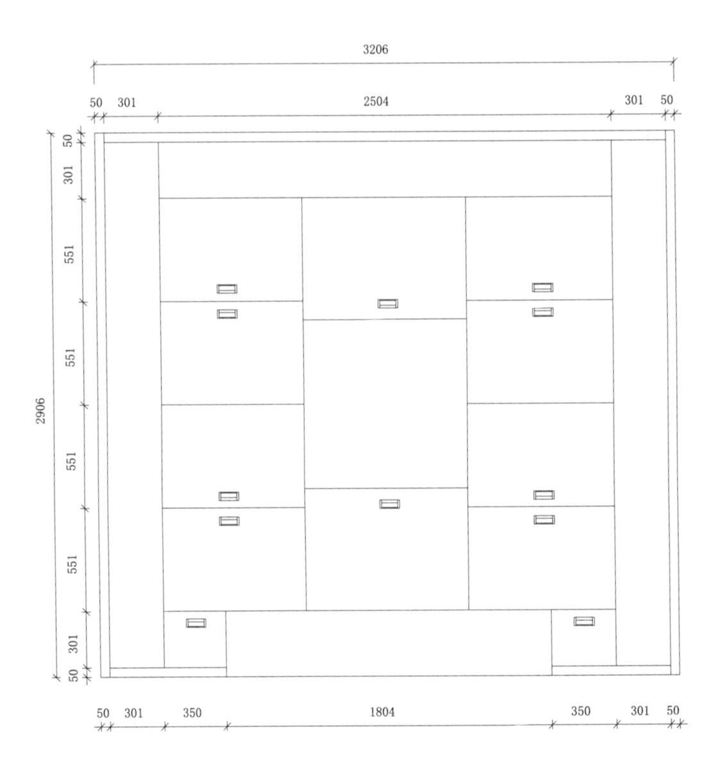

榻榻米俯视图

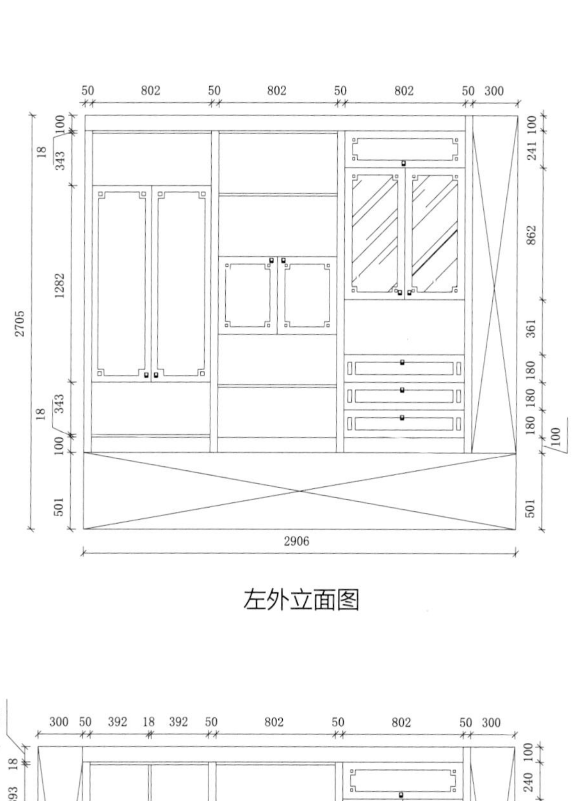

左外立面图

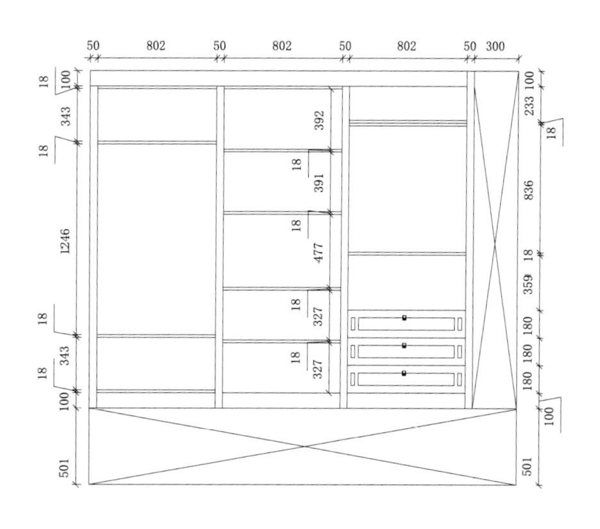

左内立面图

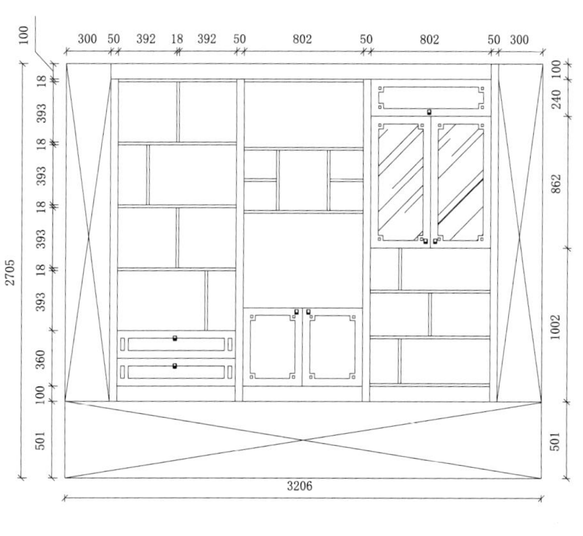

中外立面图

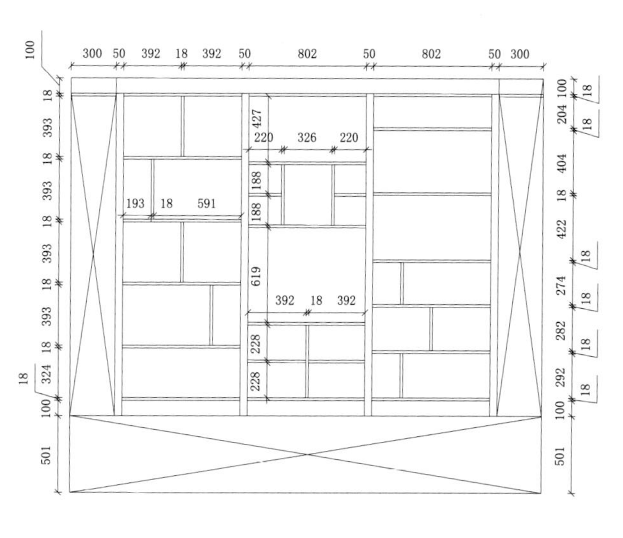

中内立面图

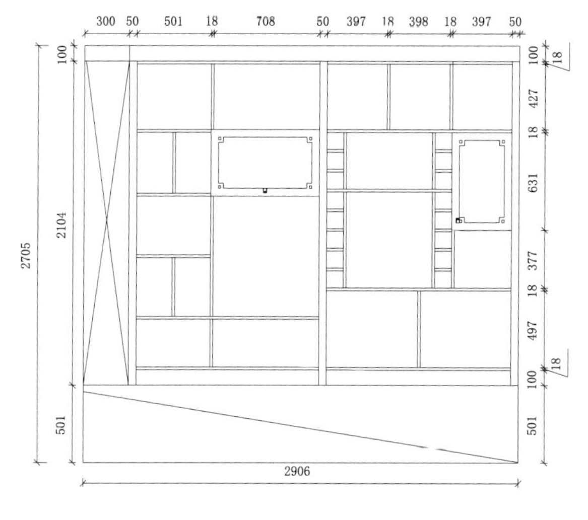

右外立面图

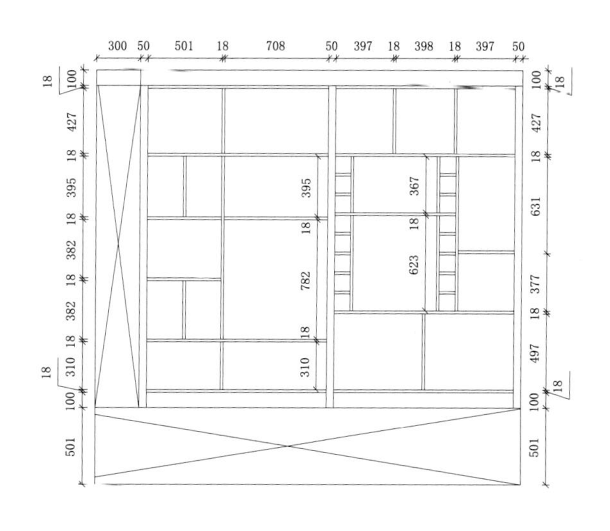

右内立面图

编号：TTM-006 ◆ 风格：新中式

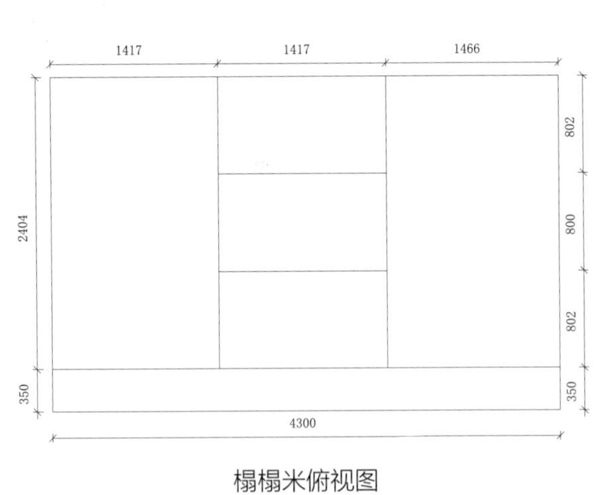

榻榻米俯视图

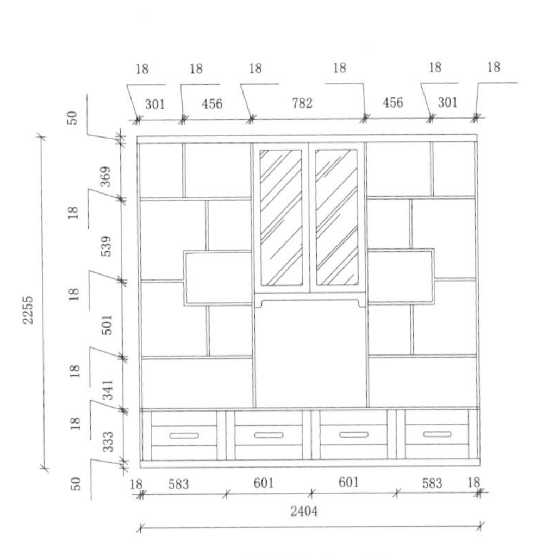

柜体左外立面图

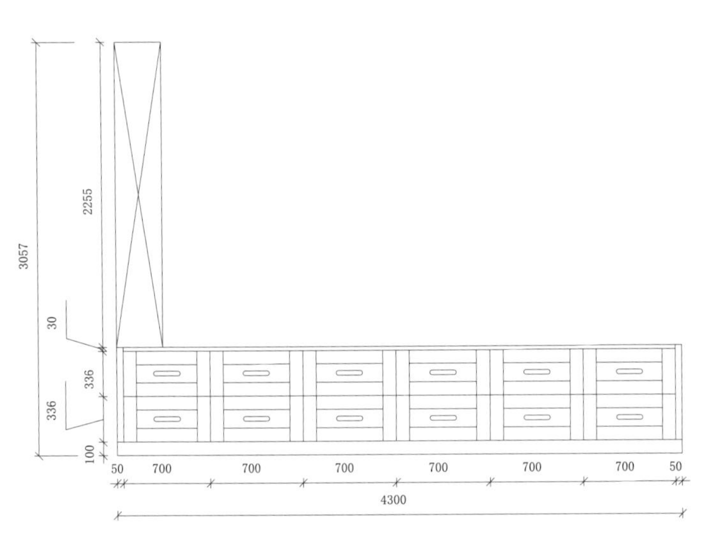

柜体中外立面图

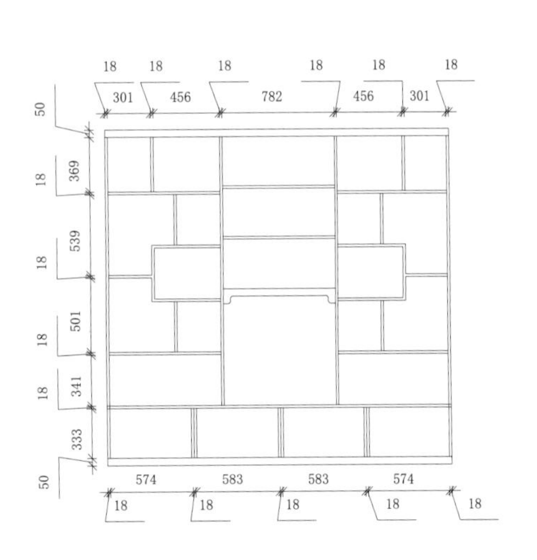

柜体左内立面图

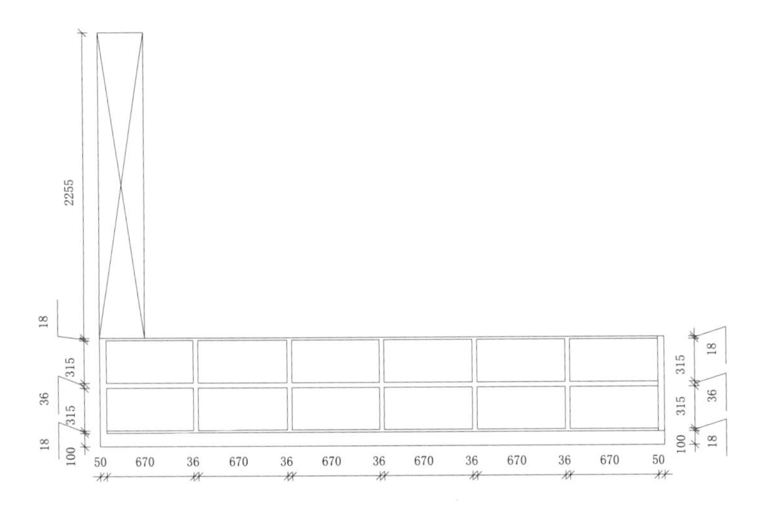

柜体中内立面图

编号：TTM-007 ◆ 风格：日式

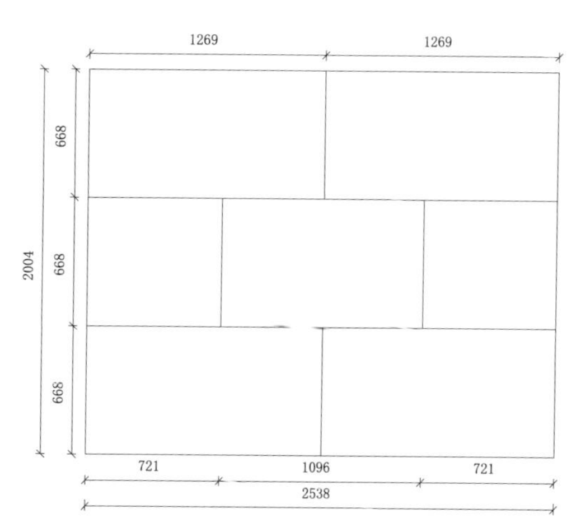

榻榻米俯视图

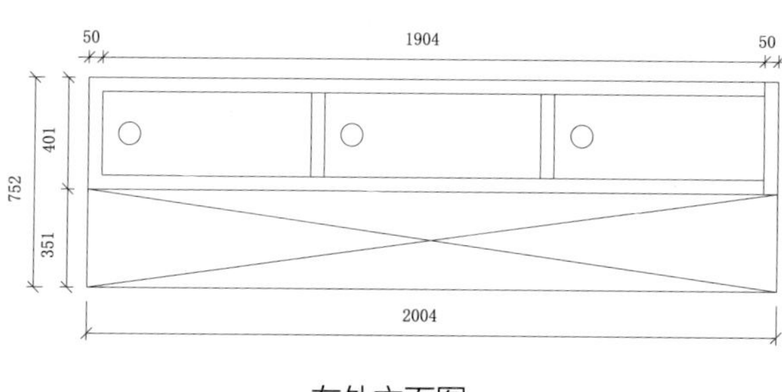

左外立面图

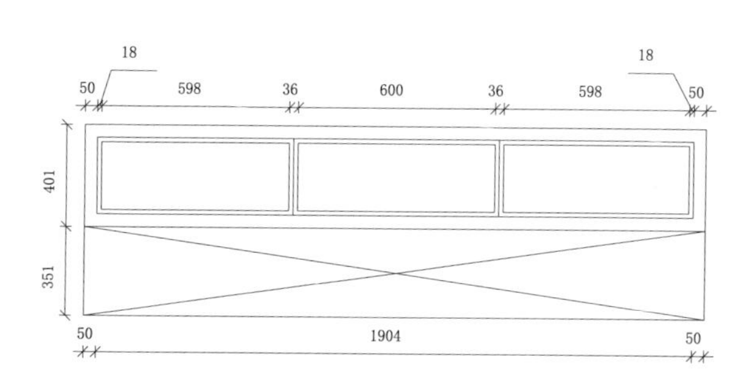

左内立面图

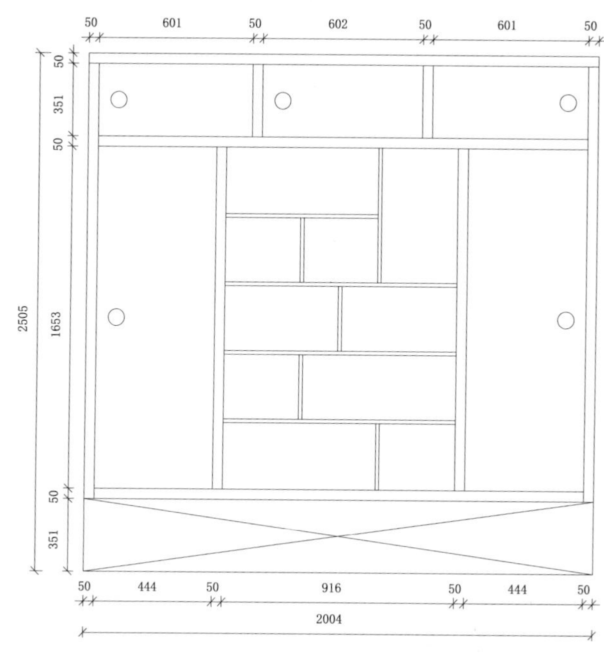

右外立面图

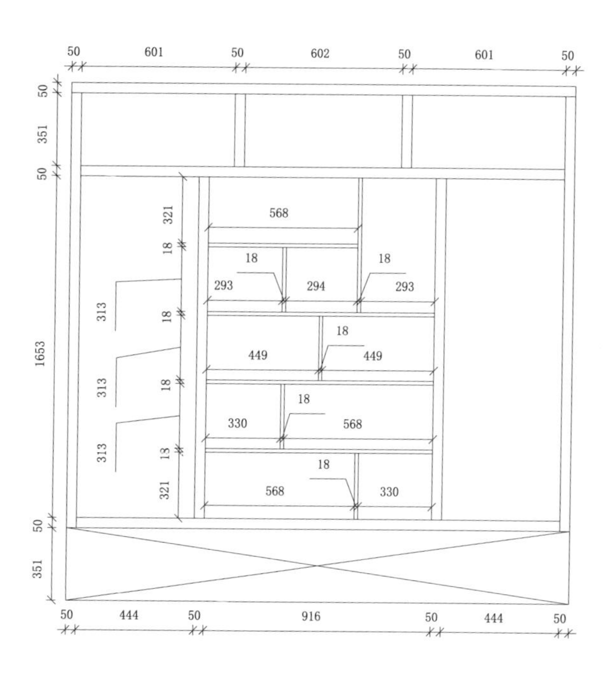

右内立面图

编号：TTM-008 ◆ 风格：日式

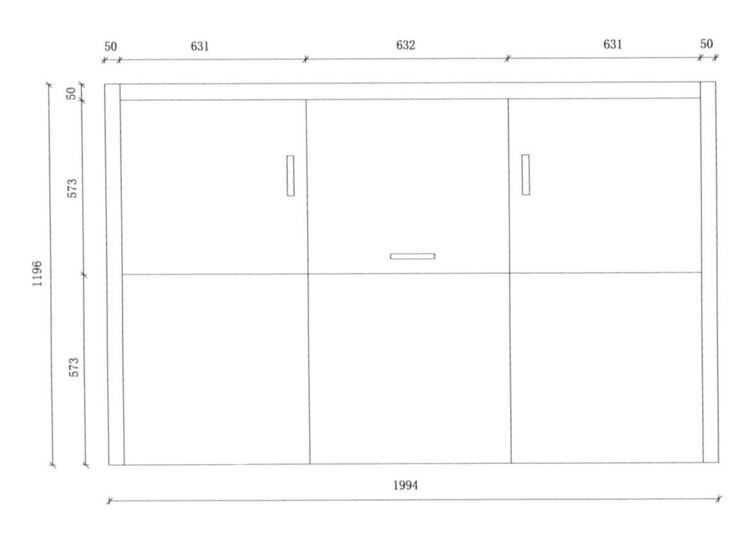

榻榻米俯视图

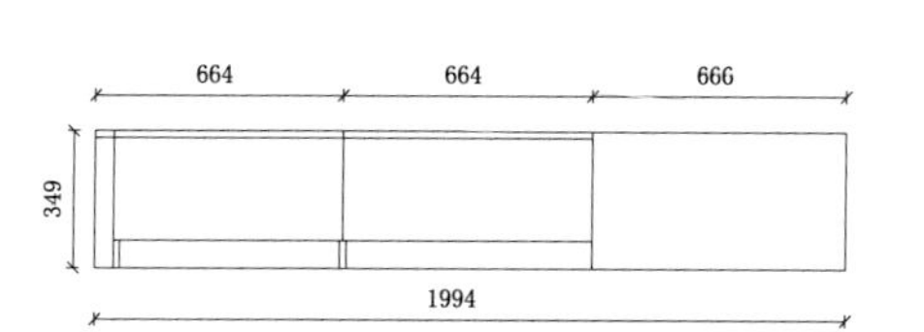

榻榻米外立面图

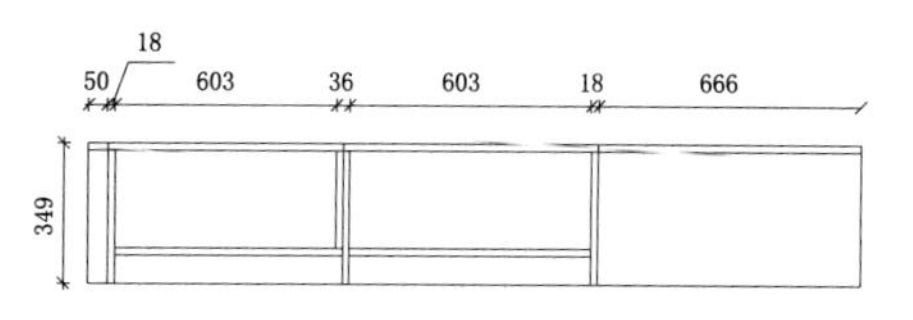

榻榻米内立面图

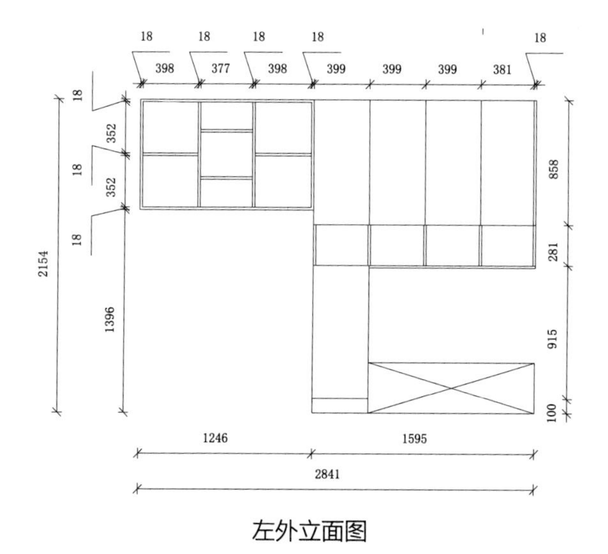

左外立面图

左内立面图

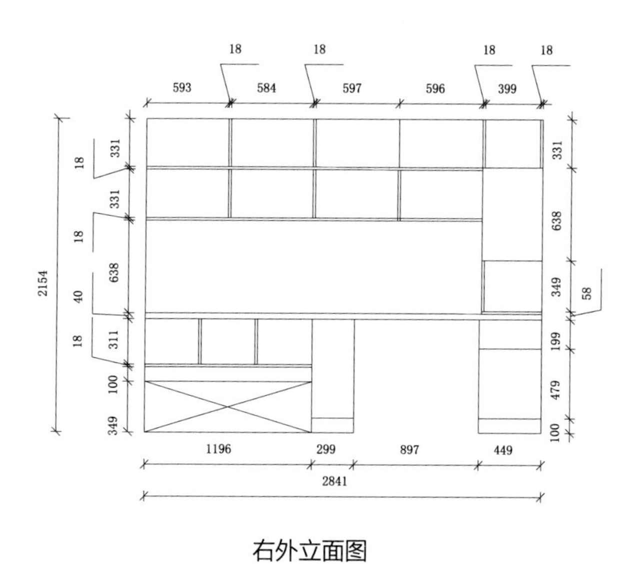

右外立面图

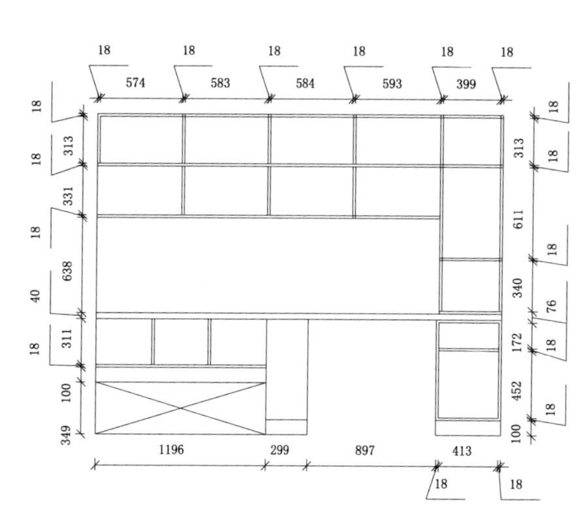

右内立面图

编号：TTM-009 ◆ 风格：地中海

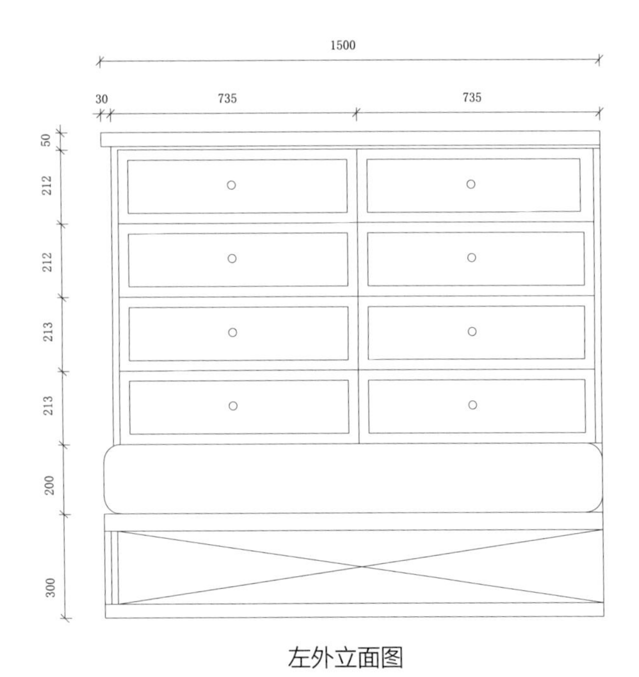

左外立面图

左内立面图

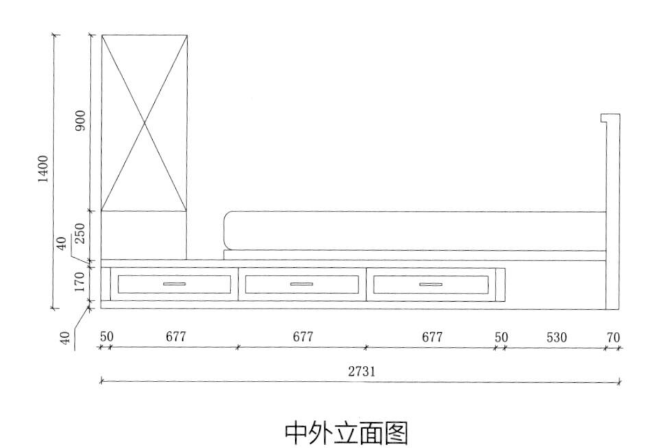

中外立面图

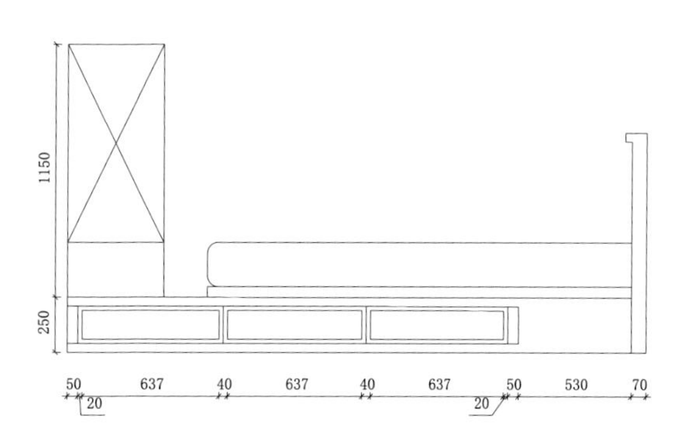

中内立面图

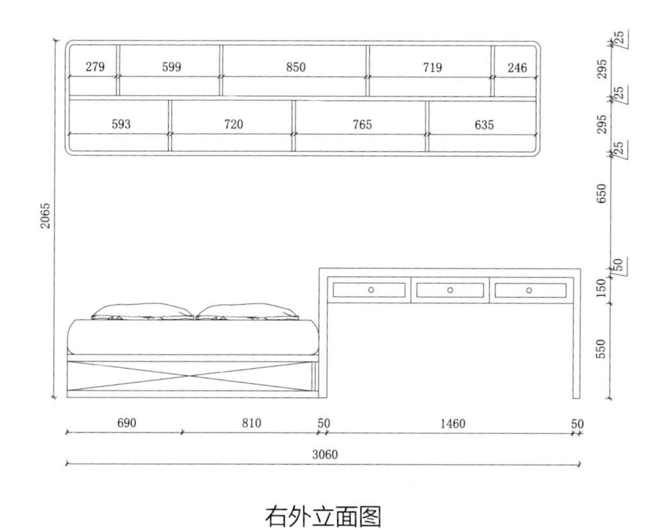

右外立面图

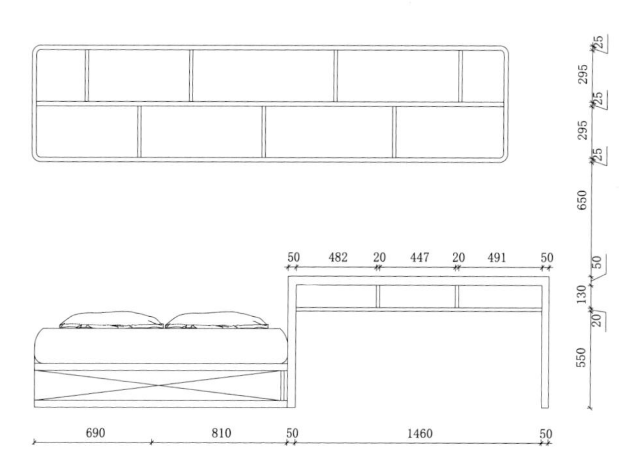

右内立面图

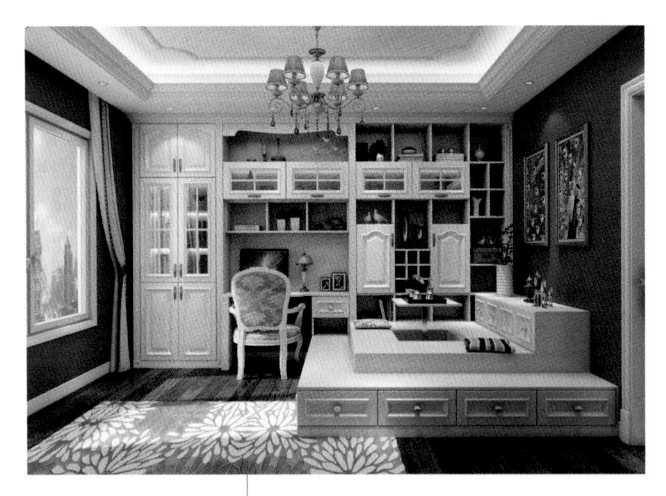

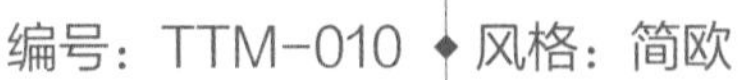
编号：TTM-010 ◆ 风格：简欧

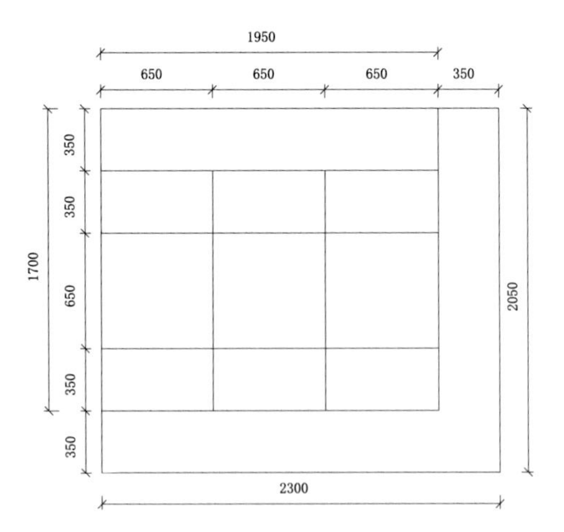

榻榻米俯视图

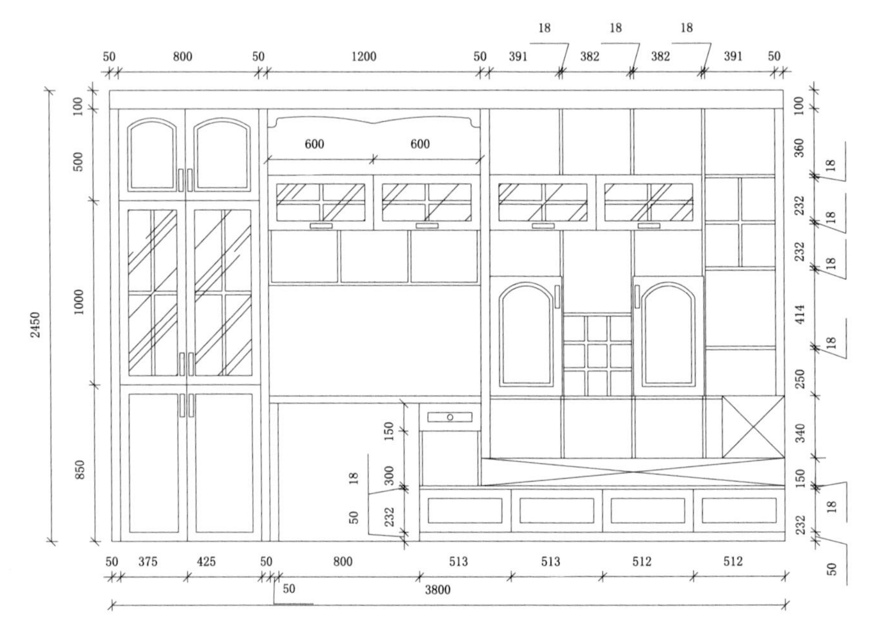

外立面图

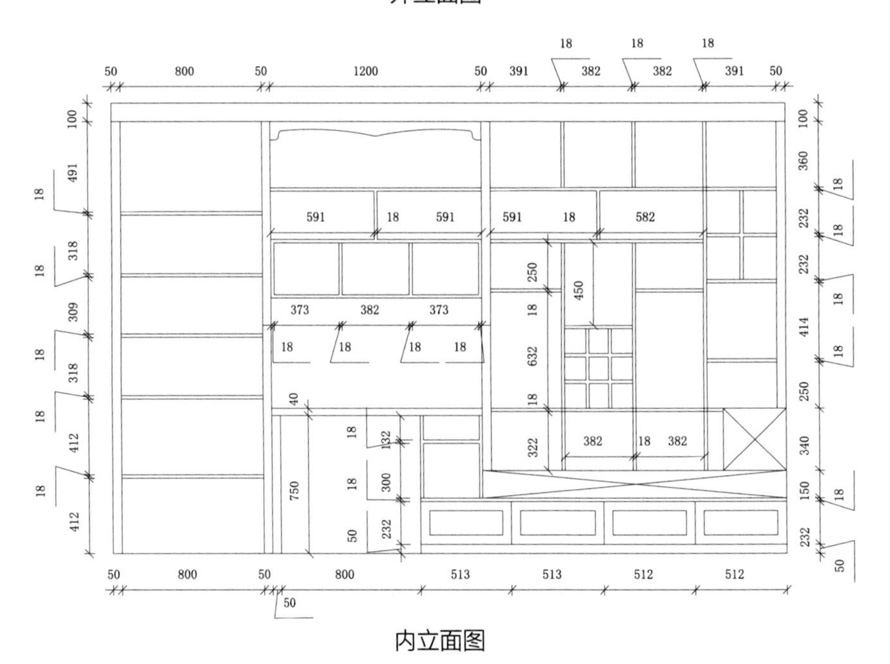

内立面图

第六章

衣帽间

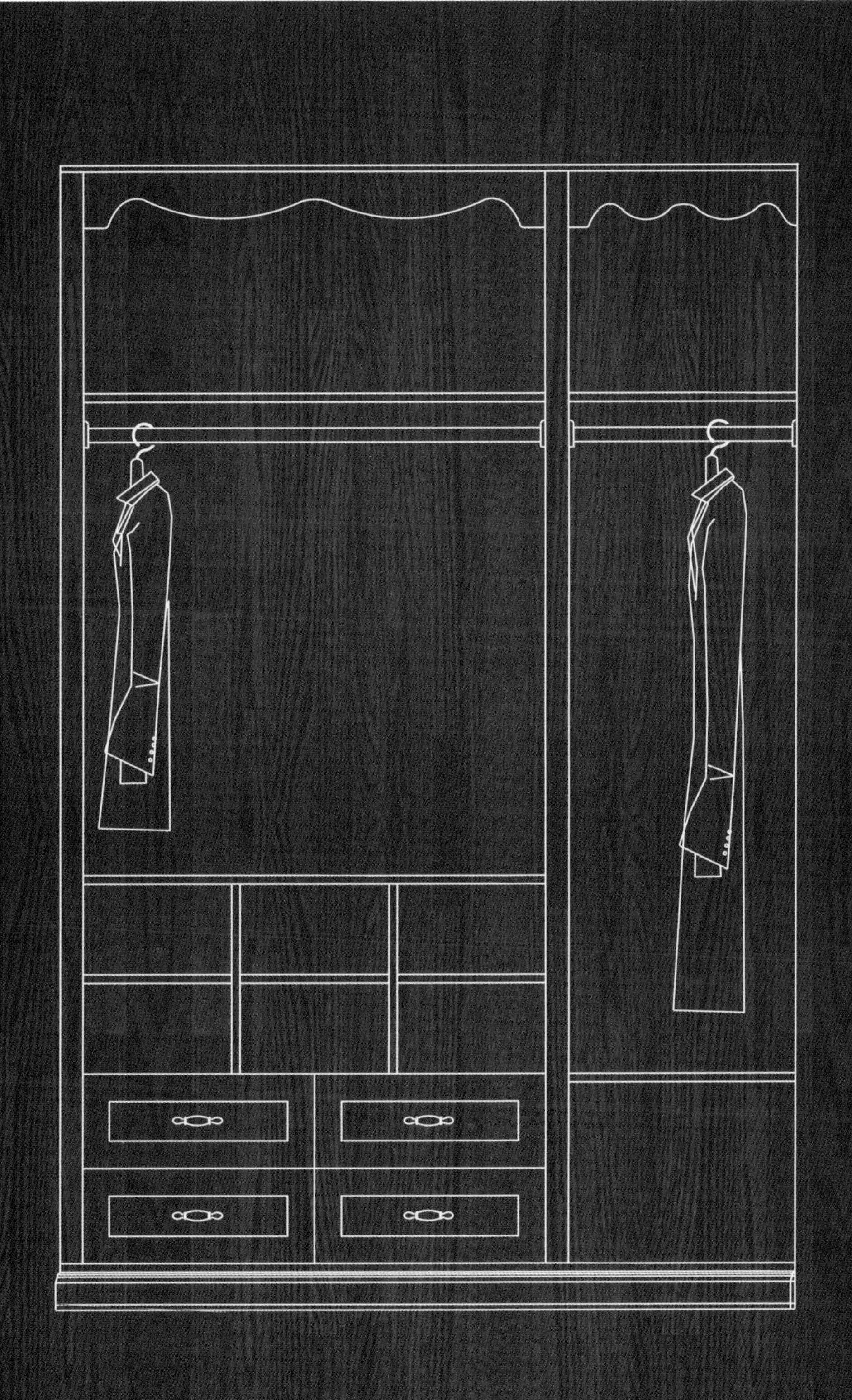

编号：YMJ-001 ◆ 风格：现代轻奢

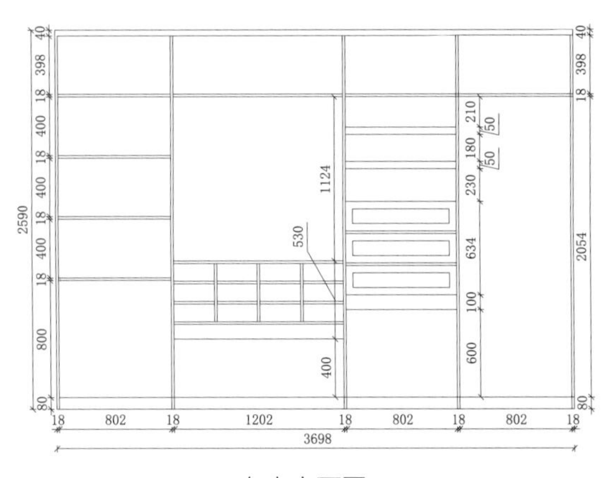

左内立面图

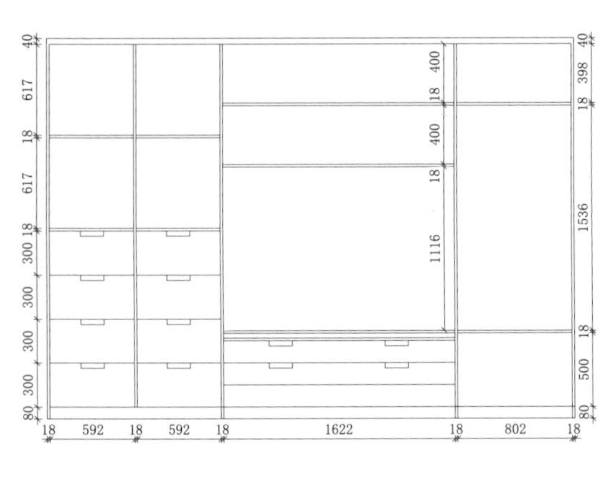

右内立面图

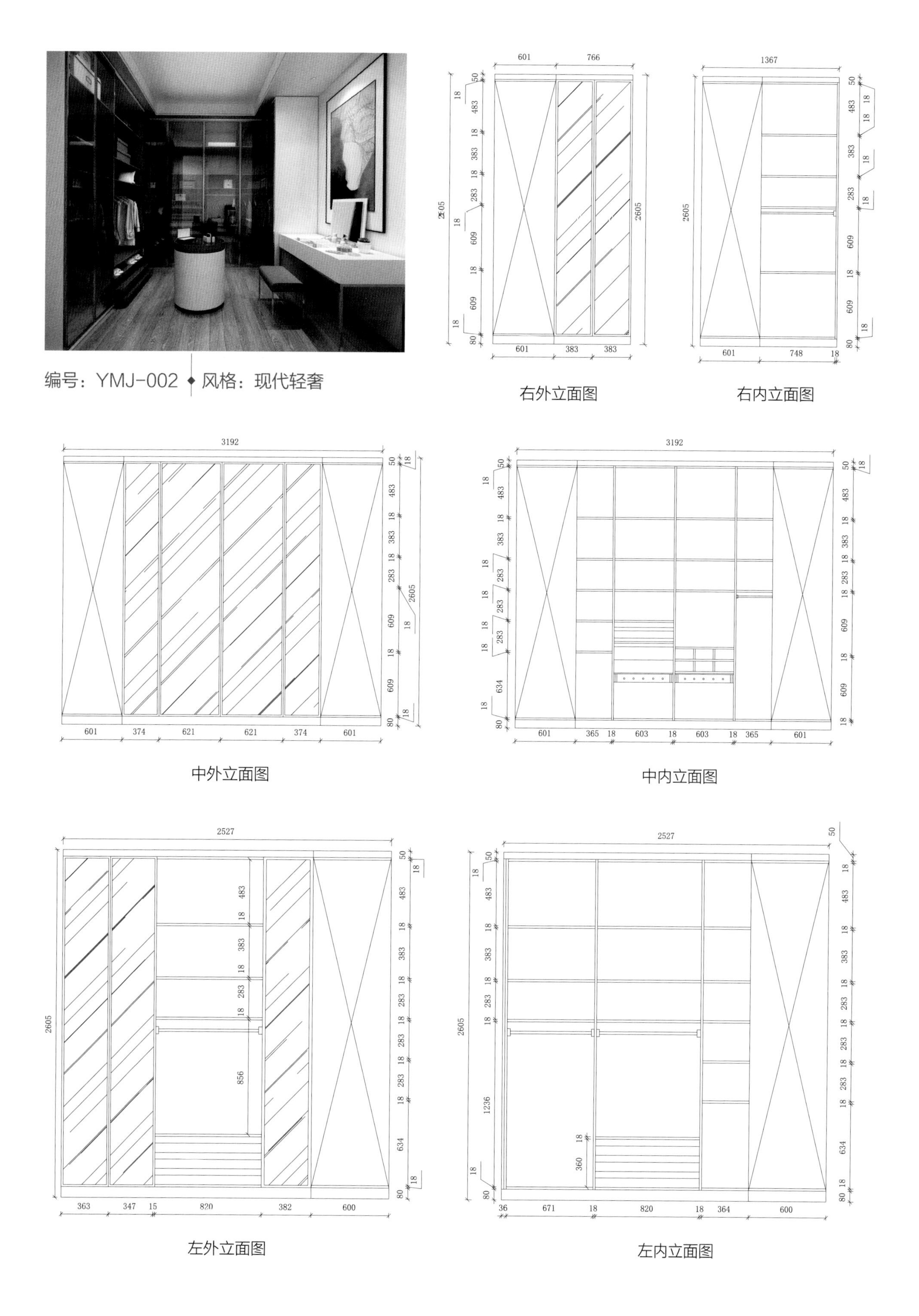
编号：YMJ-002
风格：现代轻奢
右外立面图
右内立面图
中外立面图
中内立面图
左外立面图
左内立面图

编号：YMJ-003 ◆ 风格：现代轻奢

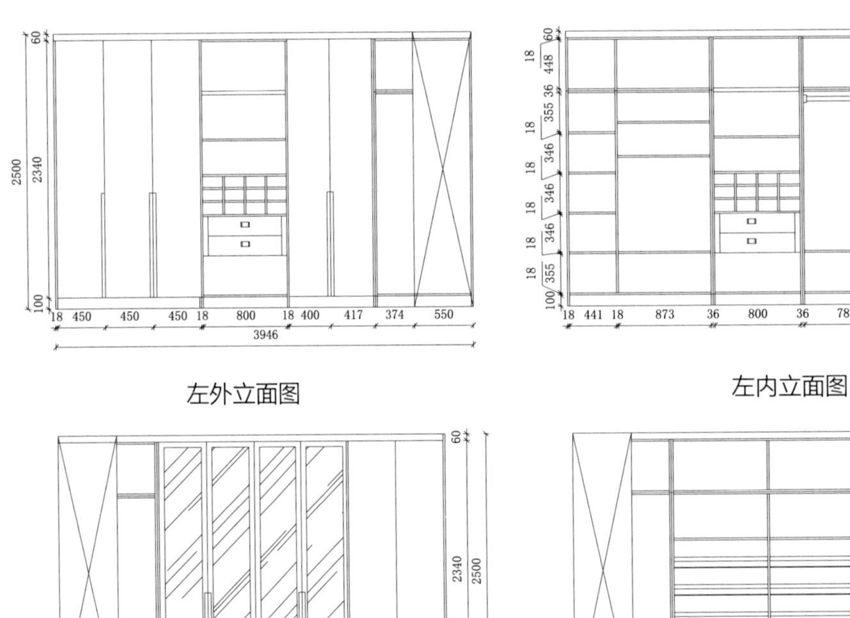

左外立面图

左内立面图

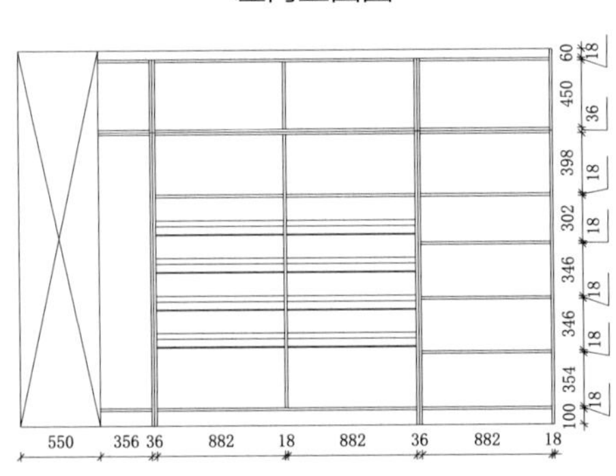

中外立面图

中内立面图

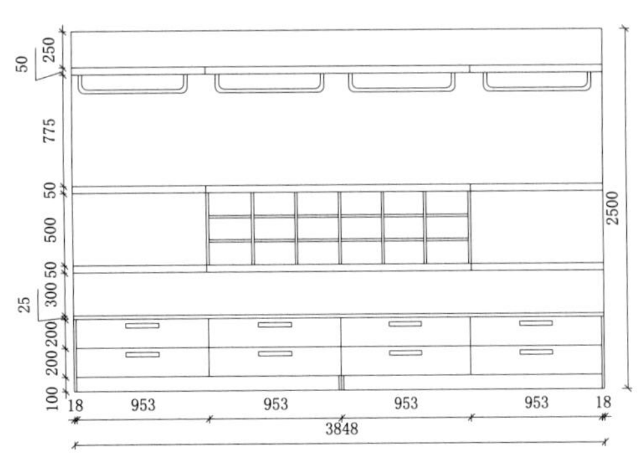

右外立面图

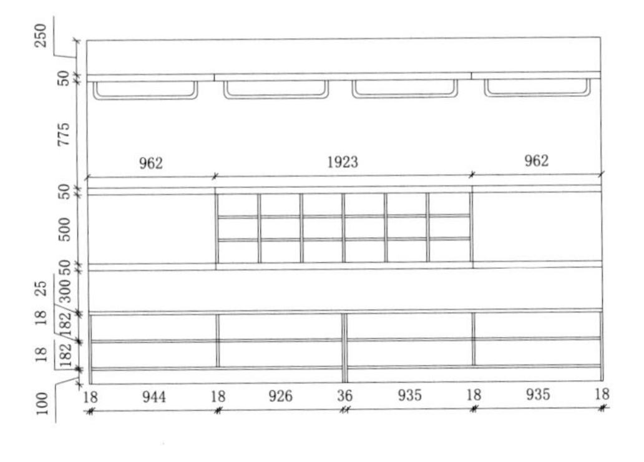

右内立面图

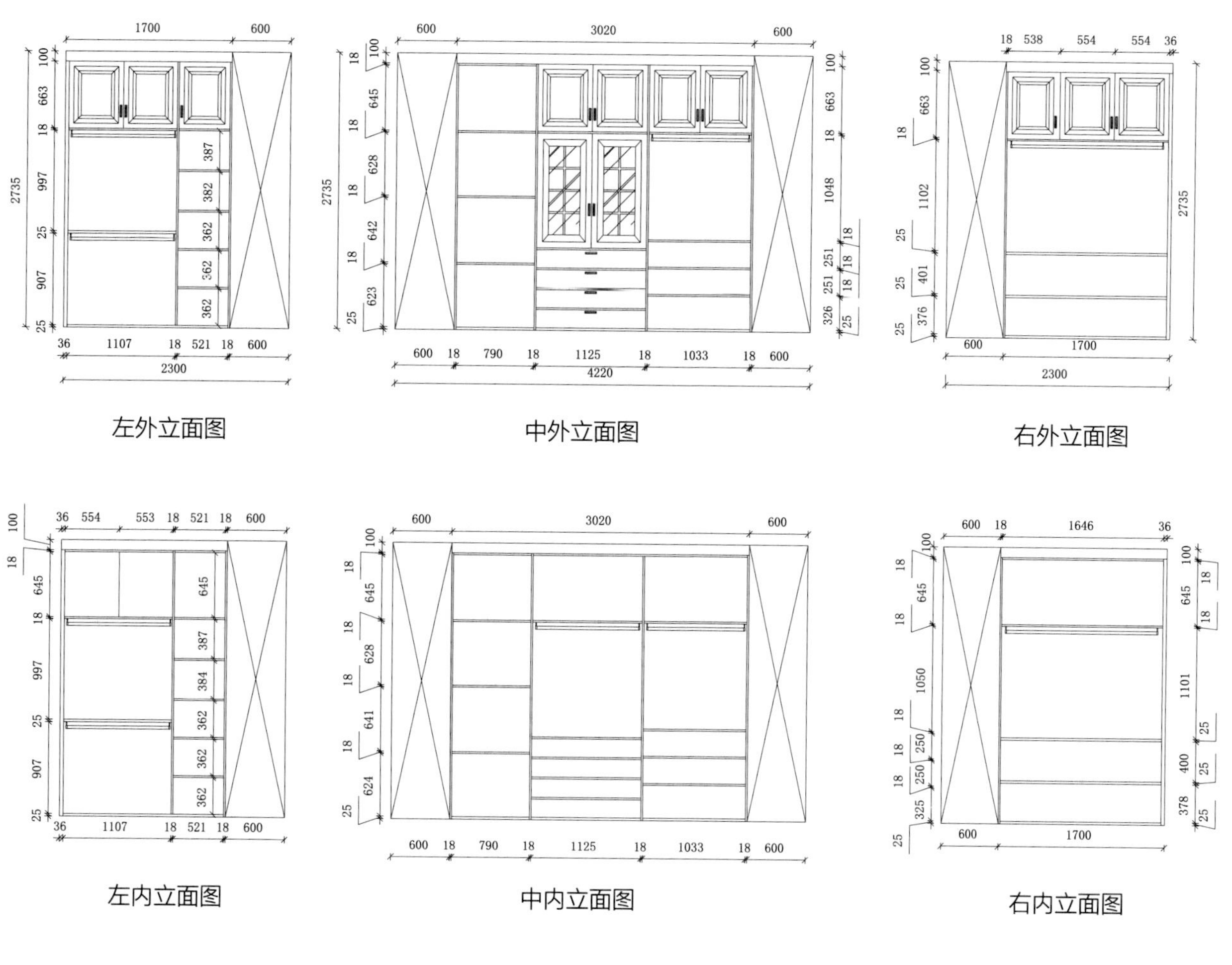

编号：YMJ-004 ◆ 风格：现代轻奢

编号：YMJ-005 ◆ 风格：现代轻奢

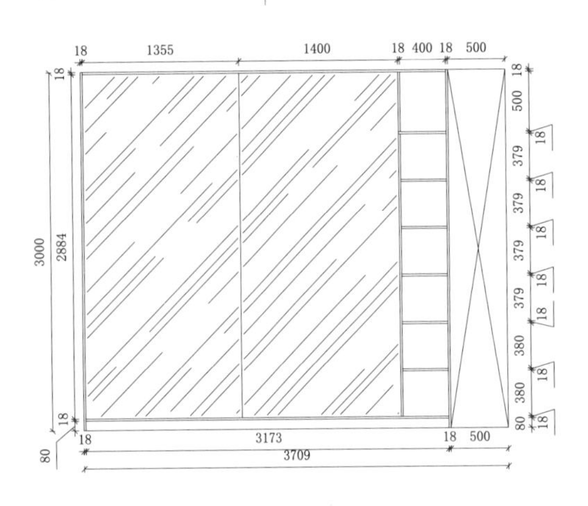

左外立面图

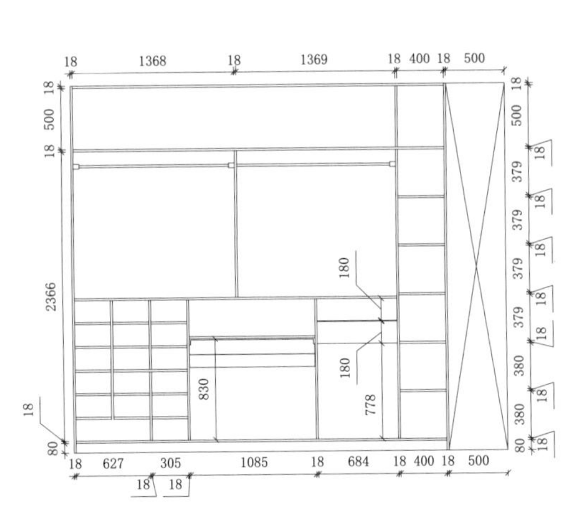

左内立面图

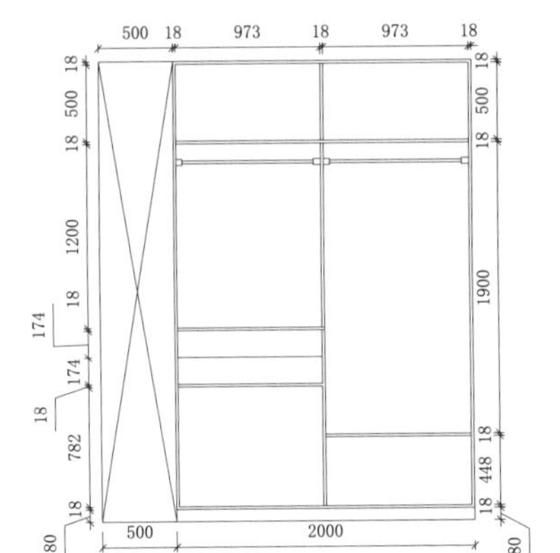

右内立面图

右外立面图

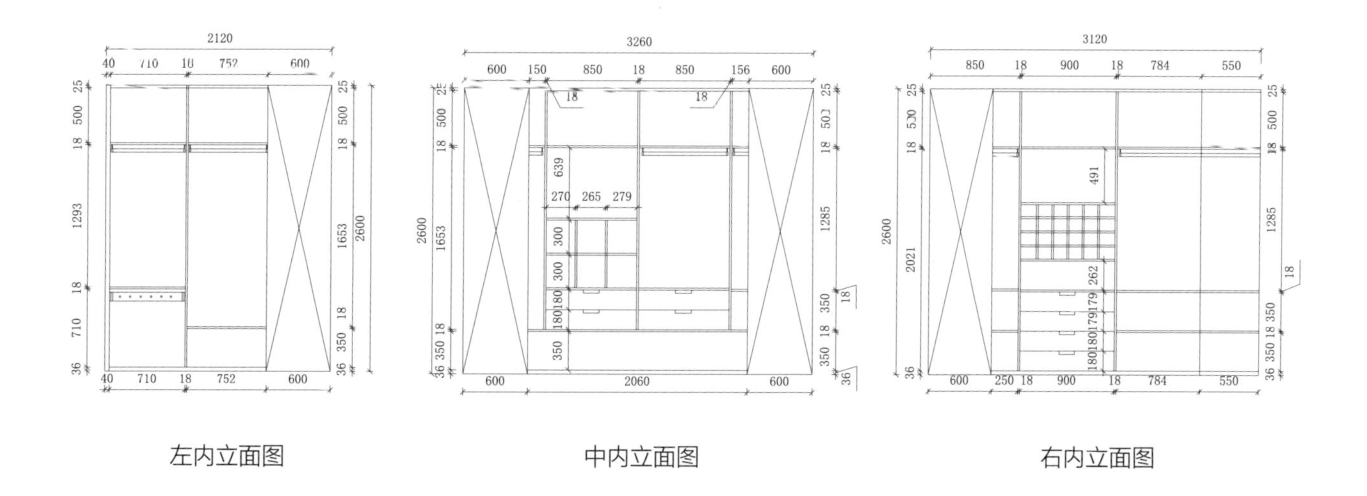

左内立面图　　中内立面图　　右内立面图

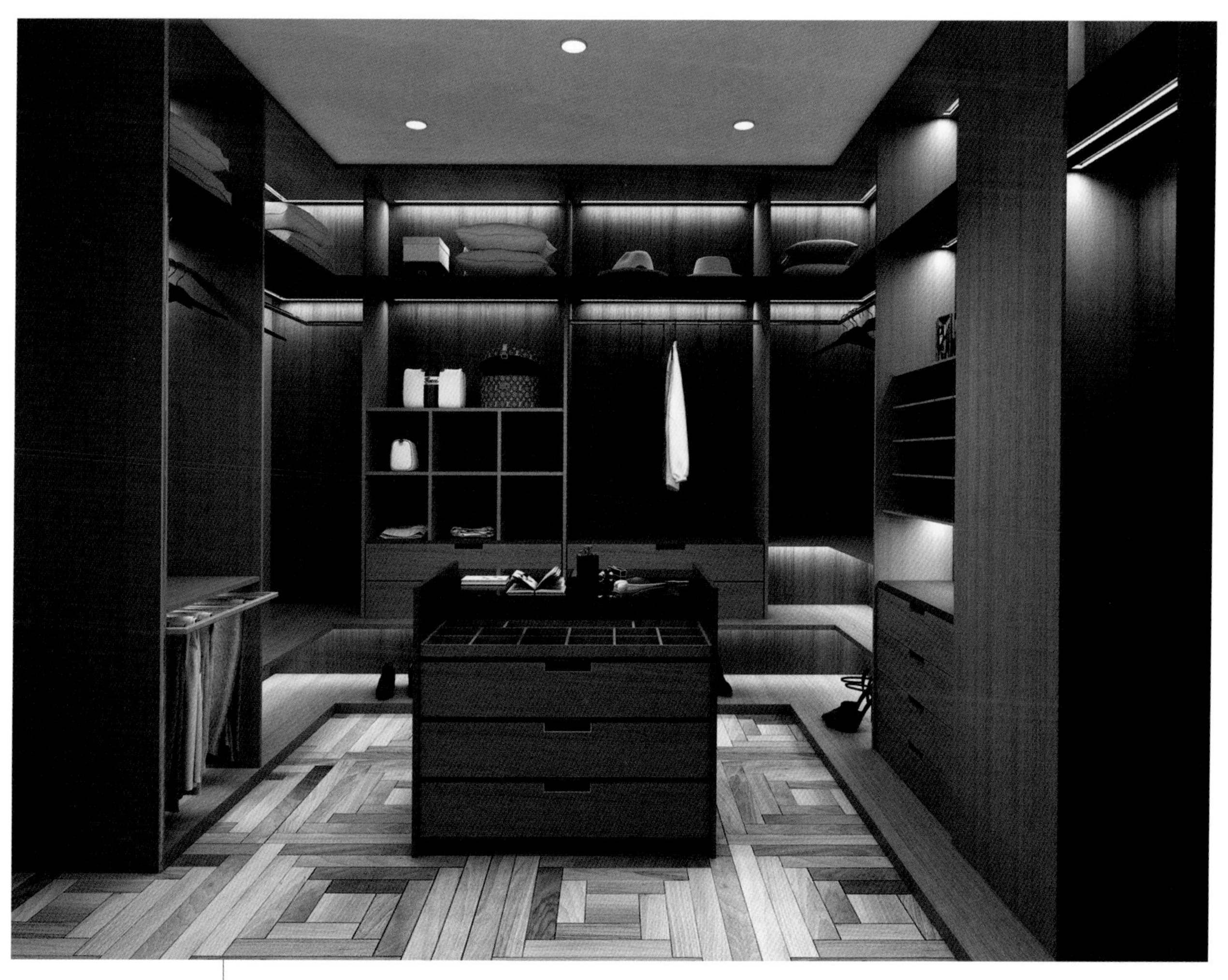

编号：YMJ-006 ◆ 风格：现代工业

编号：YMJ-007 ◆ 风格：现代工业

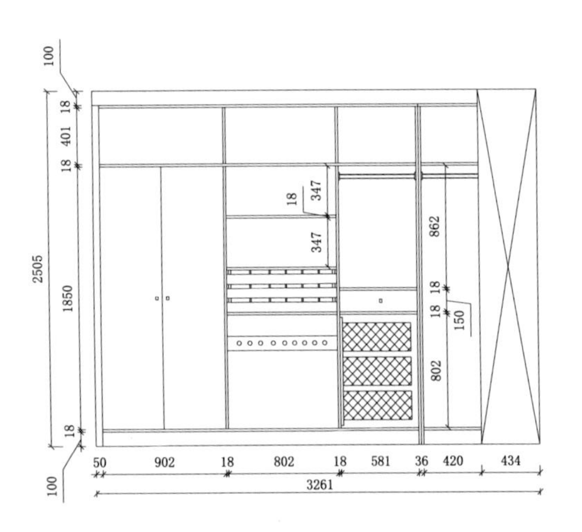

左外立面图

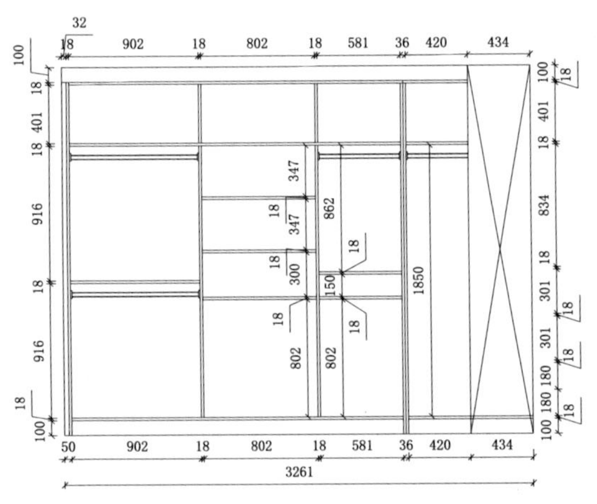

左内立面图

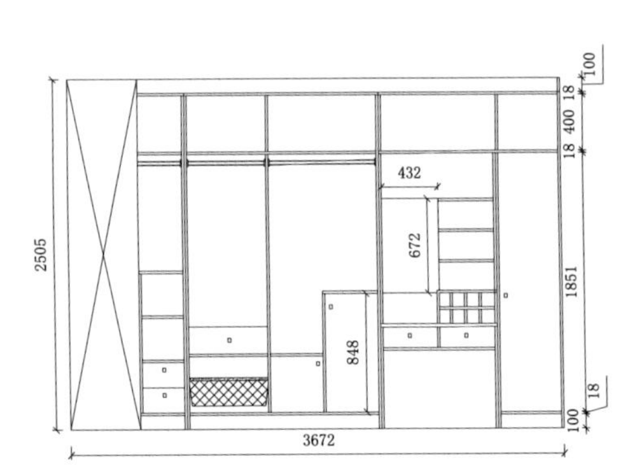

右外立面图

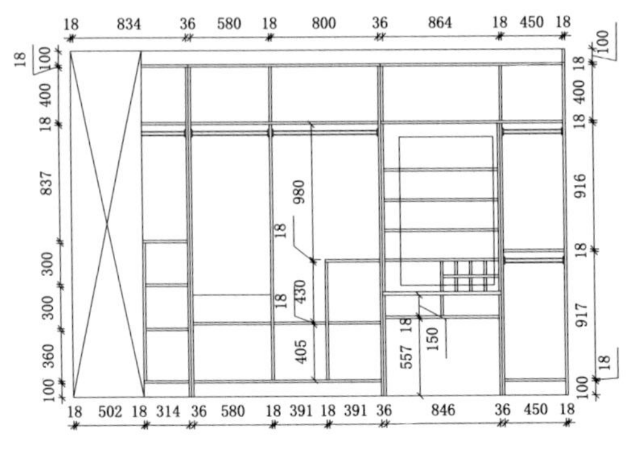

右内立面图

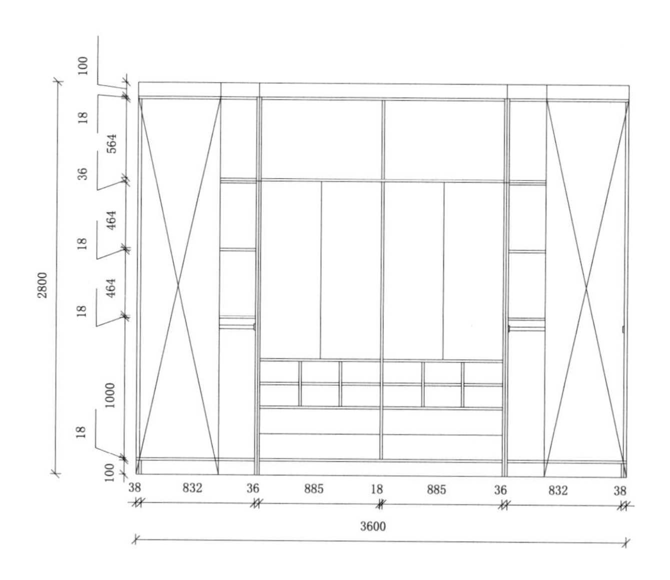

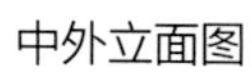
中外立面图

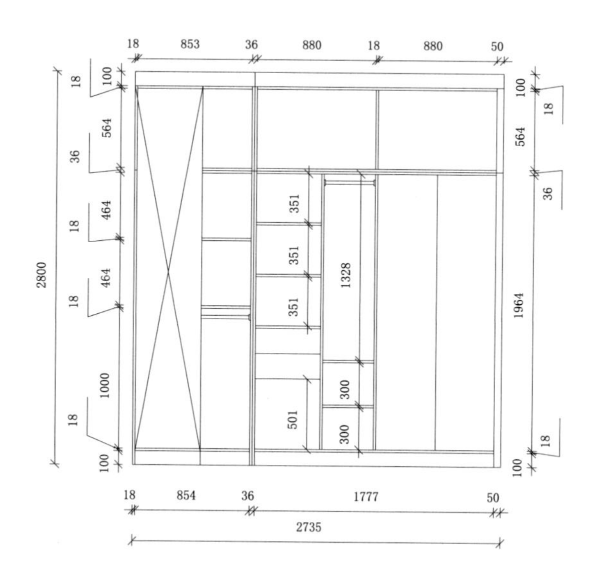

右外立面图

中内立面图

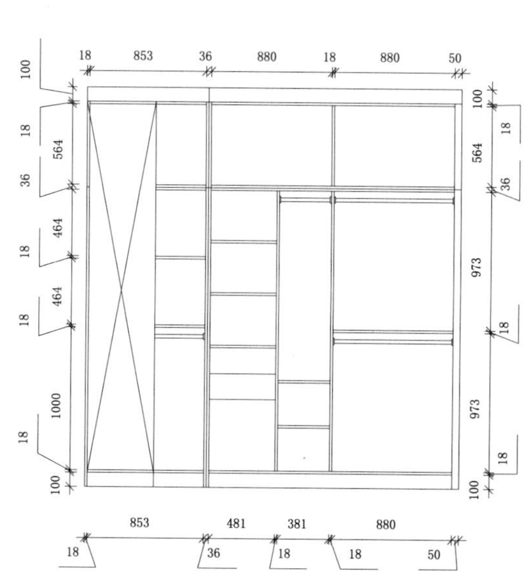

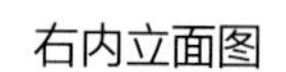
右内立面图

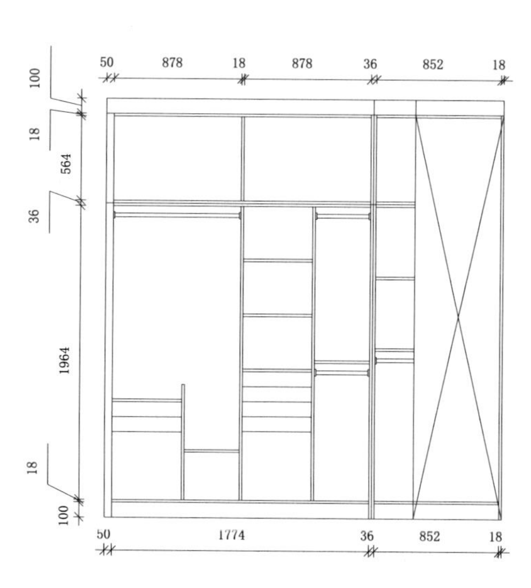

左内立面图

编号：YMJ-008 ◆ 风格：北欧

编号：YMJ-009 ◆ 风格：新中式

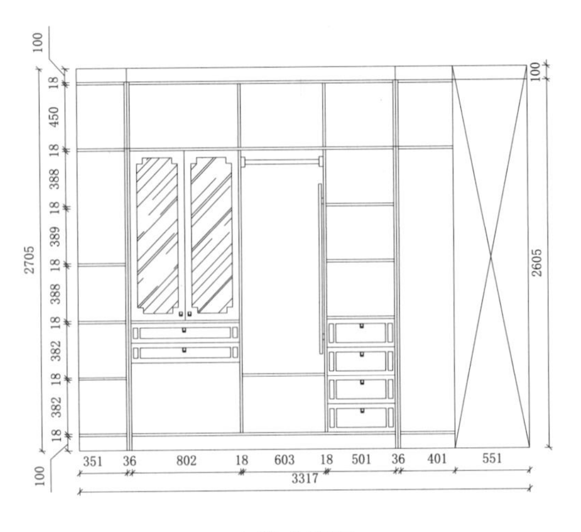

左外立面图

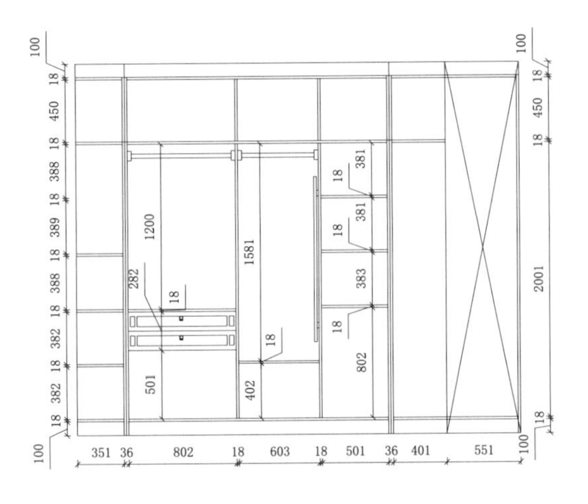

左内立面图

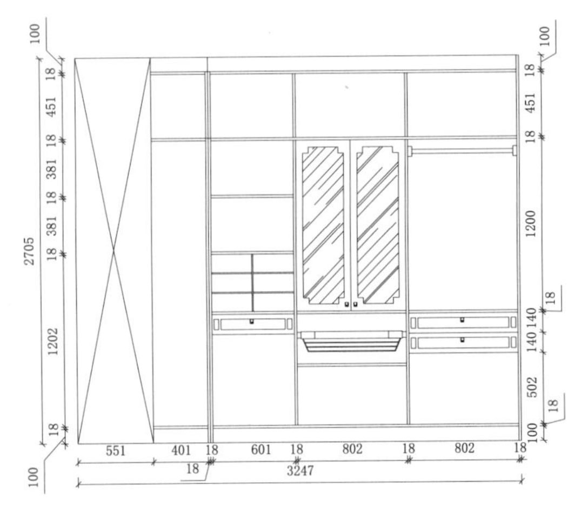

中外立面图

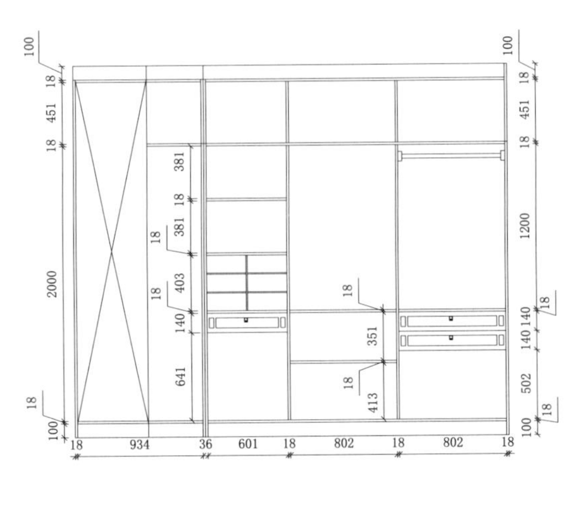

中内立面图

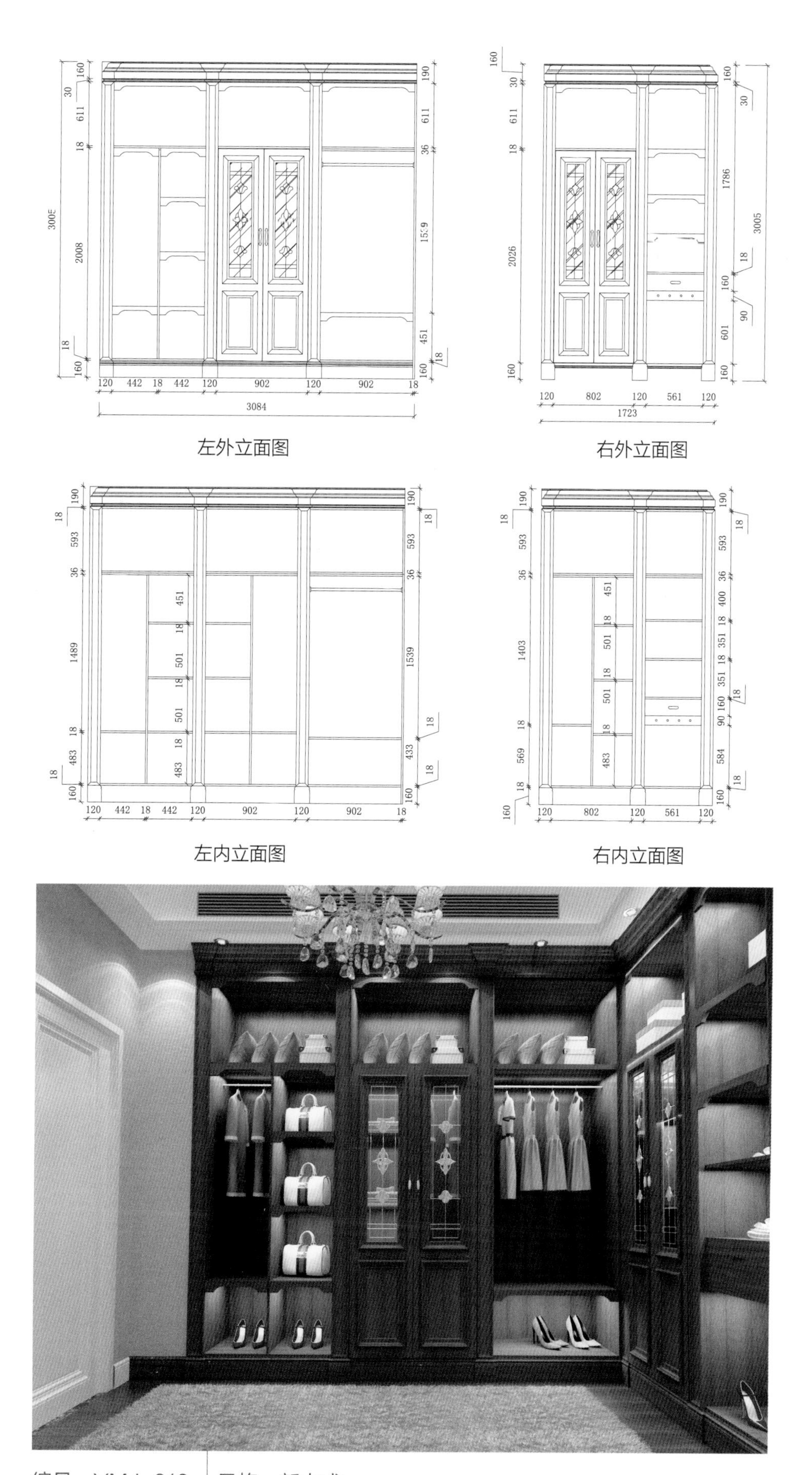

左外立面图

右外立面图

左内立面图

右内立面图

编号：YMJ-010 ◆风格：新中式

编号：YMJ-011 ◆风格：简欧

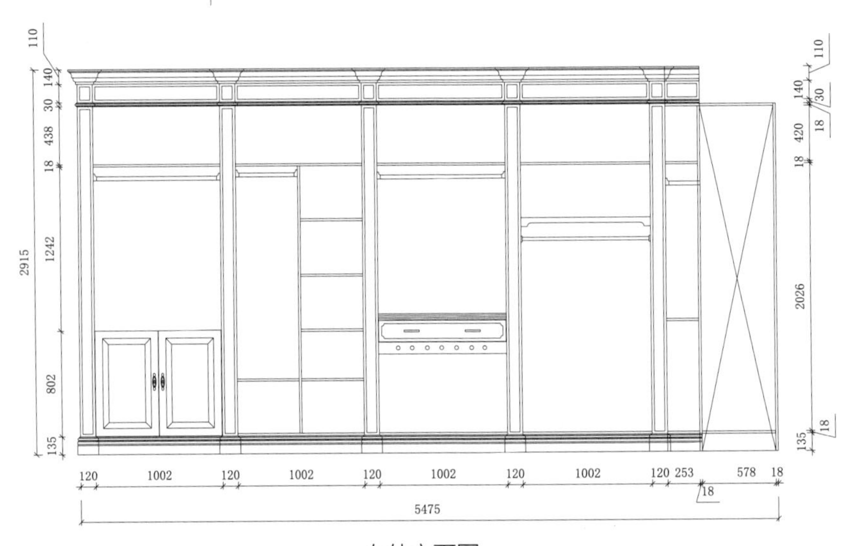

左外立面图

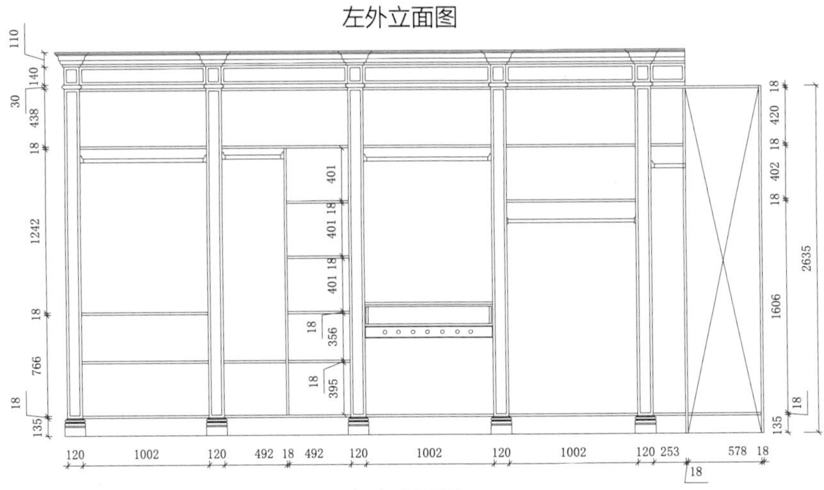

左内立面图

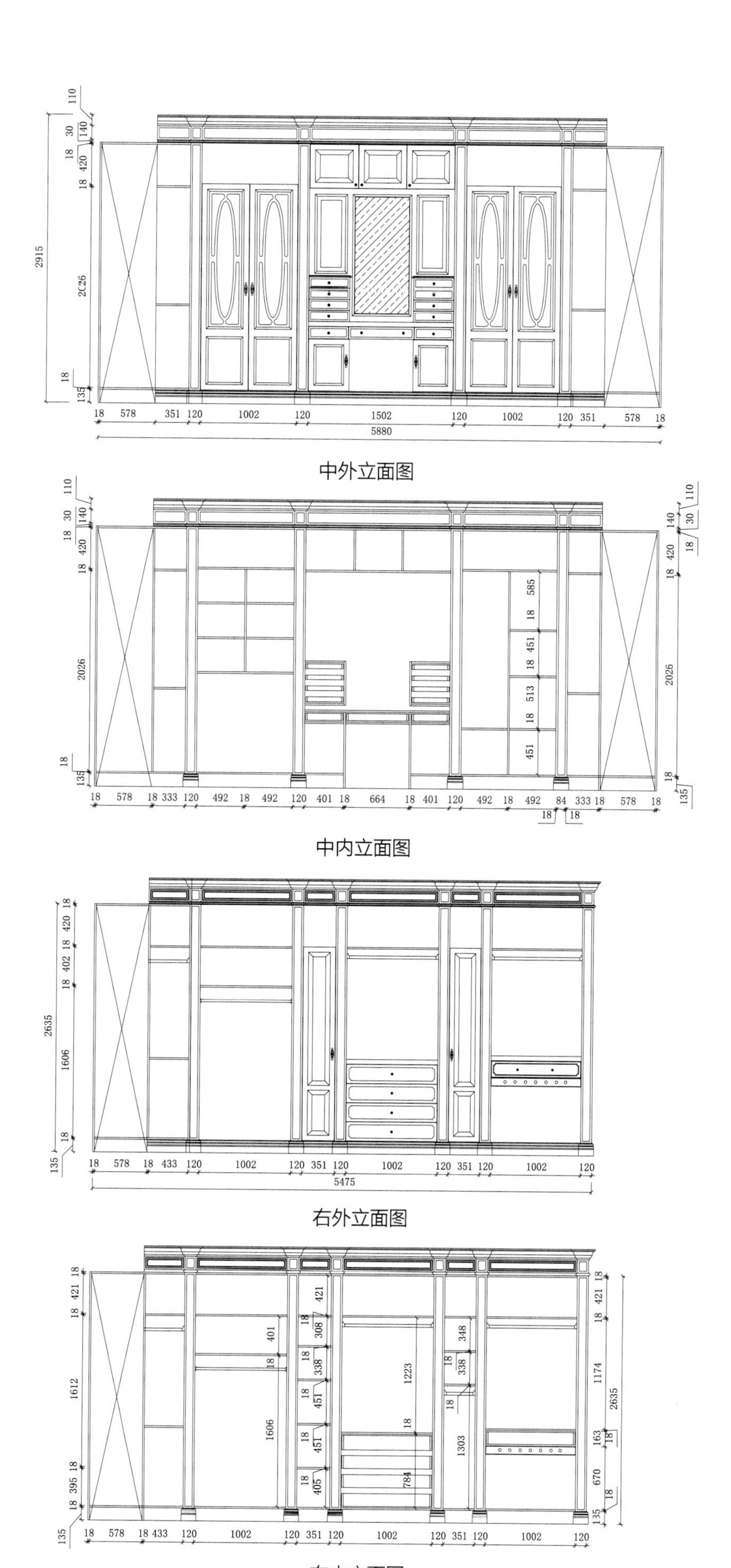

中外立面图

中内立面图

右外立面图

右内立面图

编号：YMJ-012 ◆ 风格：简欧

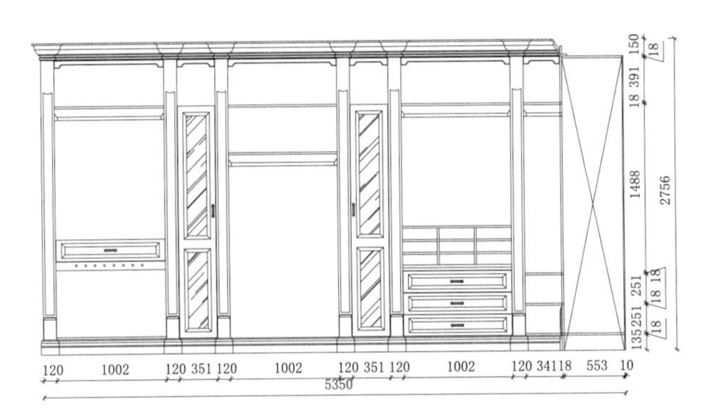

左外立面图

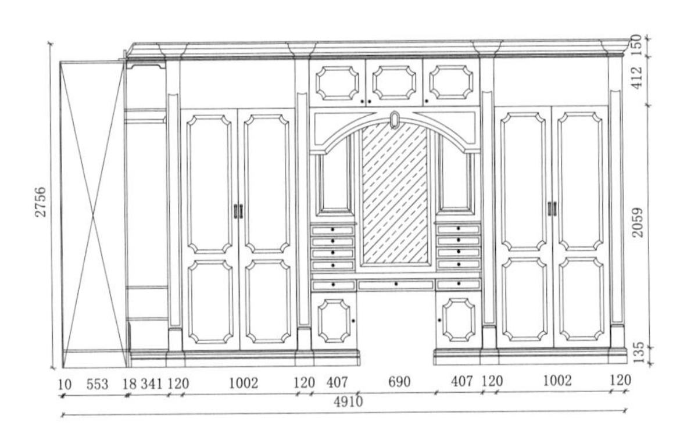

右外立面图

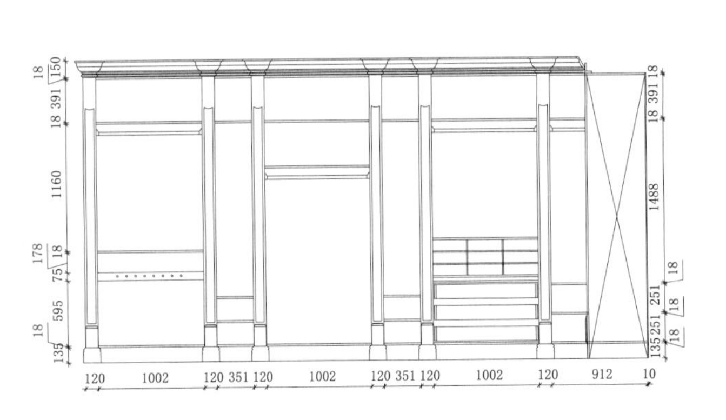

左内立面图

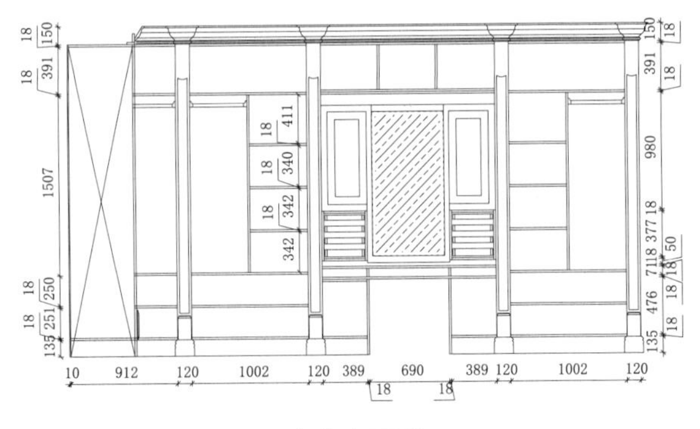

右内立面图

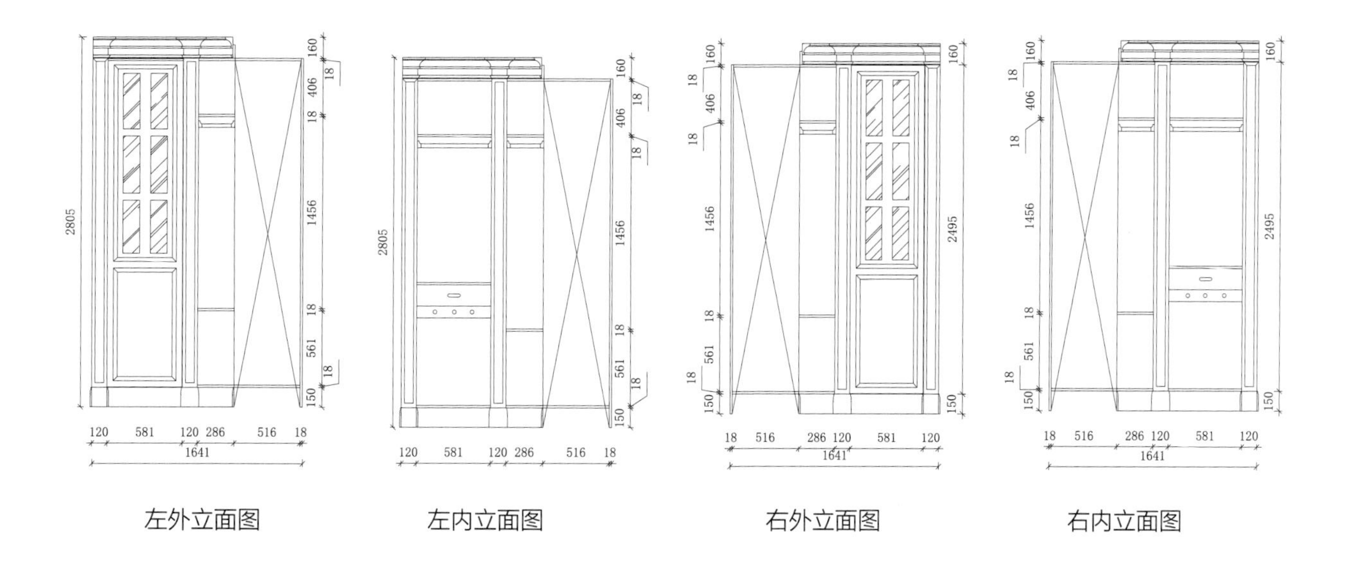

左外立面图　　左内立面图　　右外立面图　　右内立面图

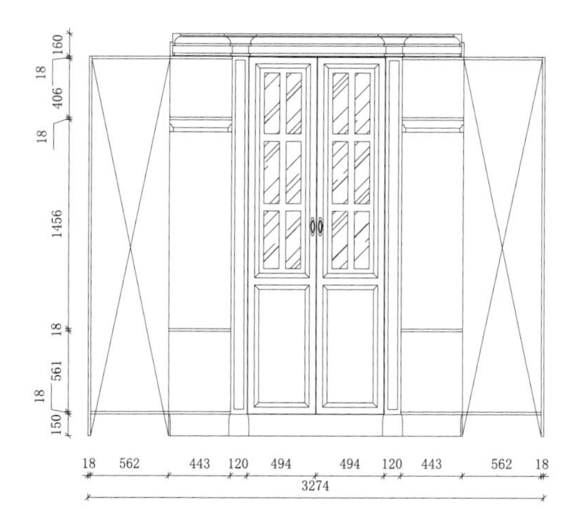

中外立面图

中内立面图

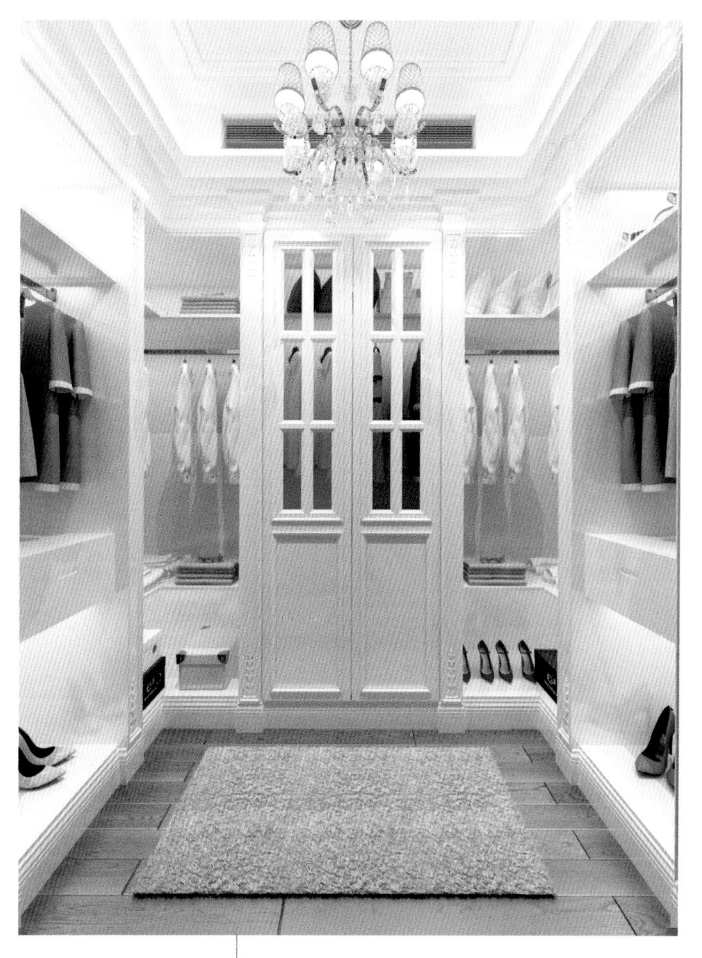

编号：YMJ-013 ◆风格：简欧

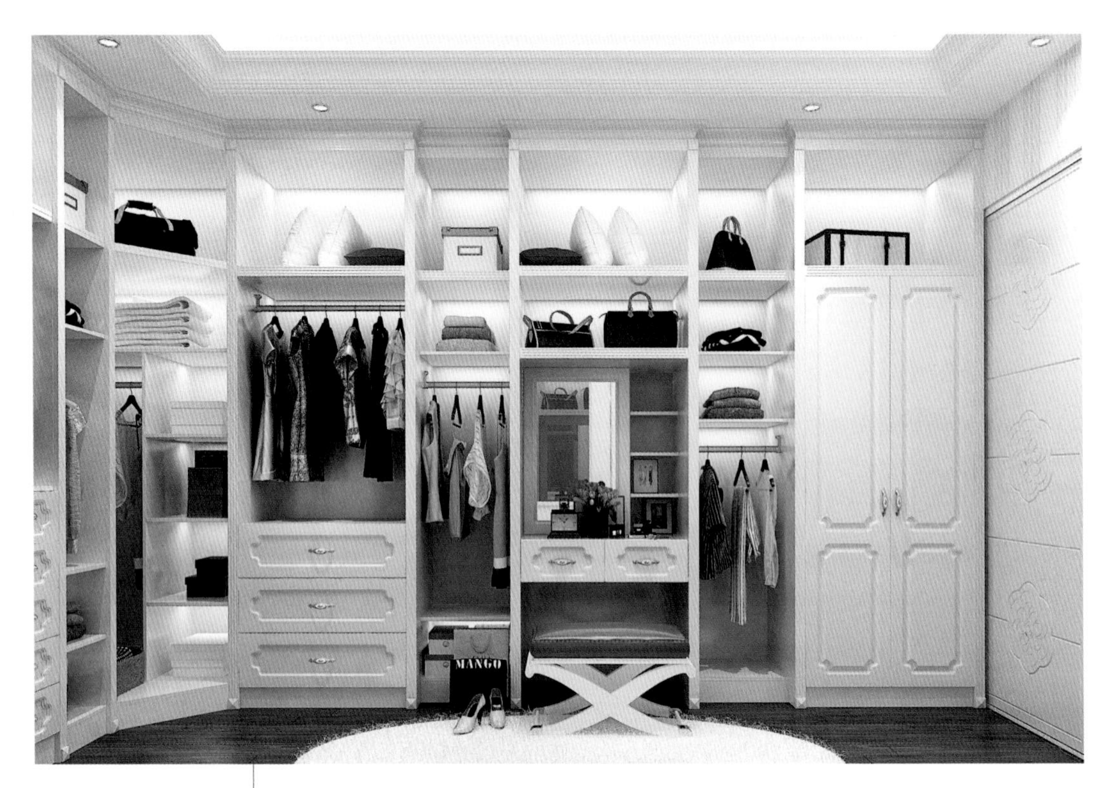

编号：YMJ-014 ◆风格：简欧

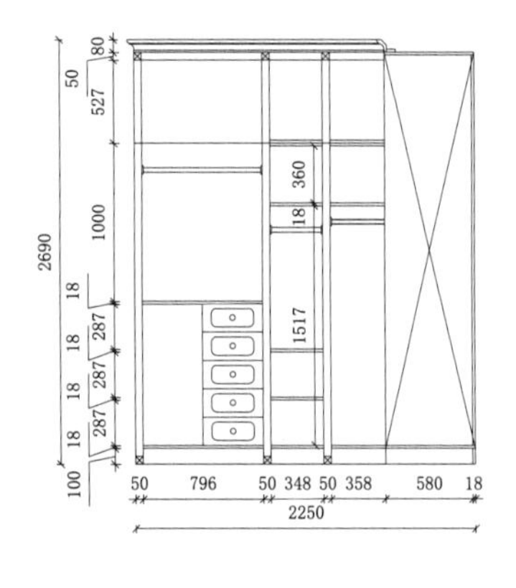

左外立面图

右外立面图

左内立面图

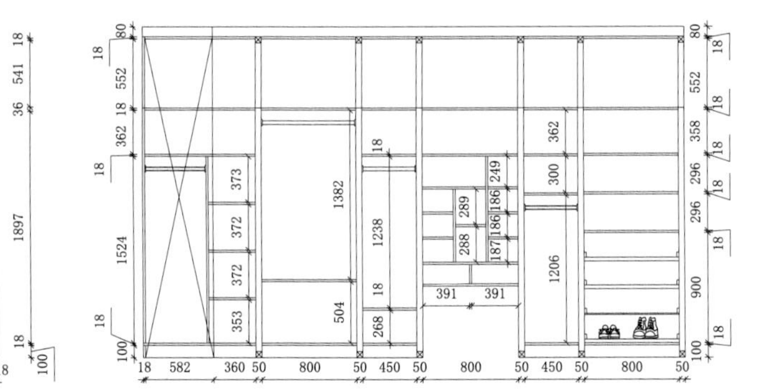

右内立面图

编号：YMJ-015 ◆风格：美式乡村

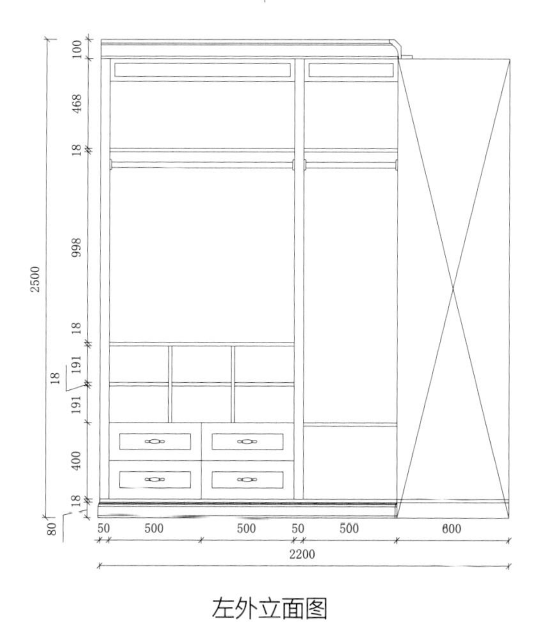

左外立面图

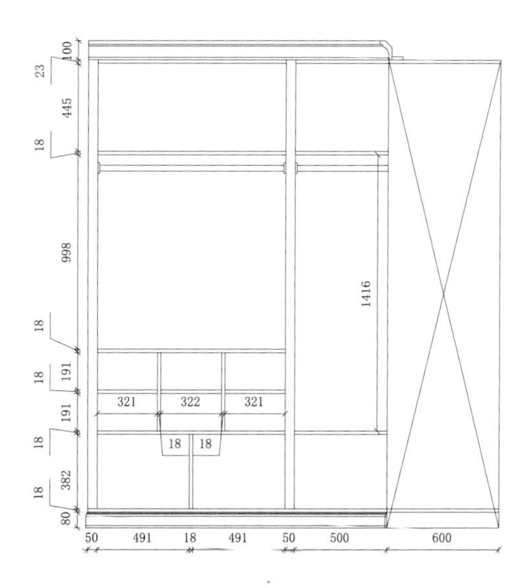

左内立面图

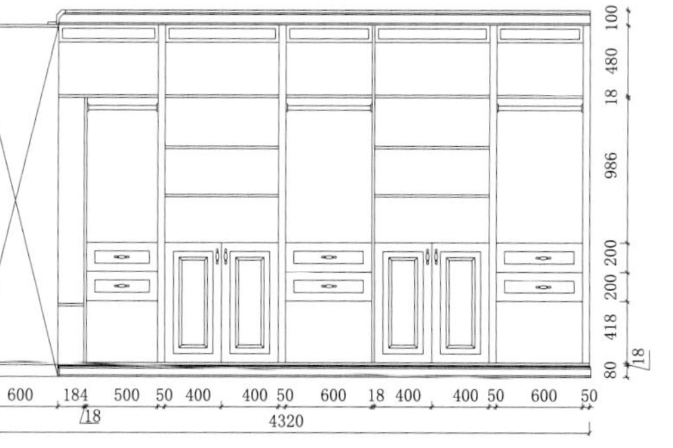

右外立面图

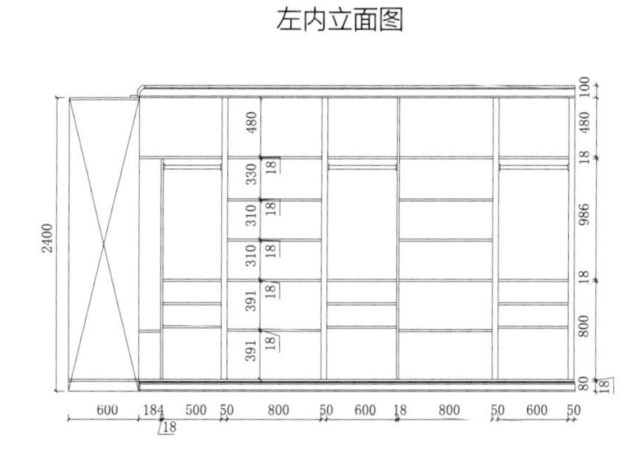

右内立面图

编号：YMJ-016 ◆风格：美式乡村

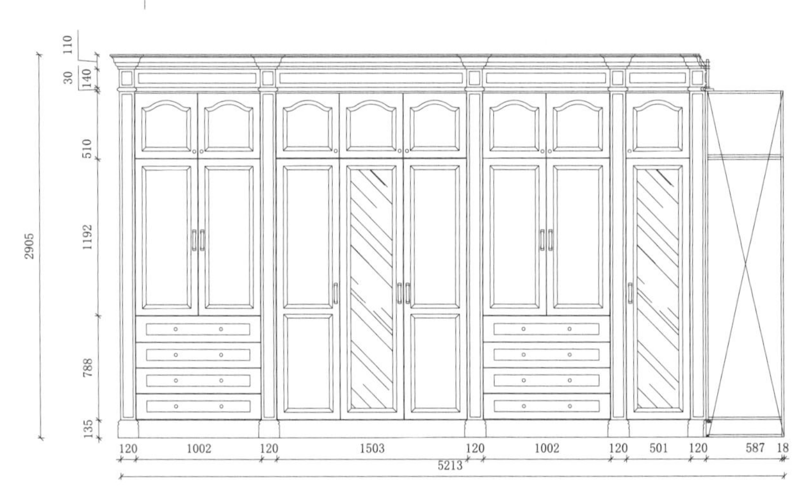

左外立面图

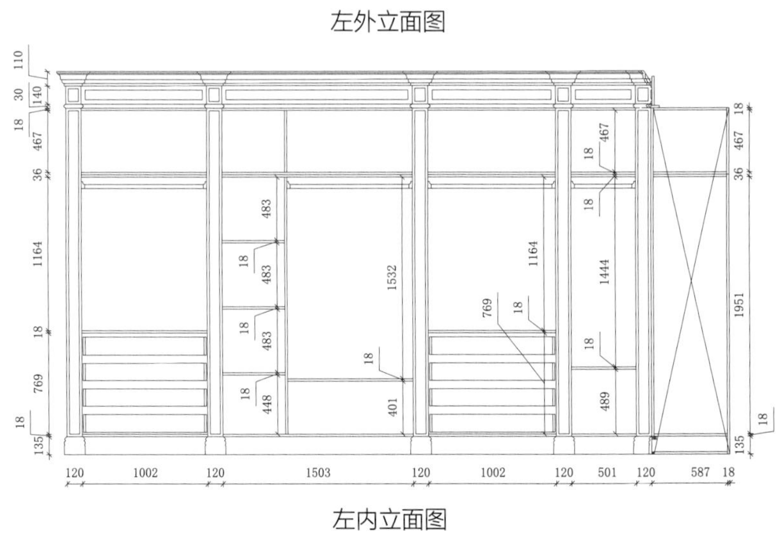

左内立面图

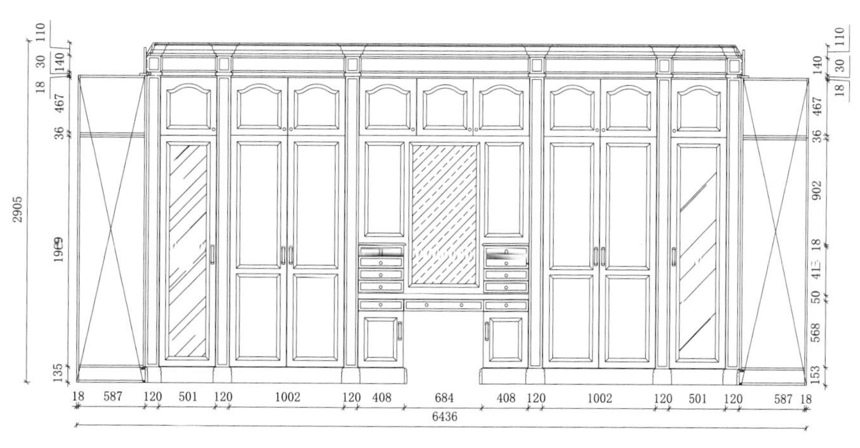

中外立面图

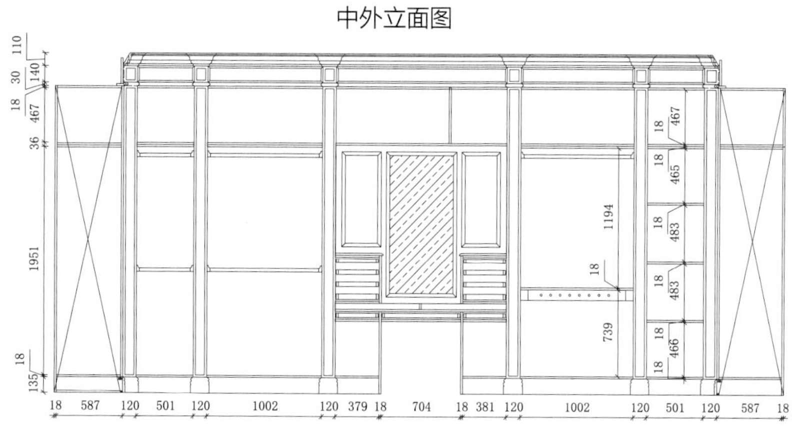

中内立面图

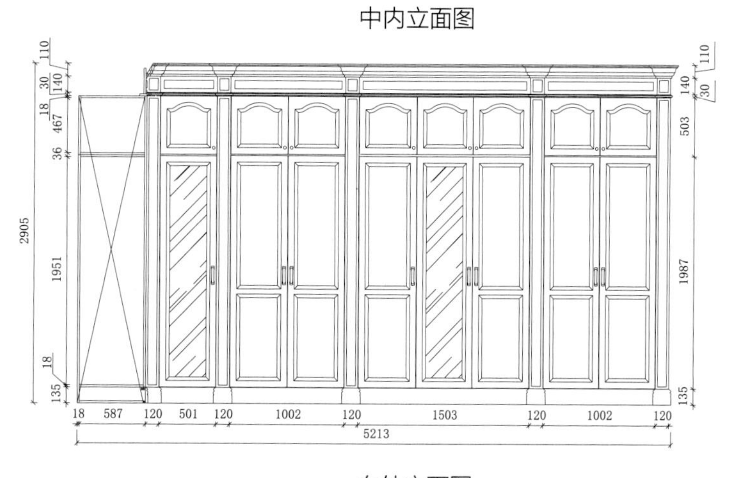

右外立面图

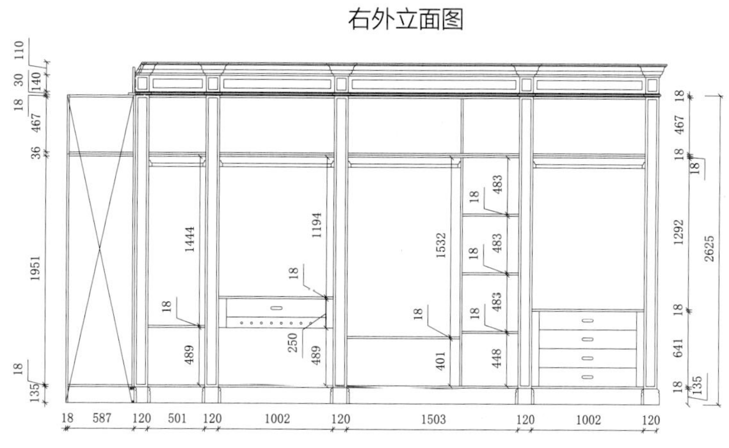

右内立面图

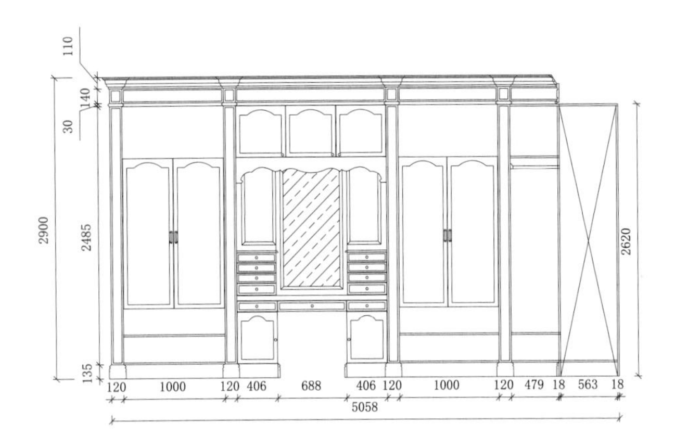

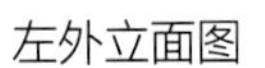
左外立面图

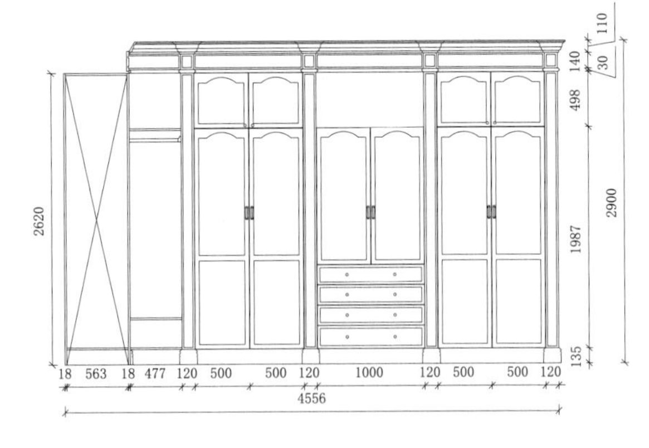

右外立面图

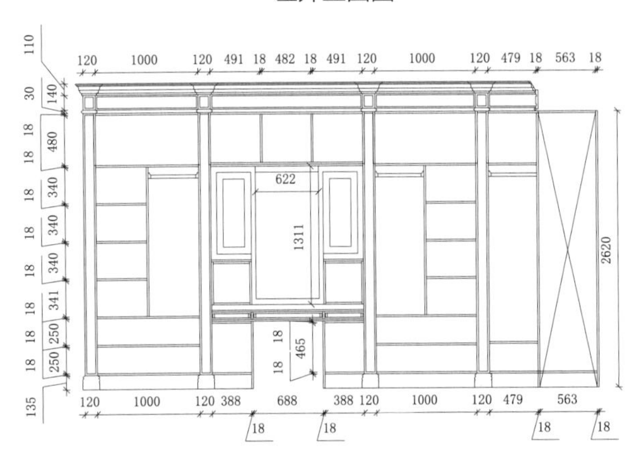

左内立面图

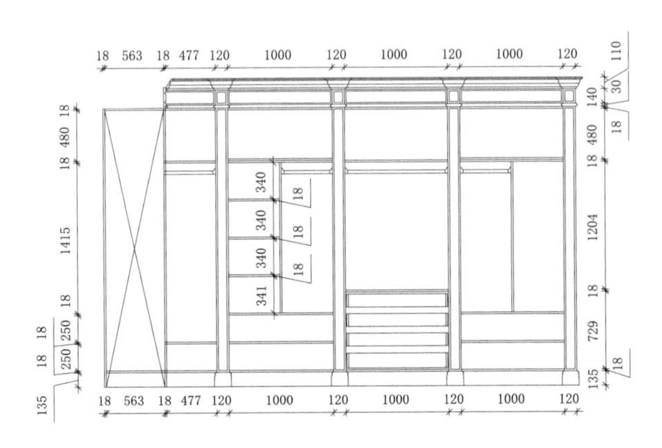

右内立面图

编号：YMJ-017 ◆风格：美式乡村

第七章

书柜

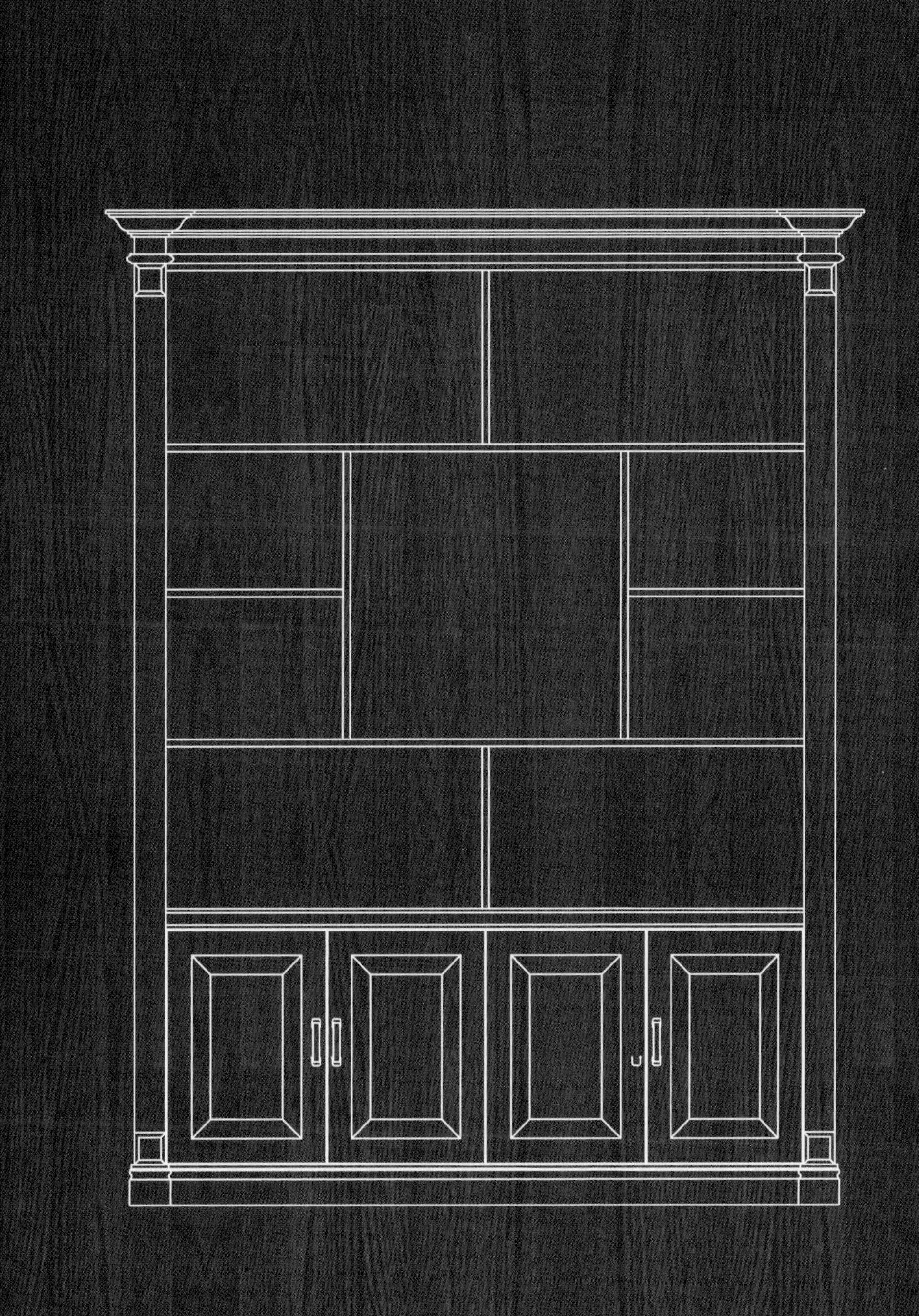

编号：SG-001 ◆ 风格：现代轻奢

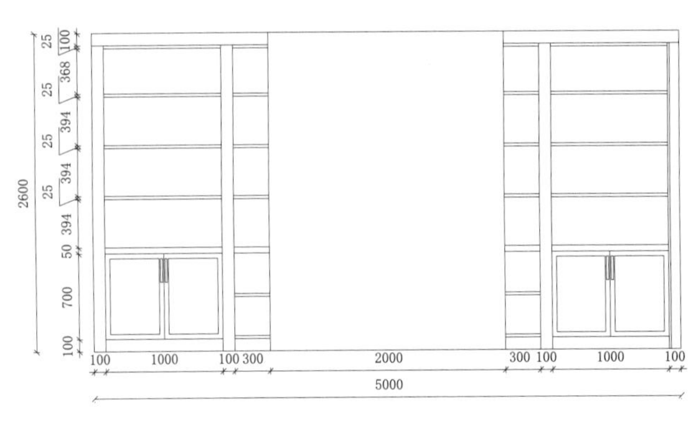

外立面图

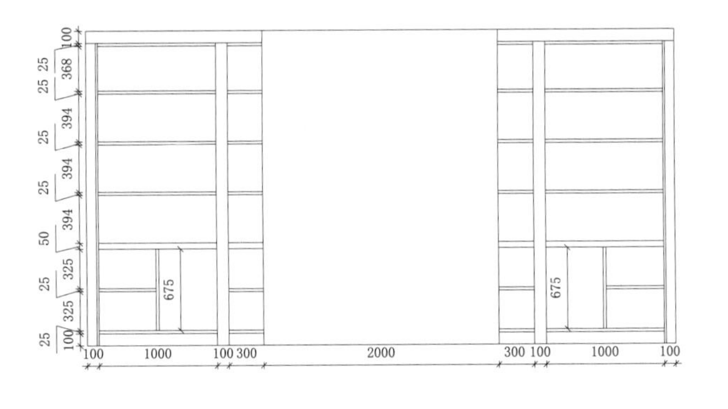

内立面图

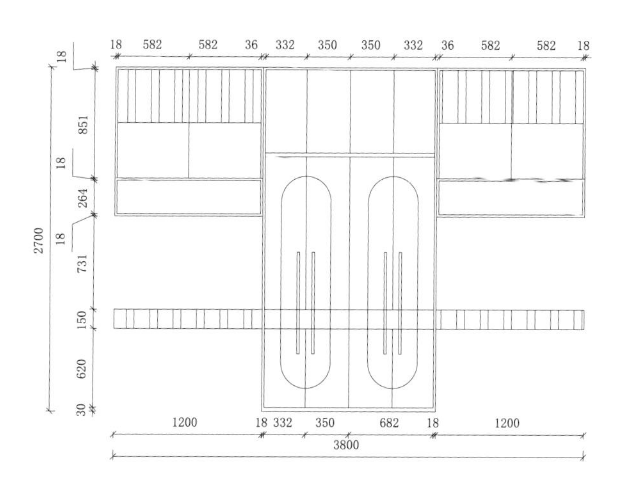

外立面图

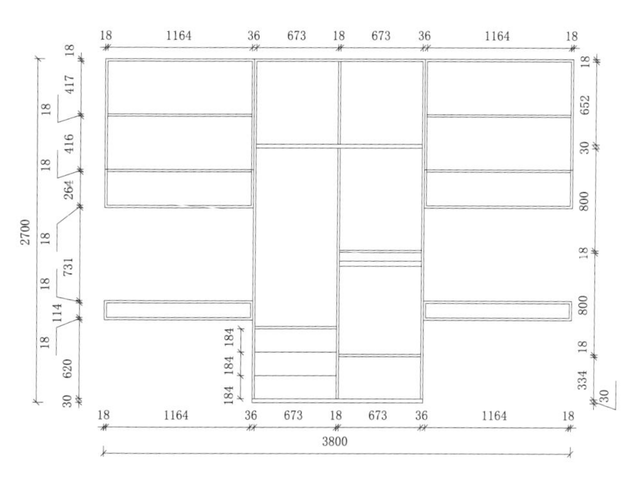

内立面图

编号：SG-002 ◆ 风格：现代轻奢

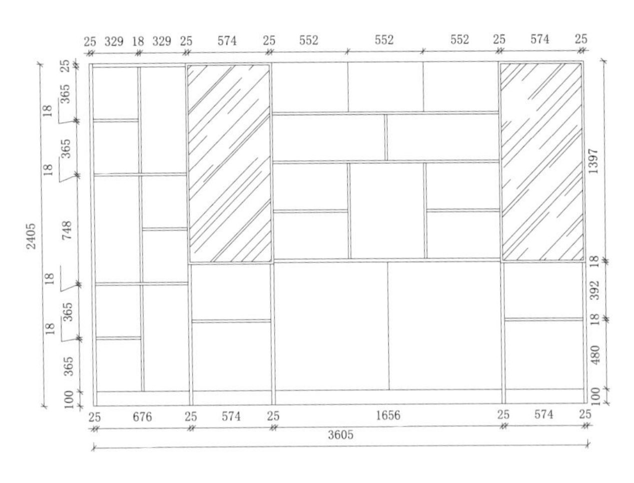

外立面图

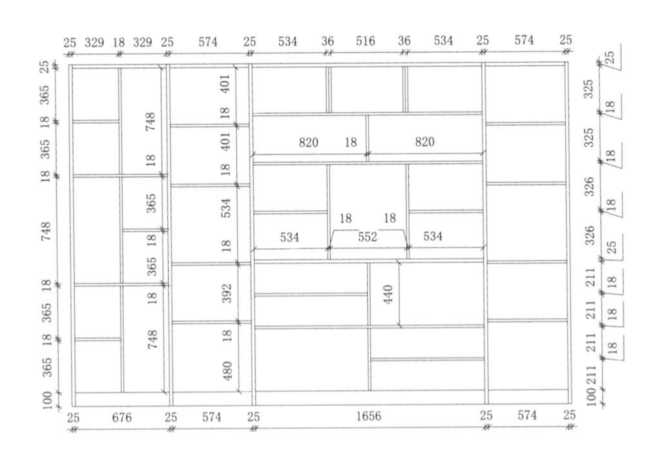

内立面图

编号：SG-003 ◆ 风格：现代轻奢

编号：SG-004 ◆ 风格：现代轻奢

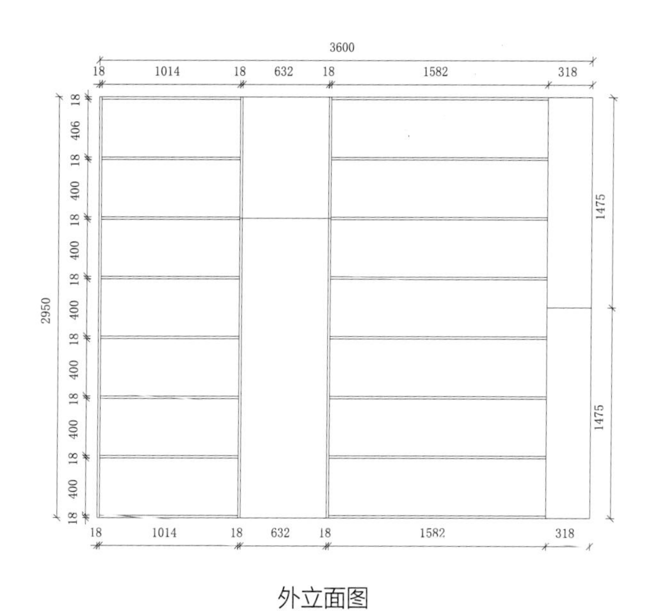

外立面图

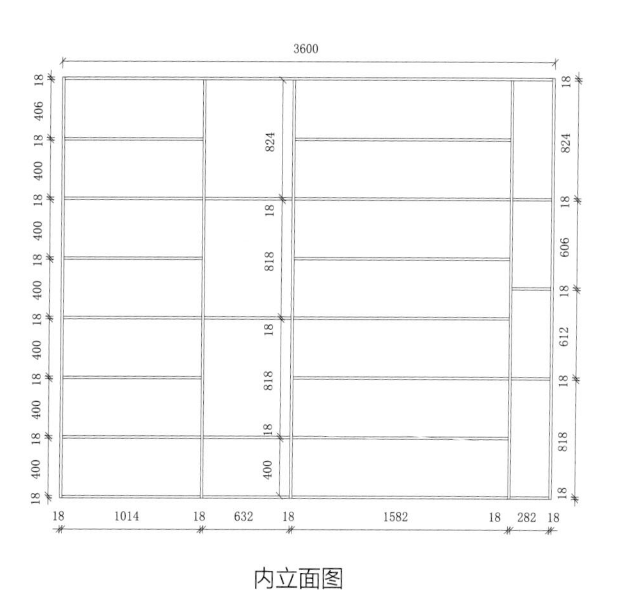

内立面图

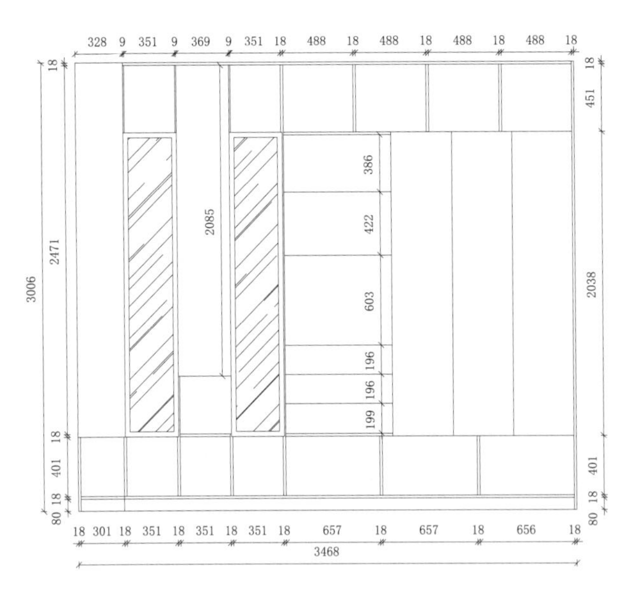

外立面图

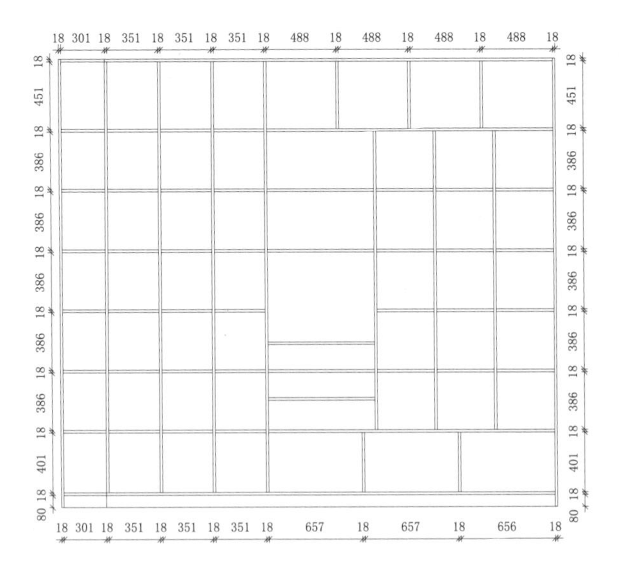

内立面图

编号：SG-005 ◆ 风格：现代轻奢

编号：SG-006 ◆ 风格：现代轻奢

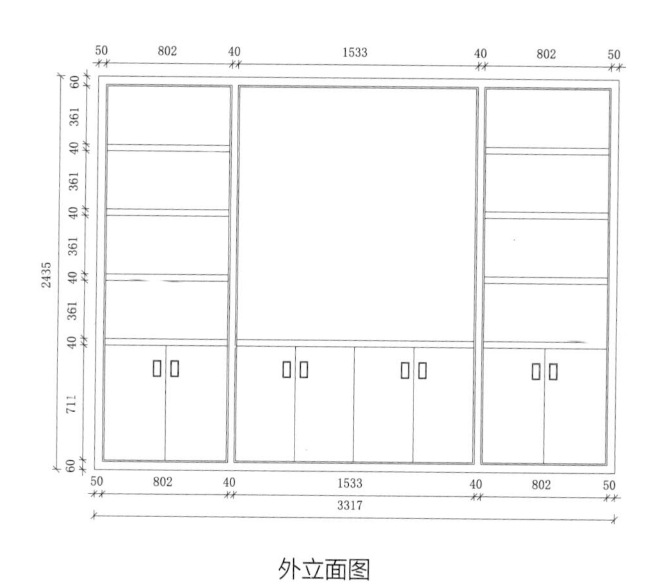

外立面图

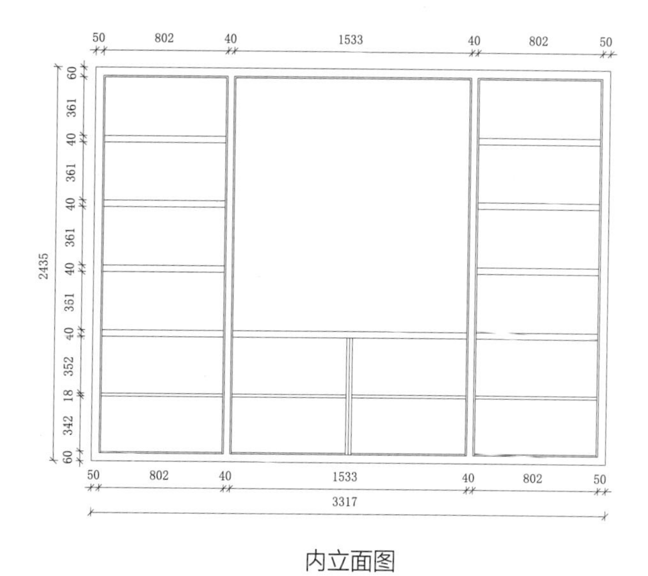

内立面图

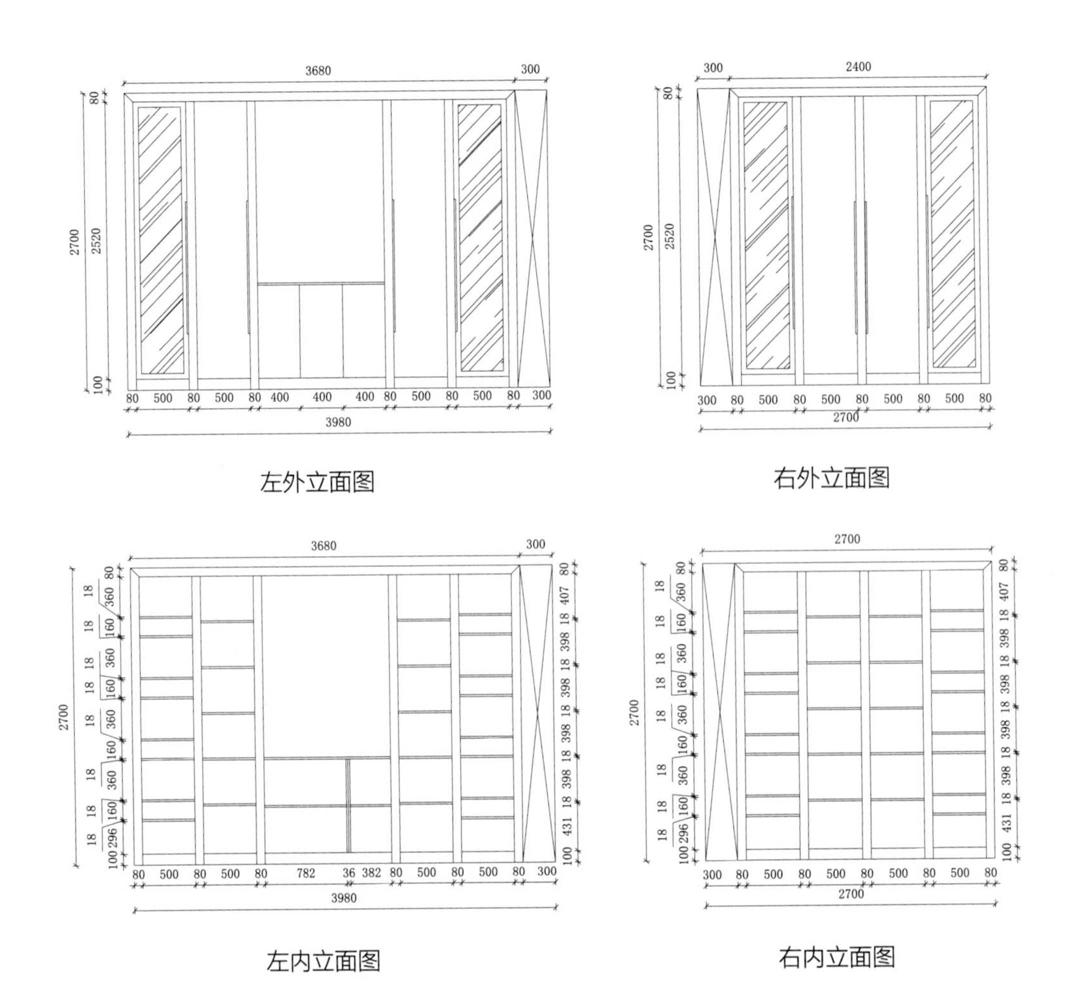

左外立面图　　右外立面图

左内立面图　　右内立面图

编号：SG-007 ◆ 风格：现代轻奢

编号：SG-008 ◆ 风格：现代轻奢

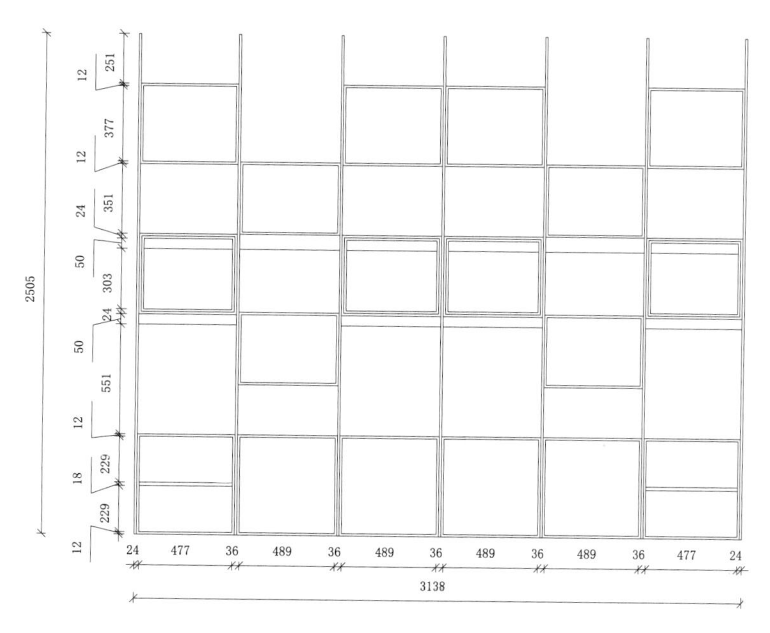

内立面图

编号：SG-009 ◆ 风格：现代轻奢

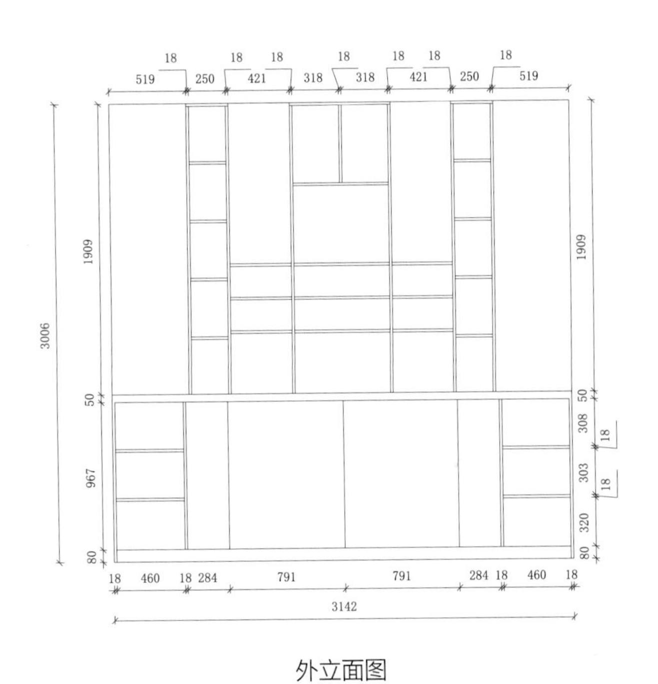

外立面图

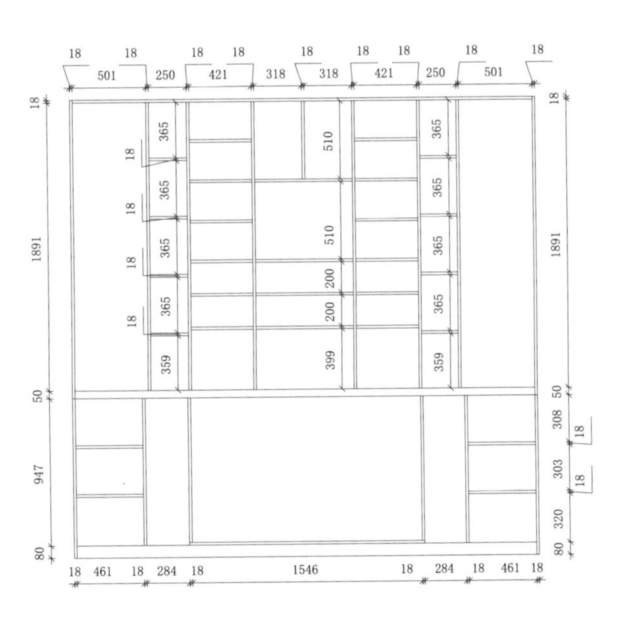

内立面图

编号：SG-010 ◆ 风格：现代简约

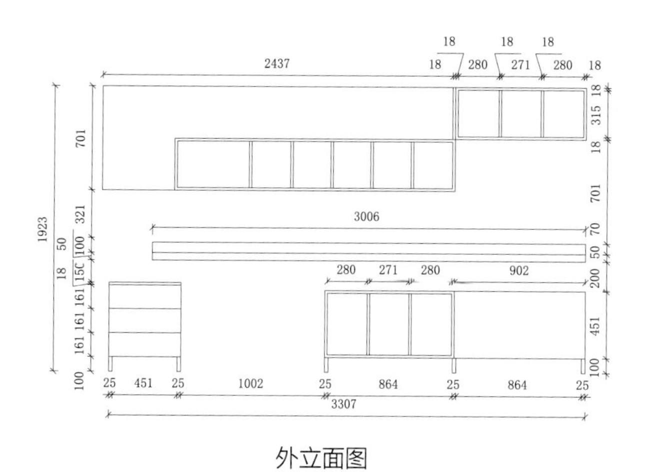

外立面图

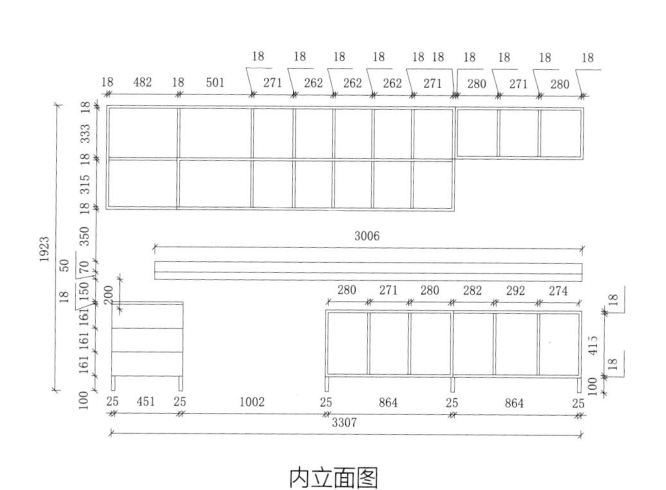

内立面图

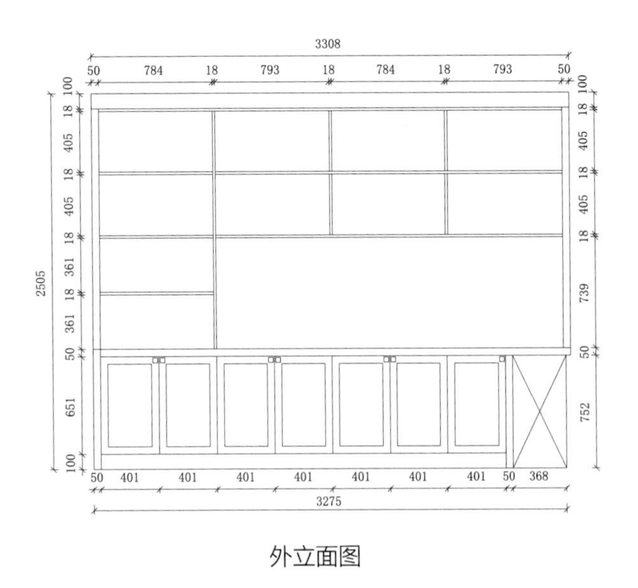

外立面图

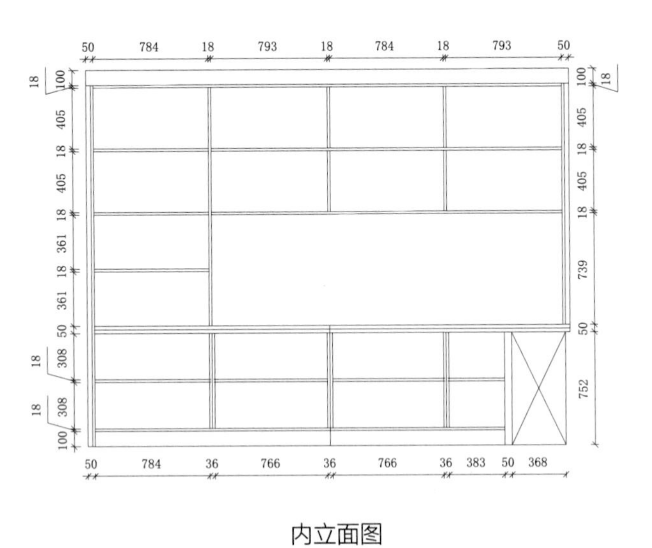

内立面图

编号：SG-011 ◆ 风格：现代工业

编号：SG-012 ◆ 风格：北欧

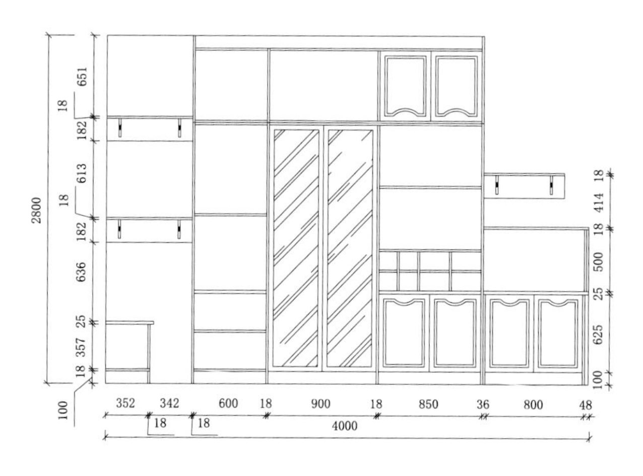

外立面图

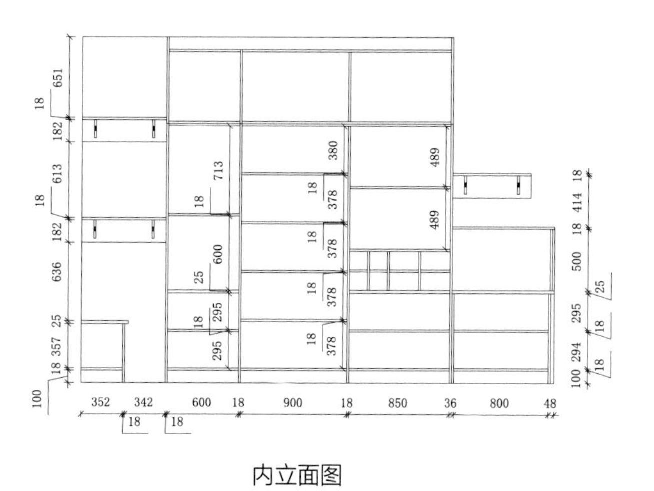

内立面图

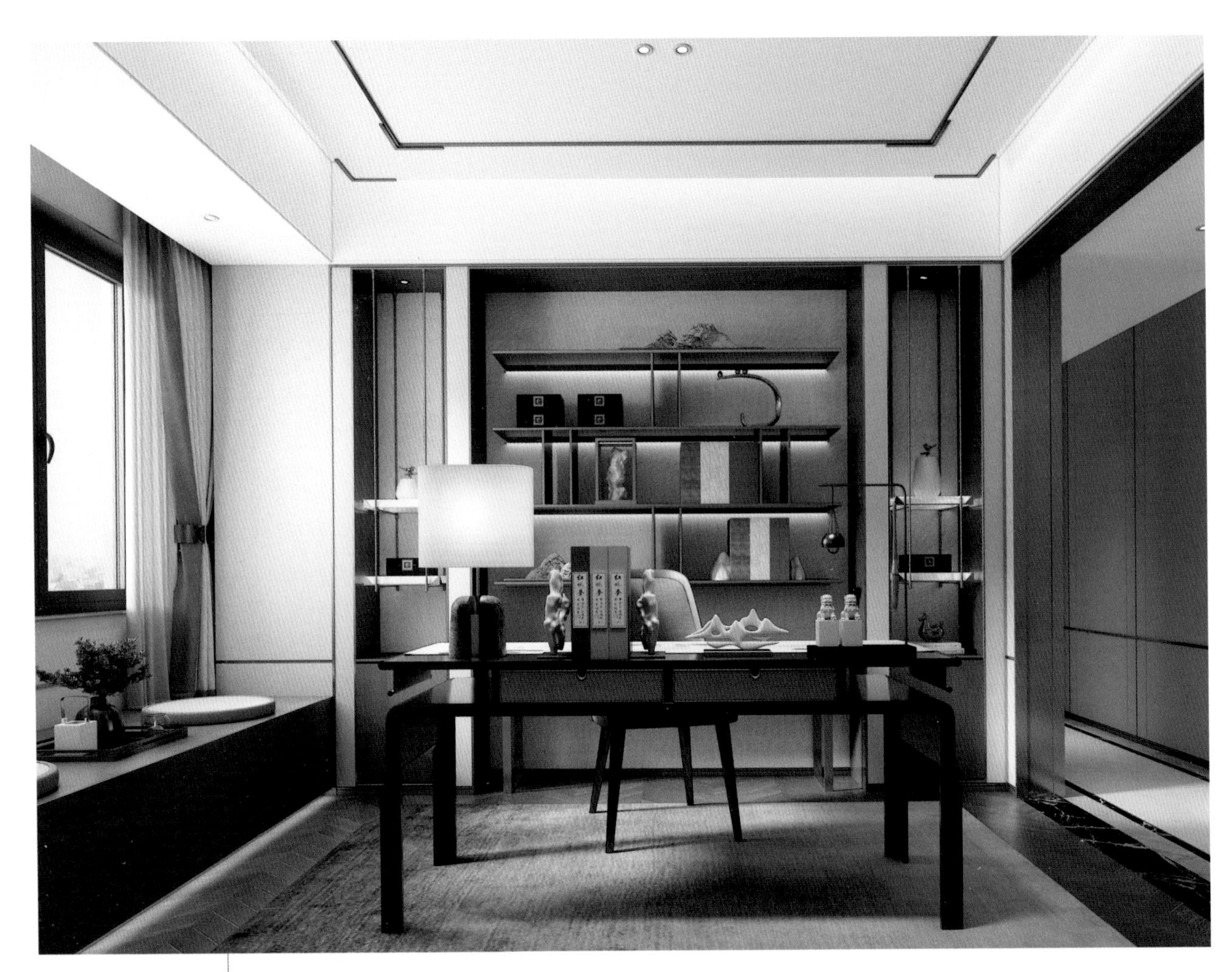

编号：SG-013 ◆ 风格：新中式

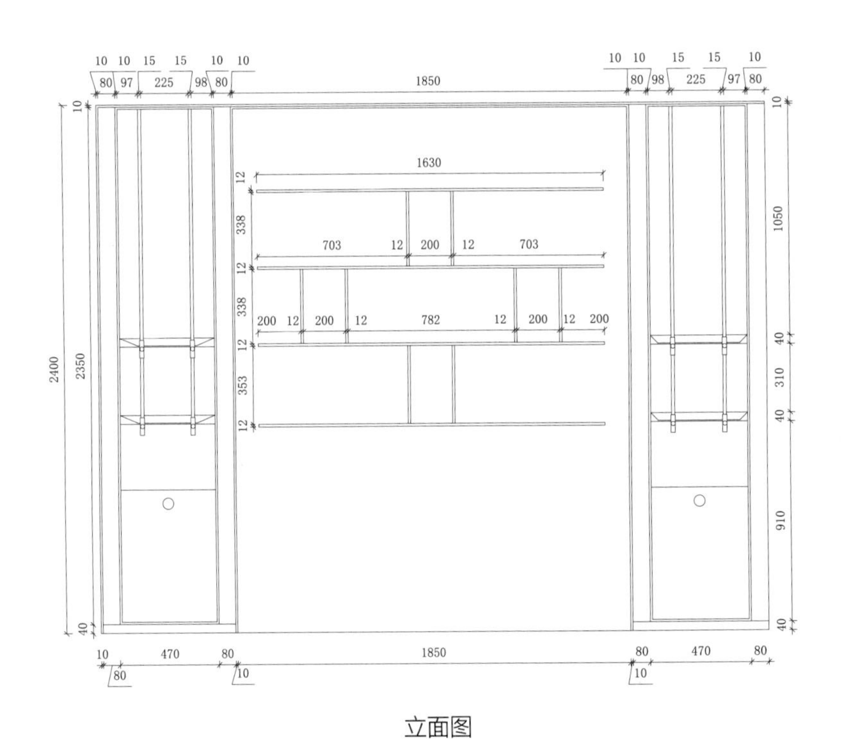

立面图

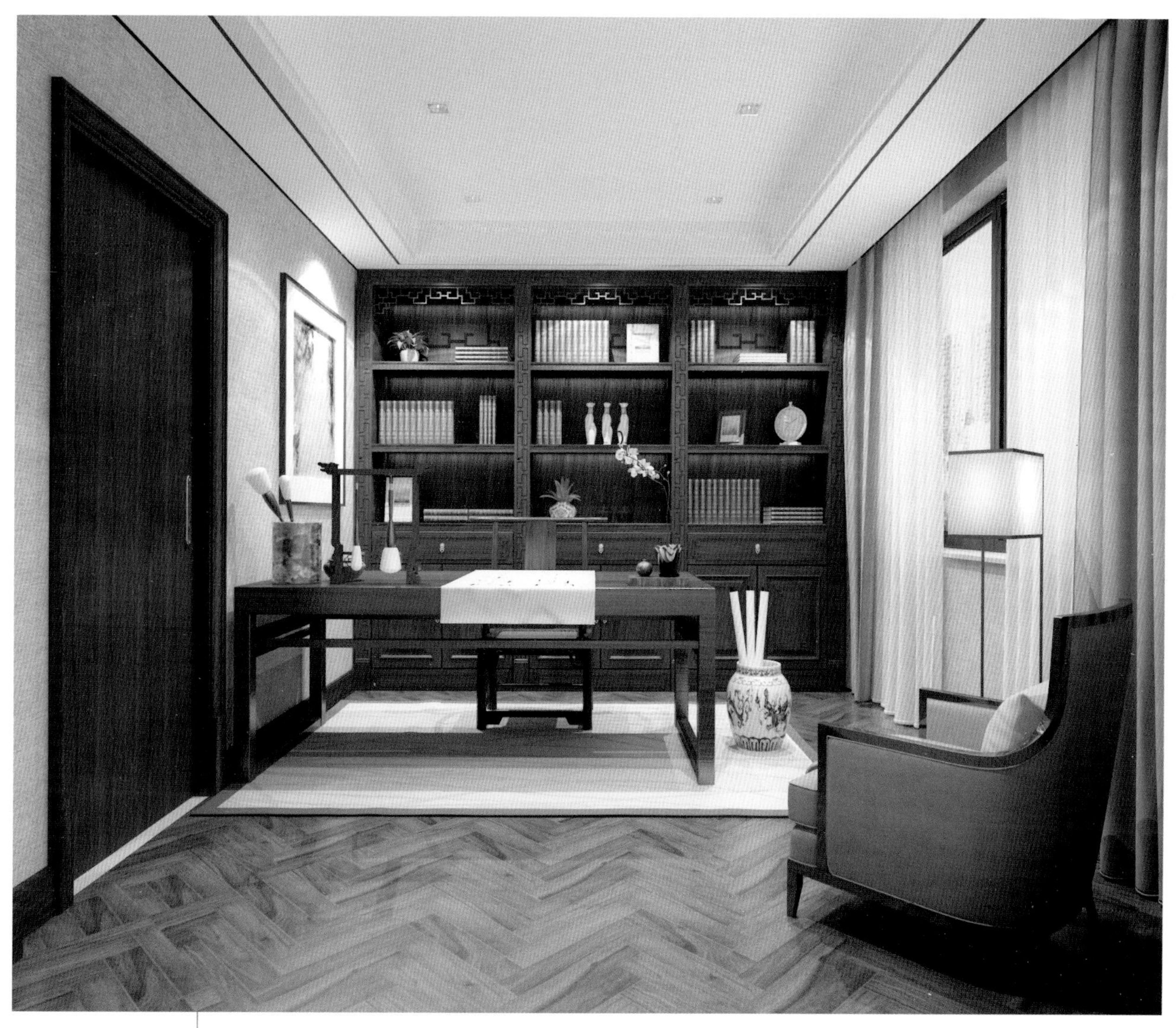

编号：SG-014 ◆ 风格：新中式

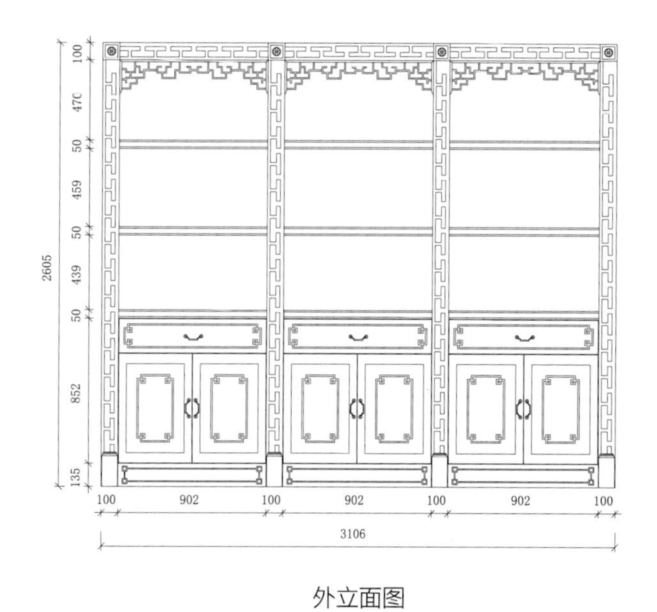

外立面图

100
470
18
491
18
472
18
50
176
18
621
18
135
100 902 100 902 100 902 100

内立面图

编号：SG-015 ◆ 风格：新中式

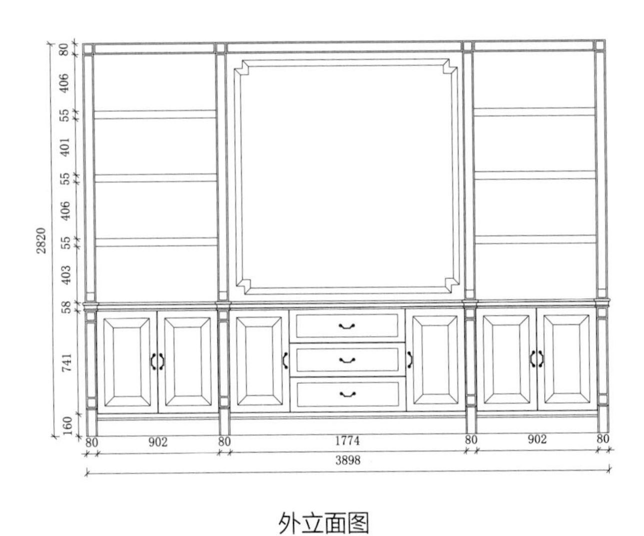

外立面图

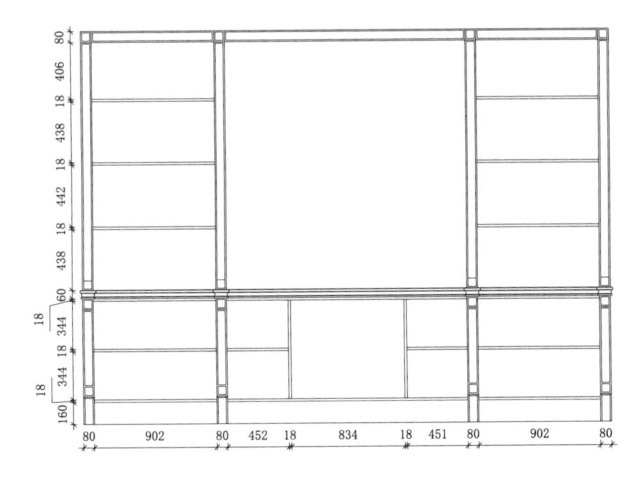

内立面图

编号：SG-016 ◆ 风格：新中式

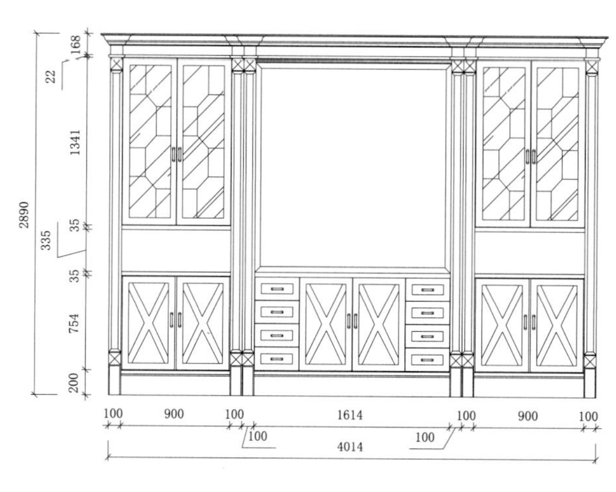

外立面图

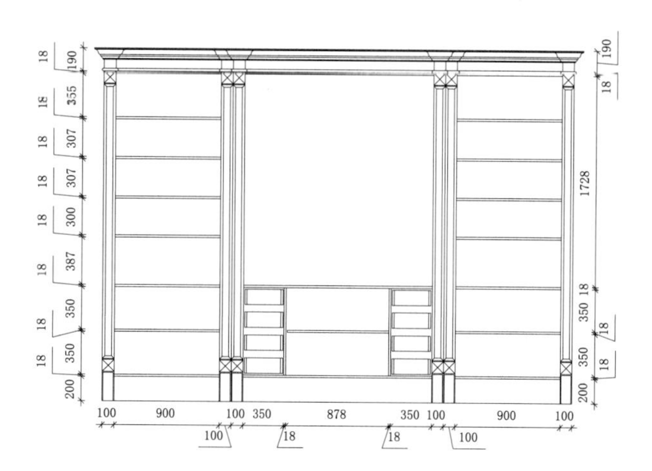

内立面图

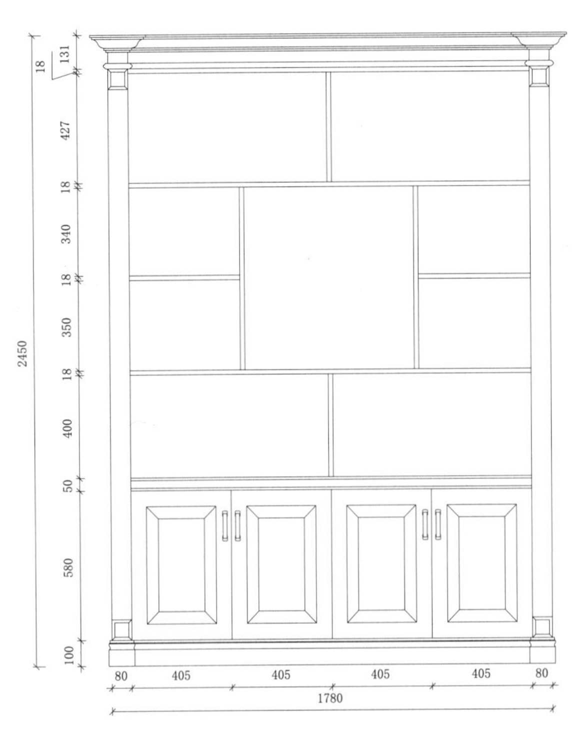

外立面图

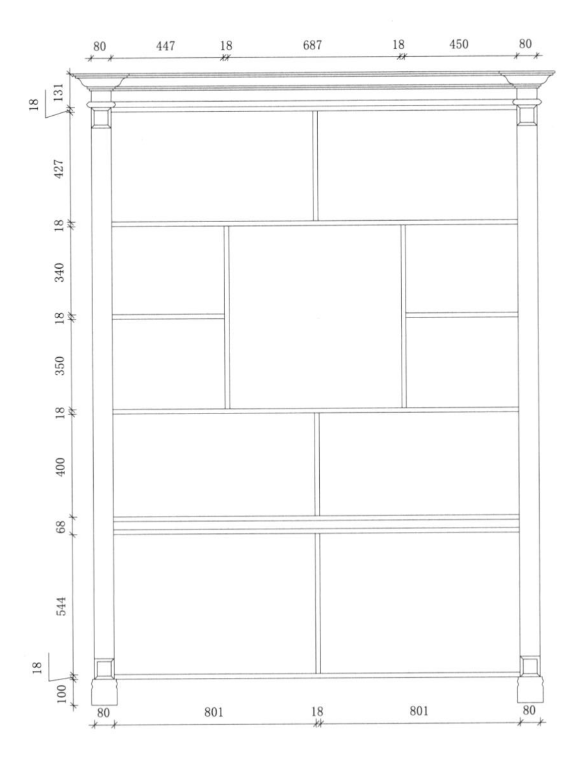

内立面图

编号：SG-017 ◆ 风格：新中式

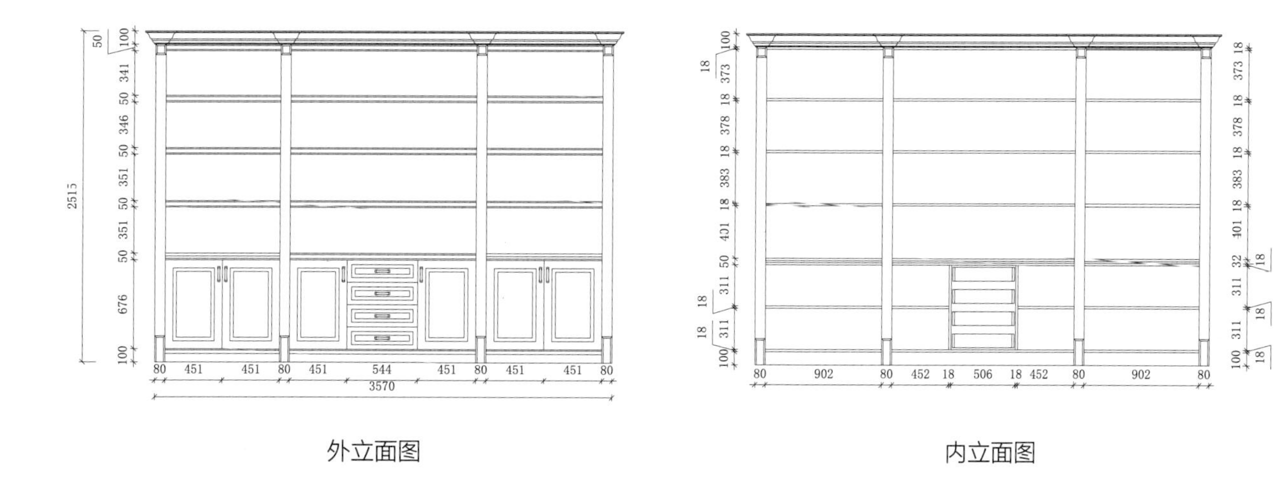

外立面图　　内立面图

编号：SG-018 ◆ 风格：新中式

编号：SG-019 ◆ 风格：日式

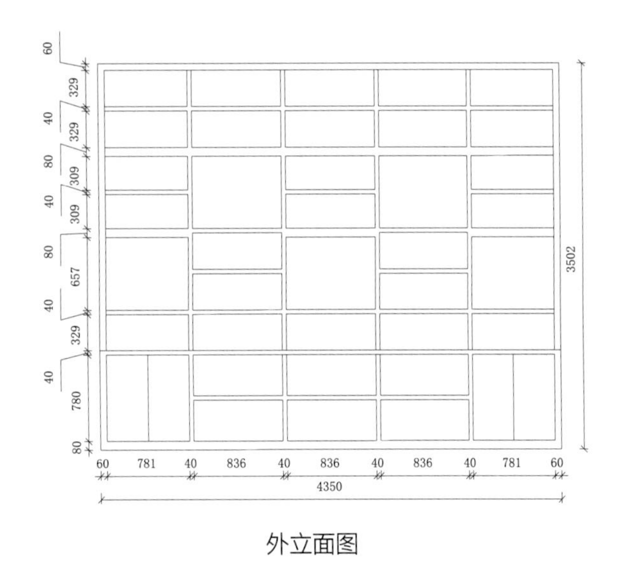

外立面图

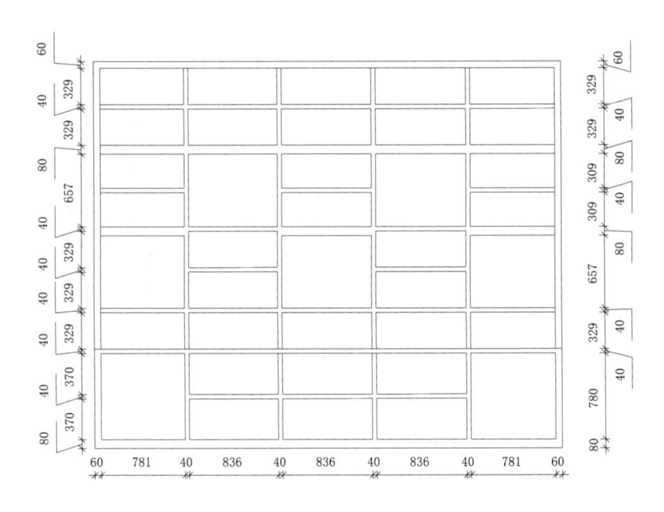

内立面图

编号：SG-020 ◆ 风格：简欧

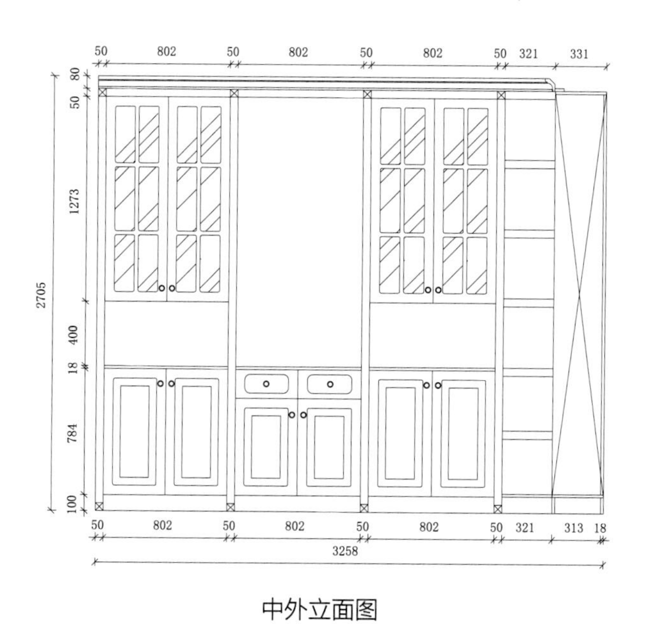

中外立面图

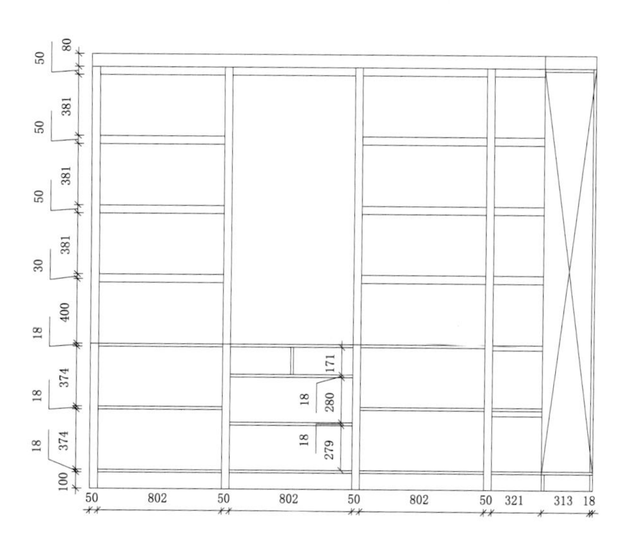

中内立面图

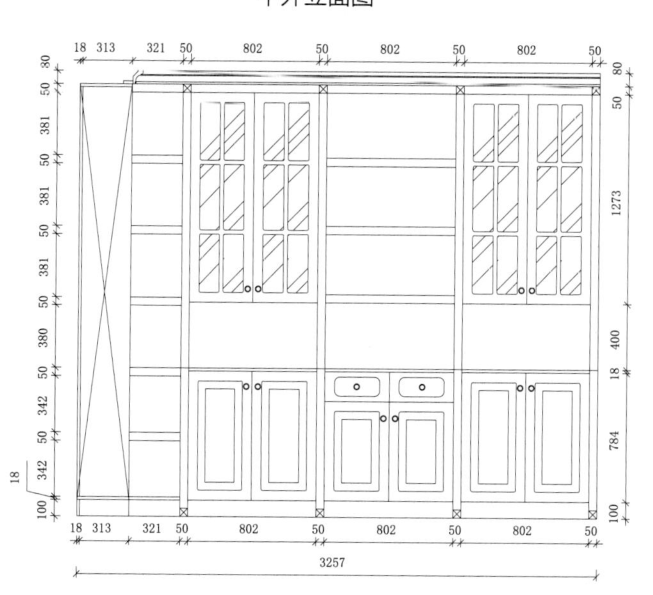

右外立面图

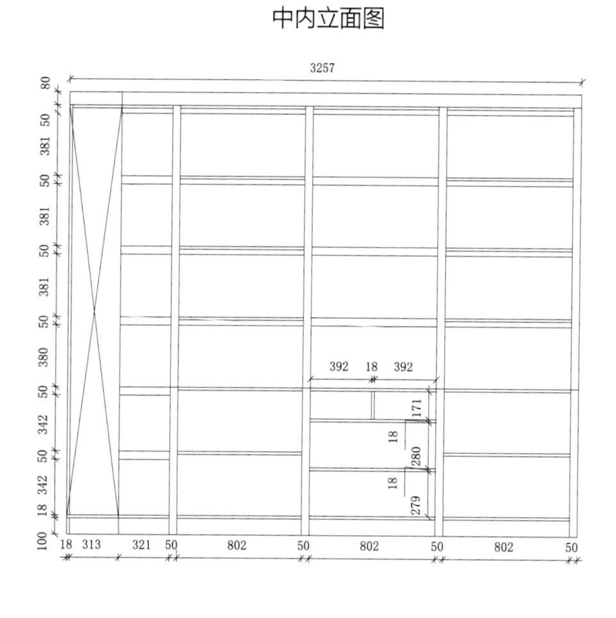

右内立面图

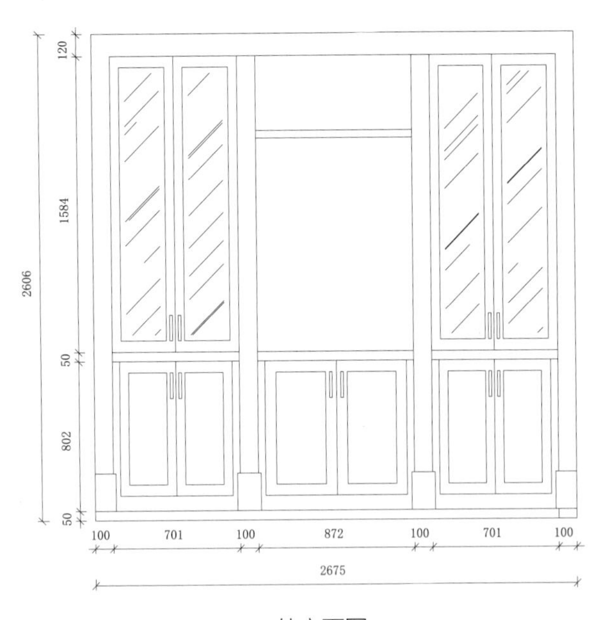

外立面图

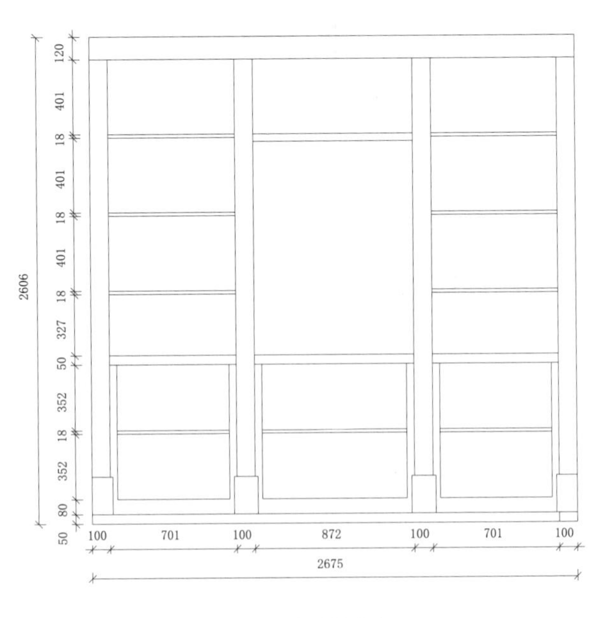

内立面图

编号：SG-021 ◆ 风格：简欧

编号：SG-022 ◆ 风格：美式乡村

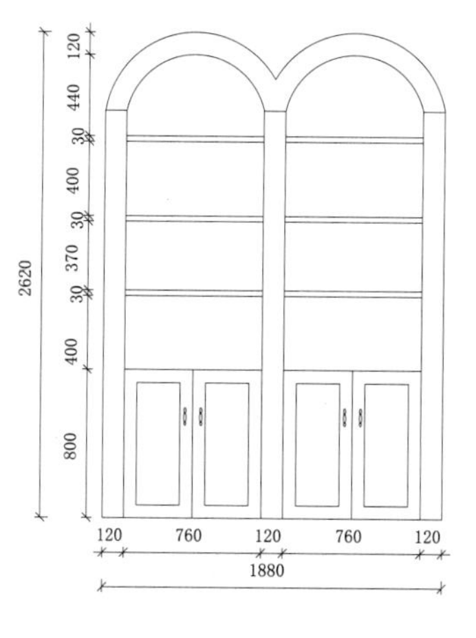

左外立面图

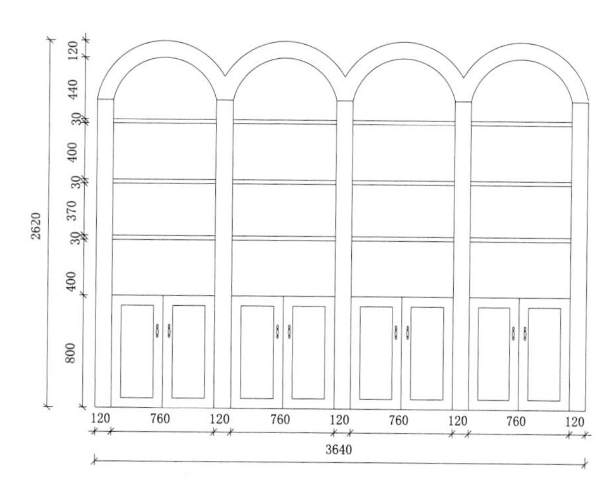

右外立面图

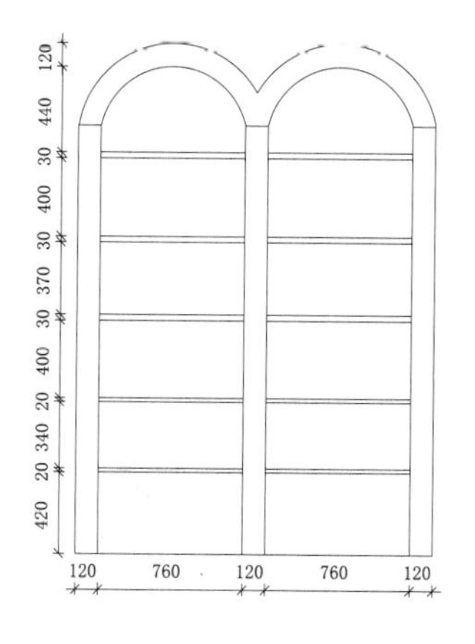

左内立面图

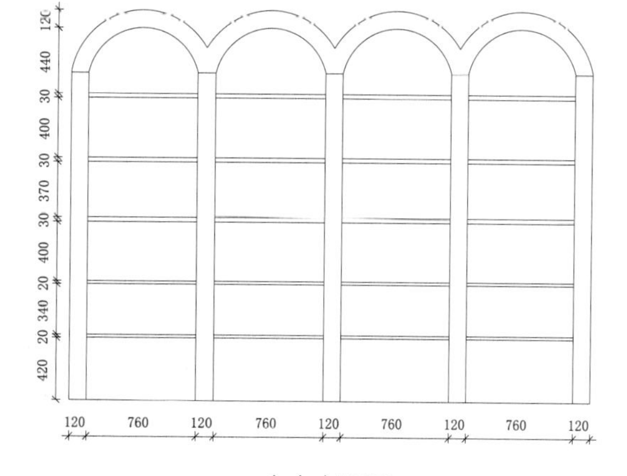

右内立面图

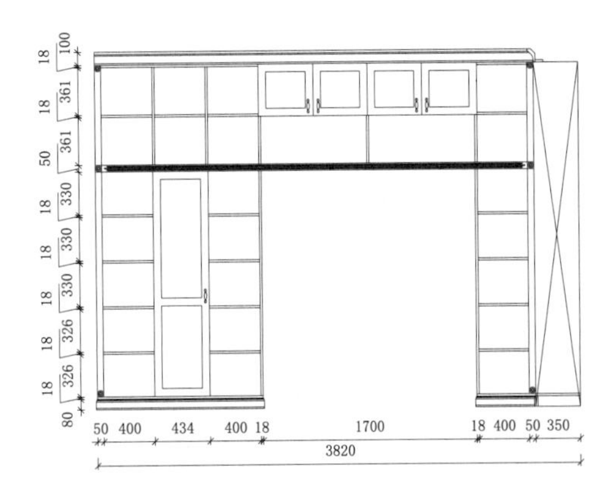

左外立面图

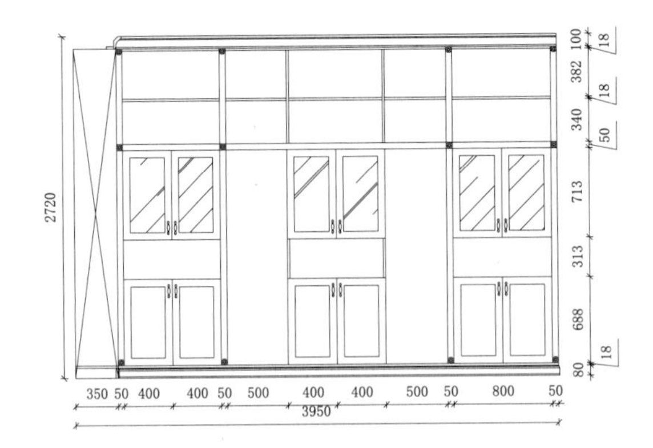

右外立面图

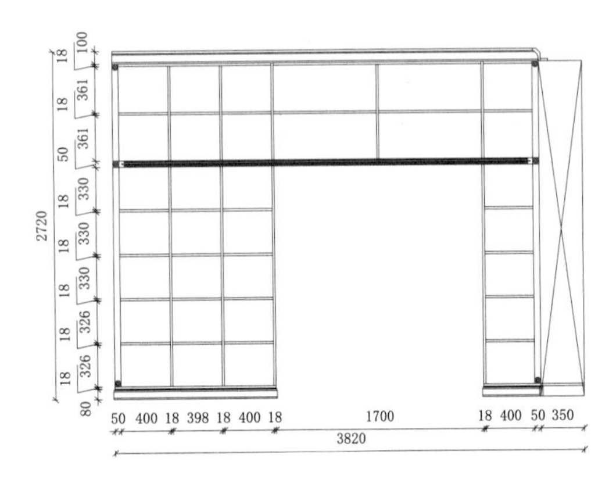

左内立面图

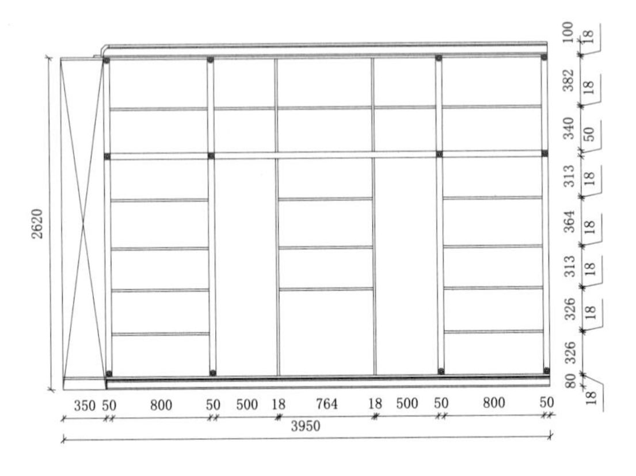

右内立面图

编号：SG-023 ◆ 风格：美式乡村

编号：SG-024 ◆ 风格：美式乡村

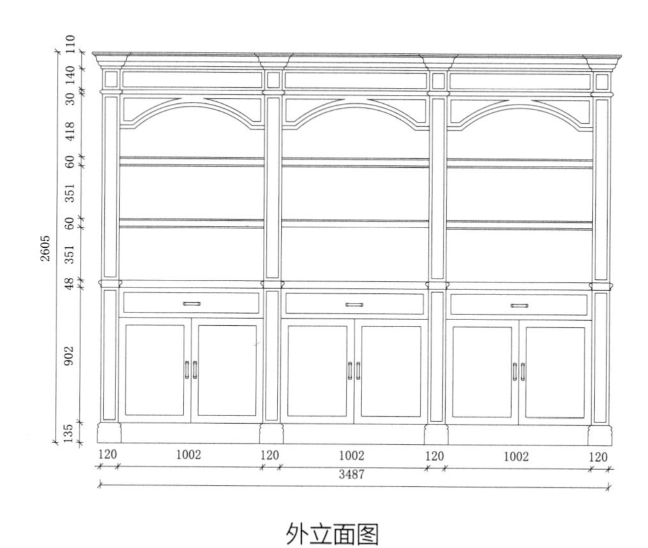

外立面图

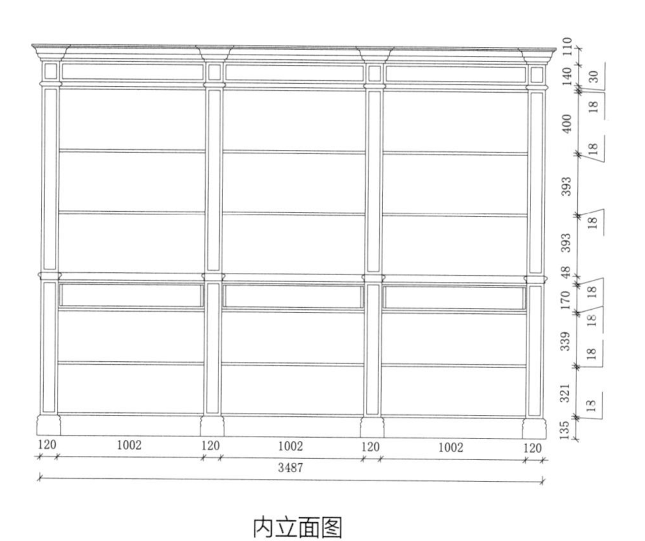

内立面图

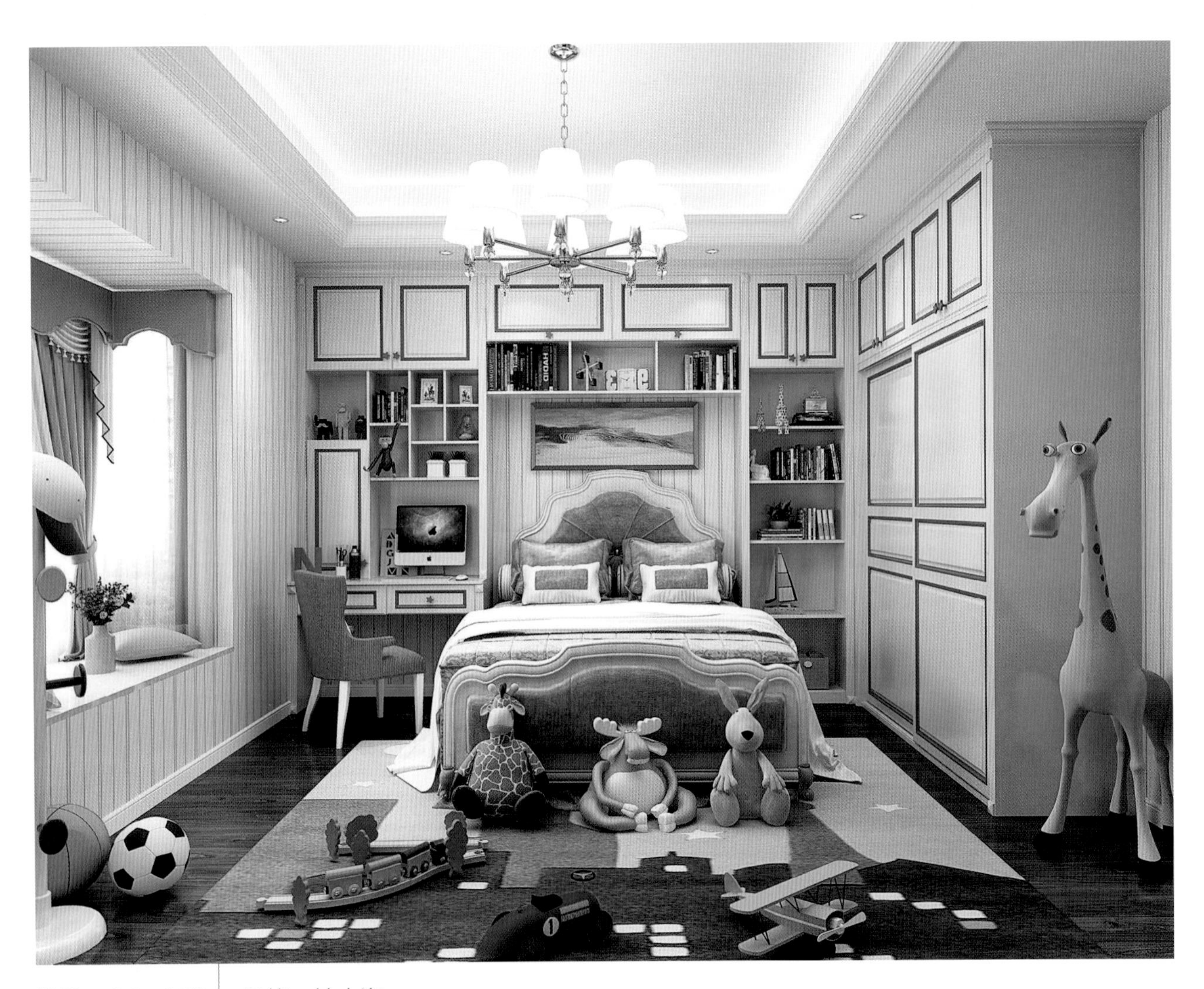

编号：SG-025 ◆ 风格：地中海

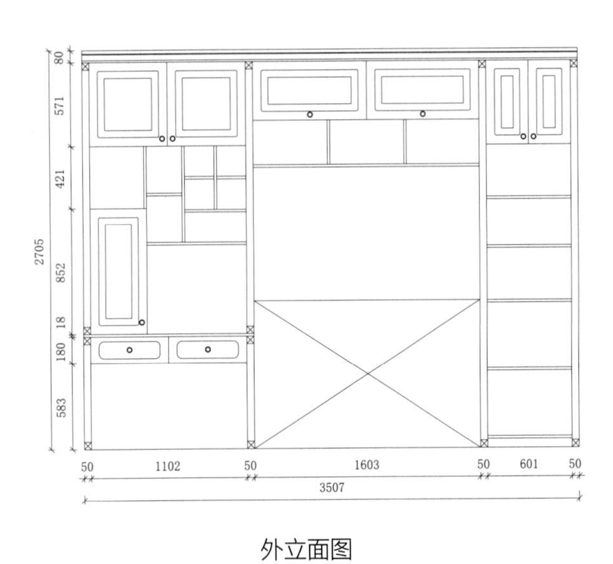

外立面图

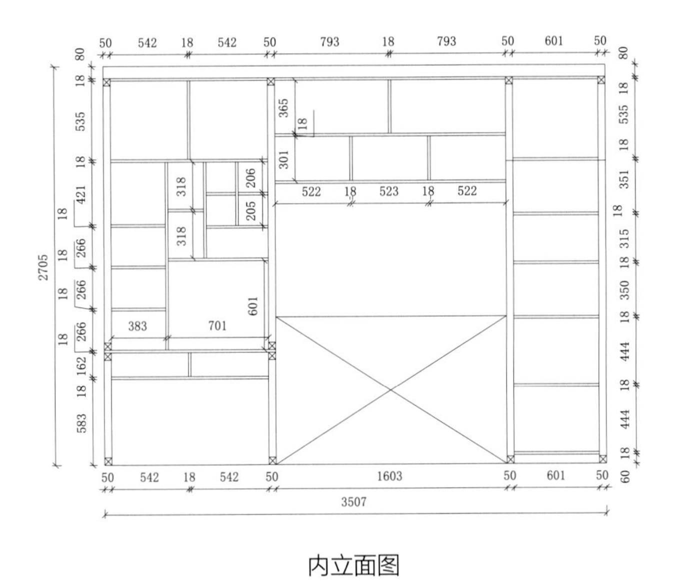

内立面图

第八章

整体橱柜

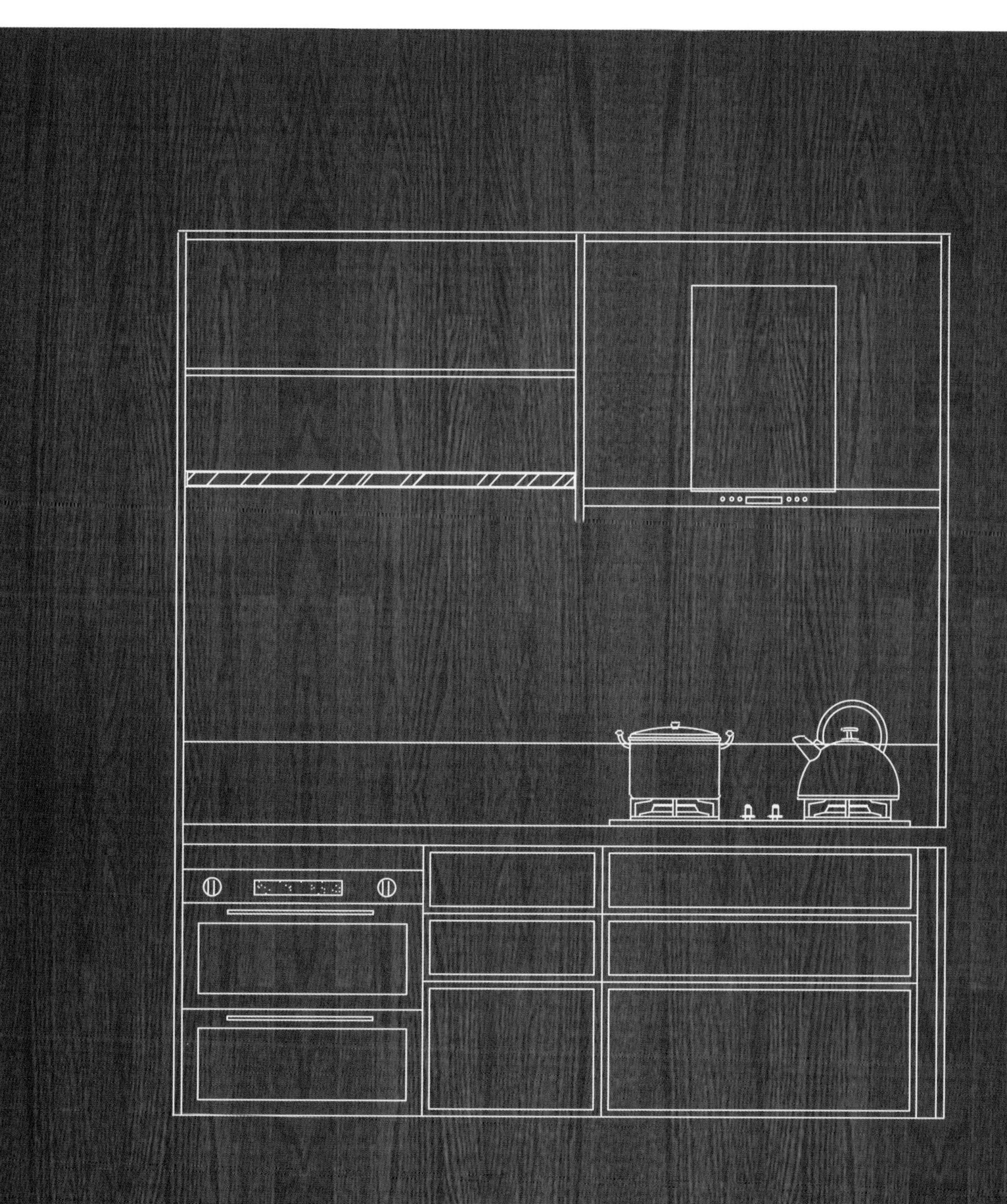

编号：ZTCG-001 ◆ 风格：现代轻奢

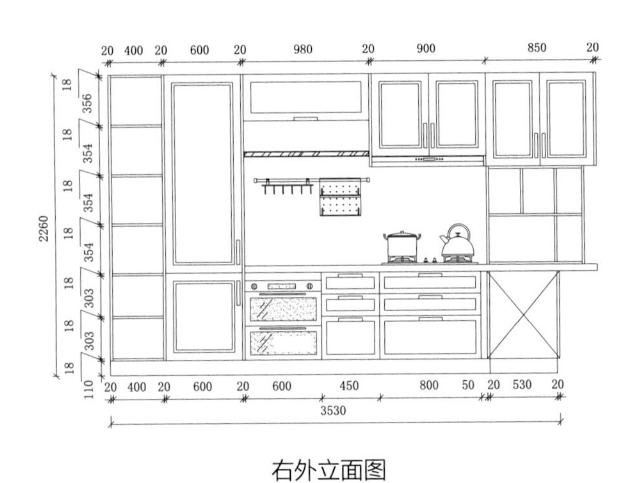

右外立面图

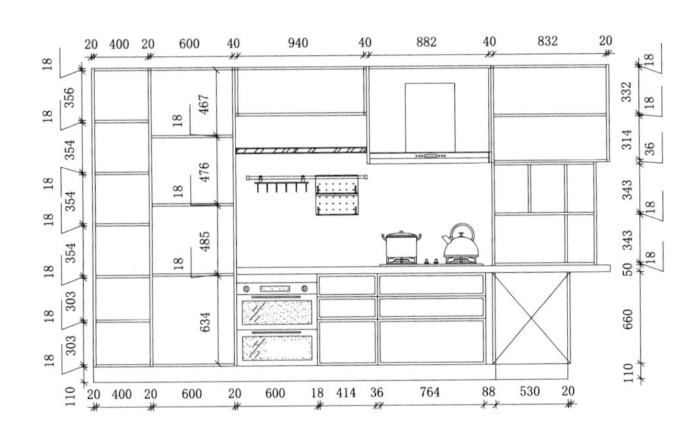

右内立面图

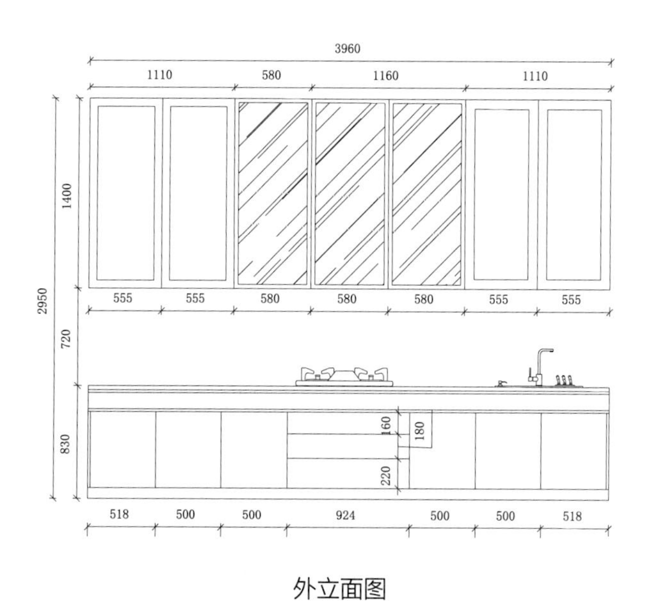

外立面图

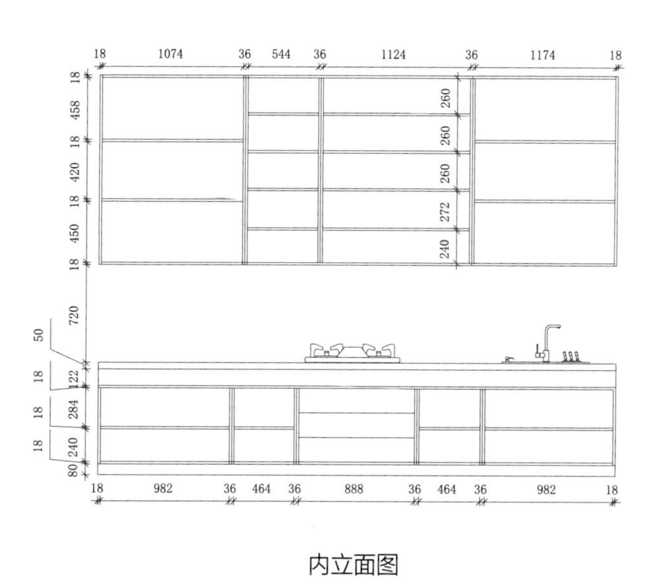

内立面图

编号：ZTCG-002 ◆ 风格：现代轻奢

编号：ZTCG-003 ◆ 风格：现代轻奢

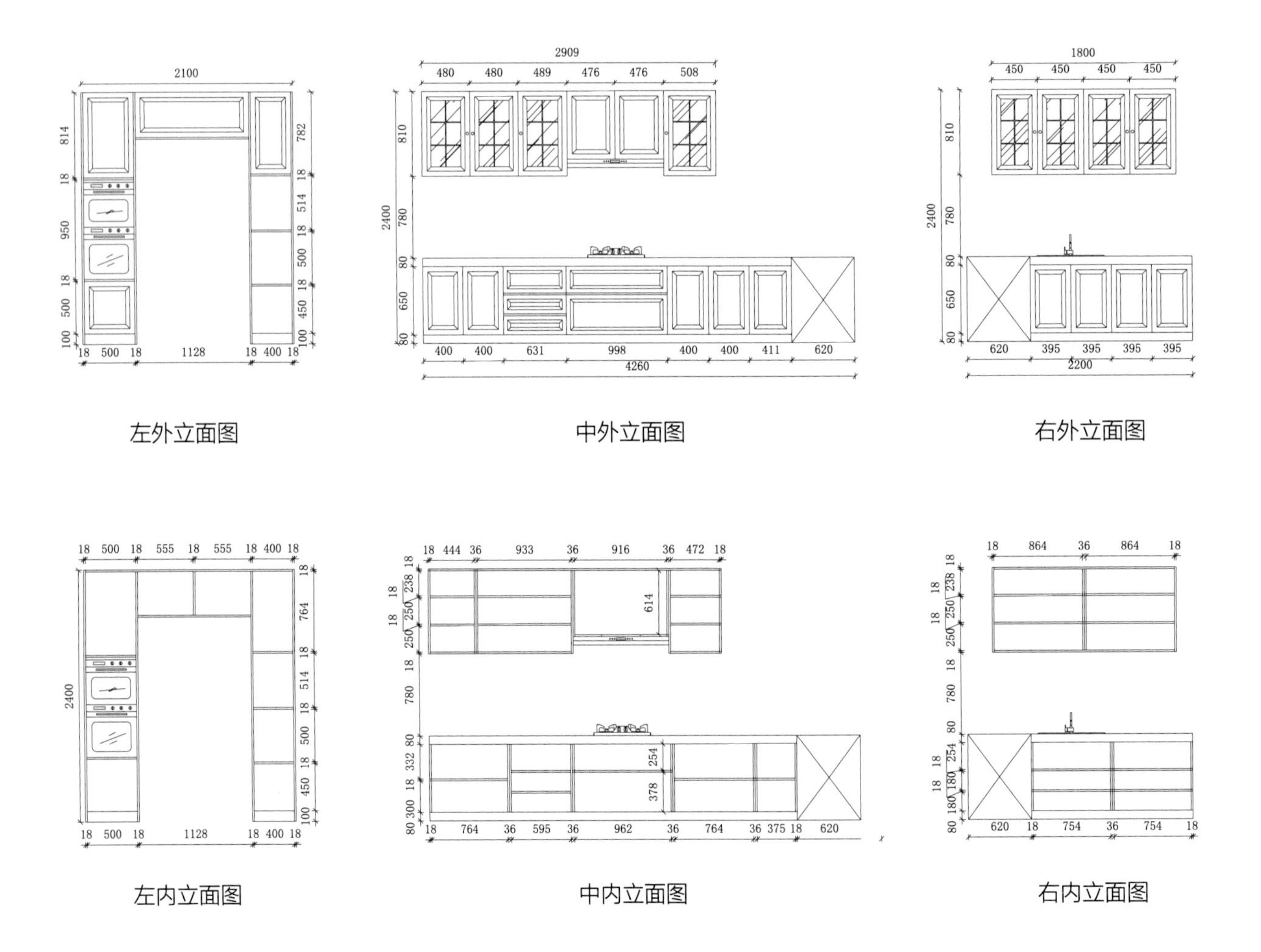

左外立面图　　中外立面图　　右外立面图

左内立面图　　中内立面图　　右内立面图

编号：ZTCG-004 ◆ 风格：现代轻奢

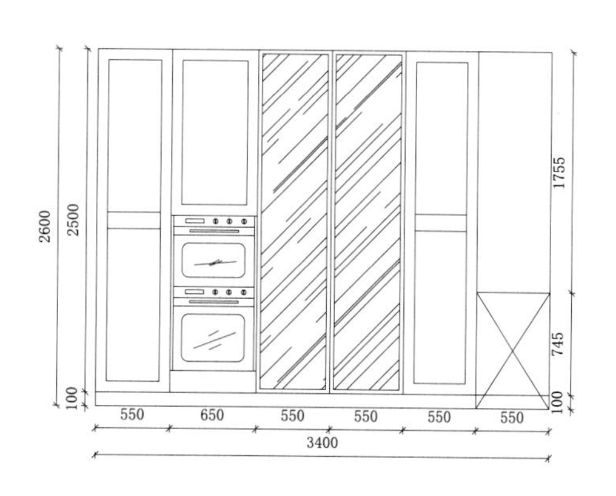

左外立面图

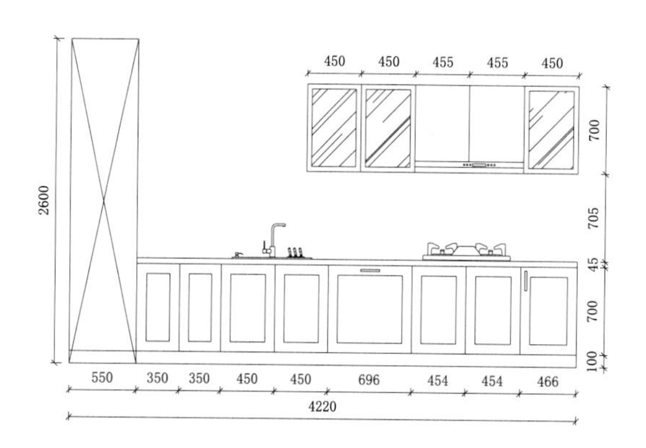

右外立面图

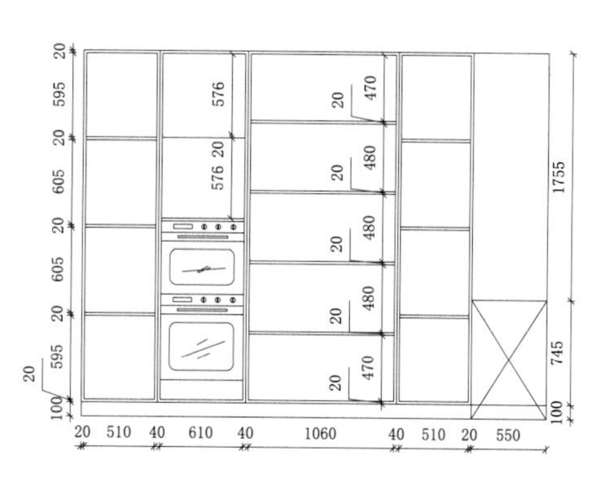

左内立面图

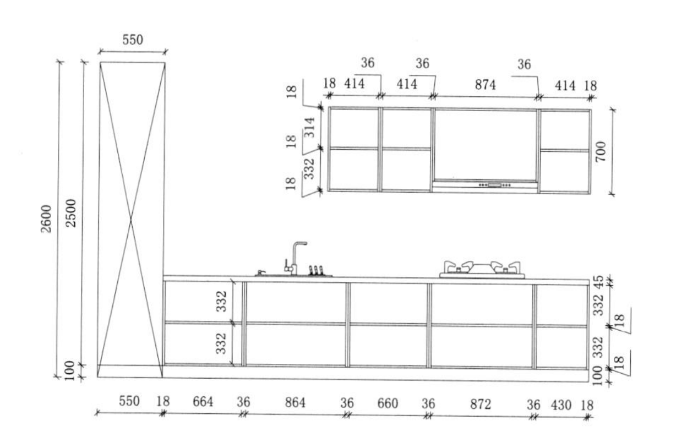

右内立面图

编号：ZTCG-005 ◆ 风格：现代轻奢

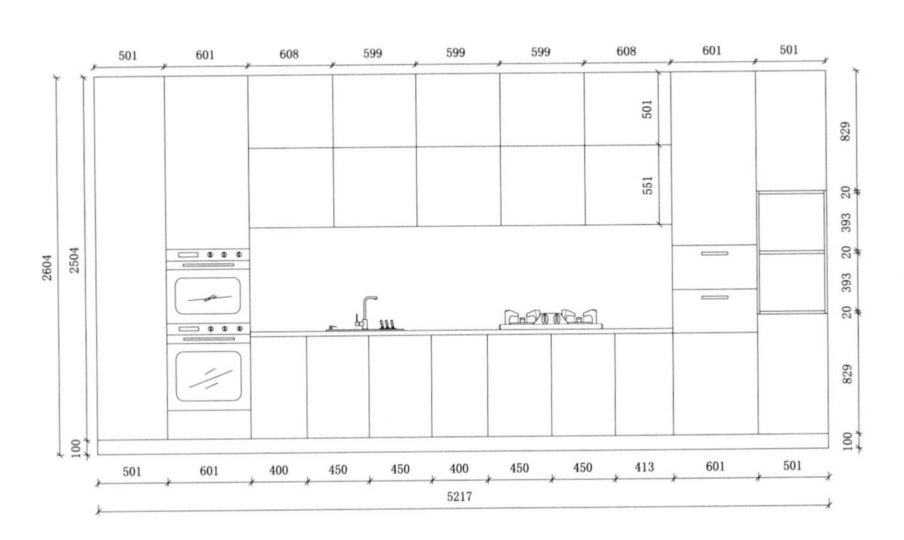

外立面图

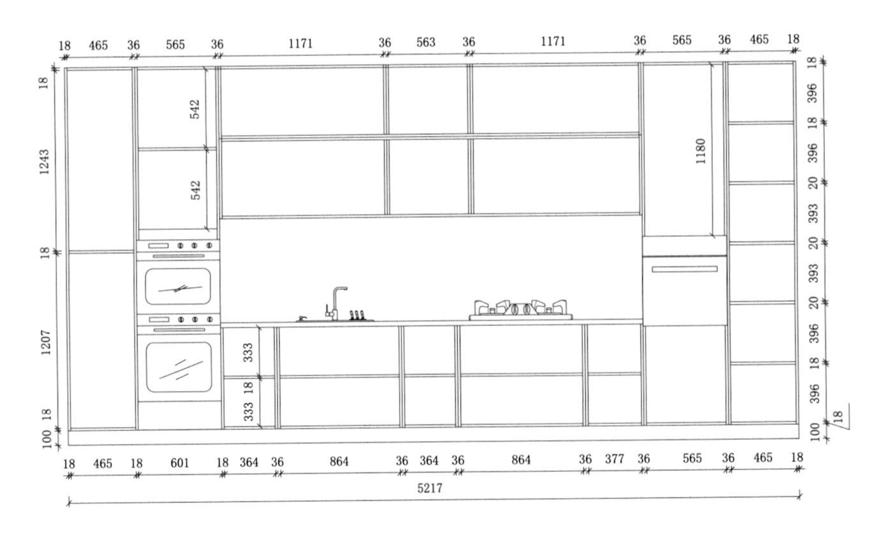

内立面图

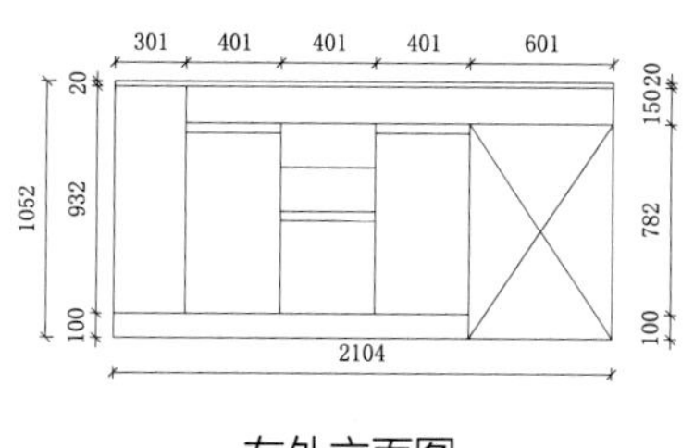

左外立面图

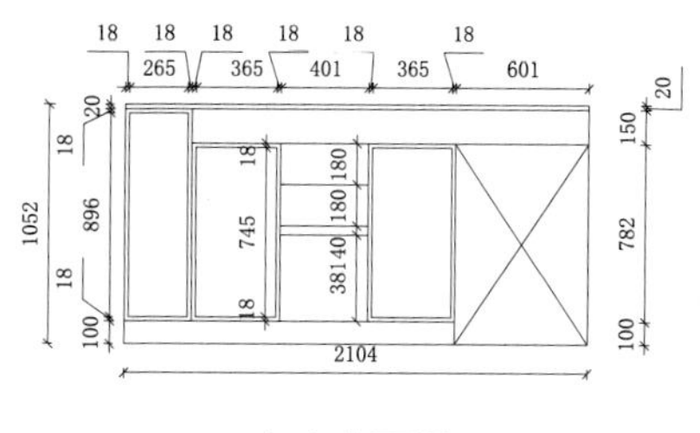

左内立面图

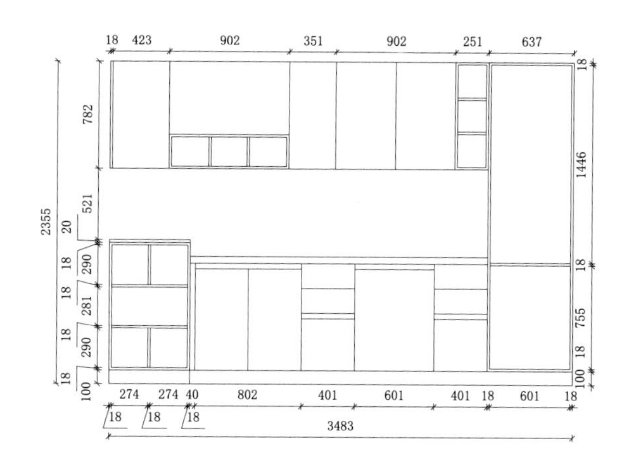

右外立面图

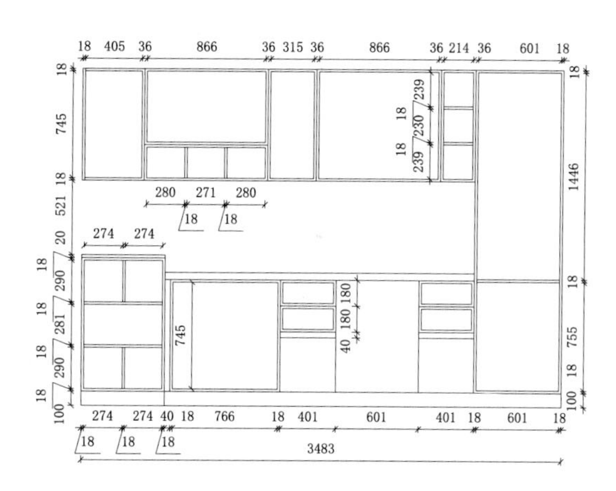

右内立面图

编号：ZTCG-006 ◆ 风格：现代简约

编号：ZTCG-007 ◆ 风格：现代简约

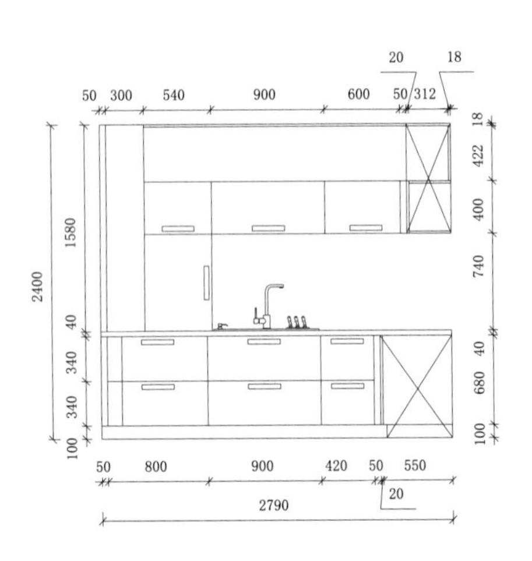

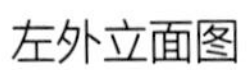

左外立面图

18 20 40 18 18 18 18
312 262 900 18 1334 600 164 400
18 422 400 740 40 680 100
2400
470 1150 680 100
570 50 1000 450 870 18 782 400
4140

右外立面图

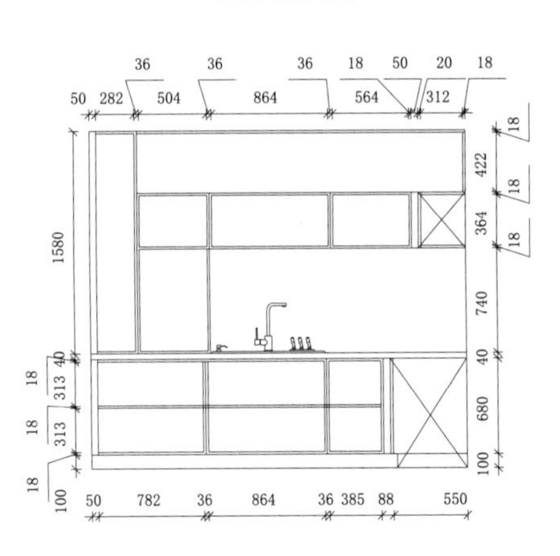

左内立面图

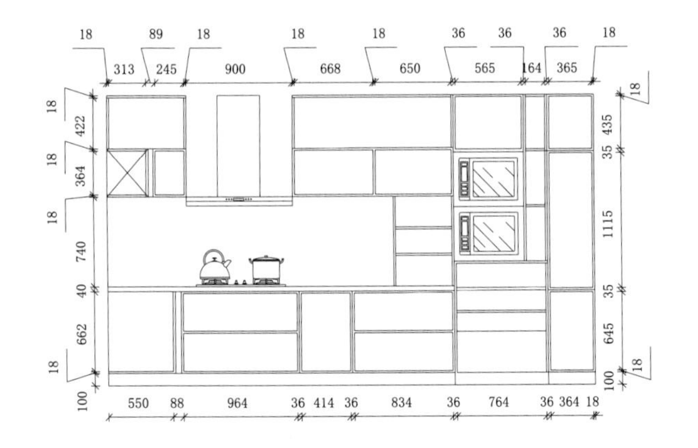

右内立面图

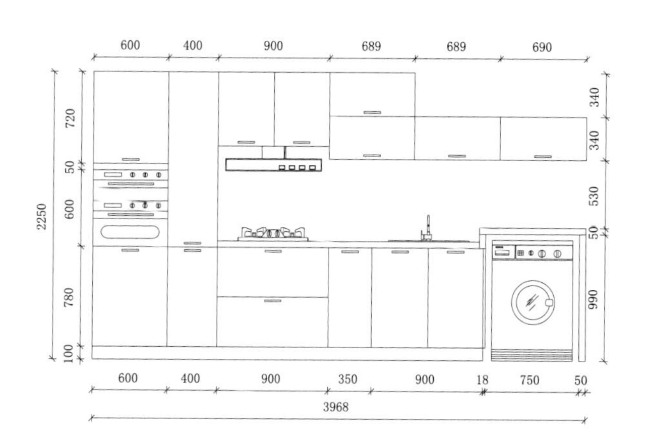

外立面图

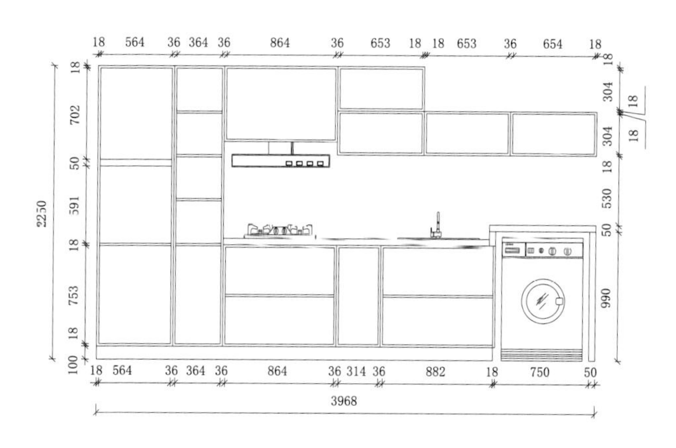

内立面图

编号：ZTCG-008 ◆ 风格：现代简约

编号：ZTCG-009 ◆ 风格：现代简约

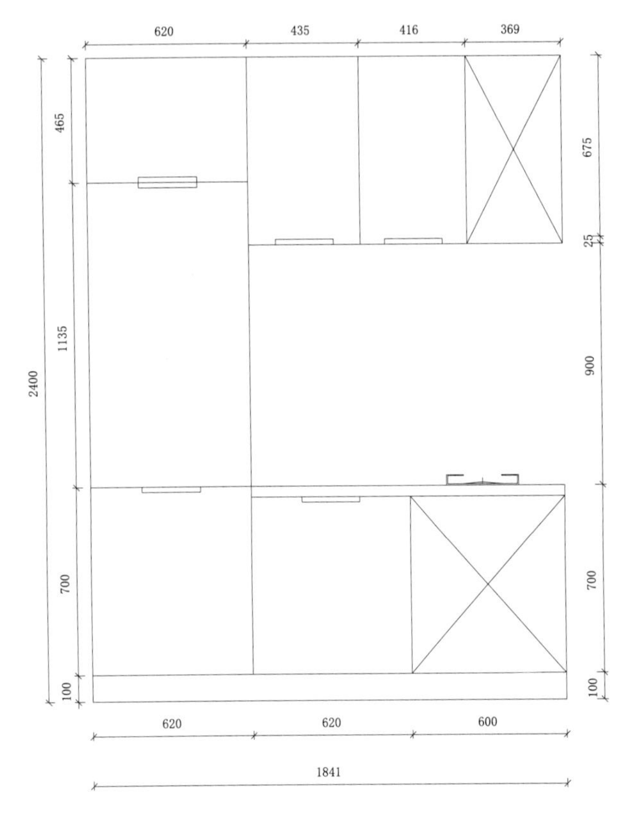

左外立面图

20
320
20
320
20
900
40
20
300
20
300
20
100
20
580
40
580
20
600

左内立面图

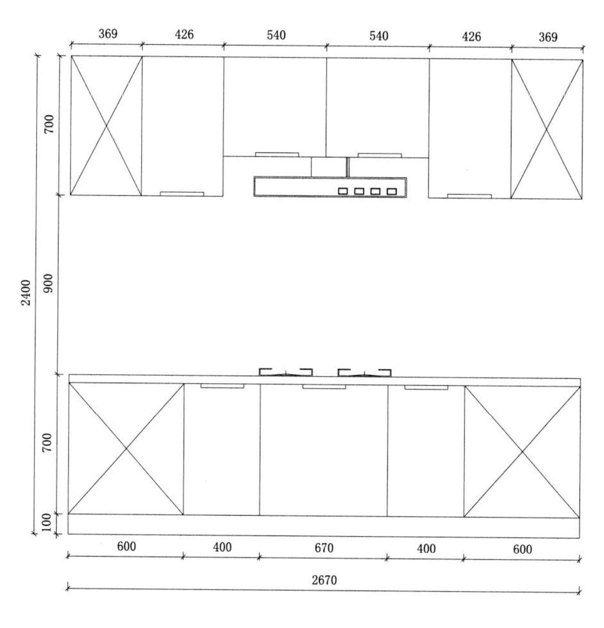

中外立面图

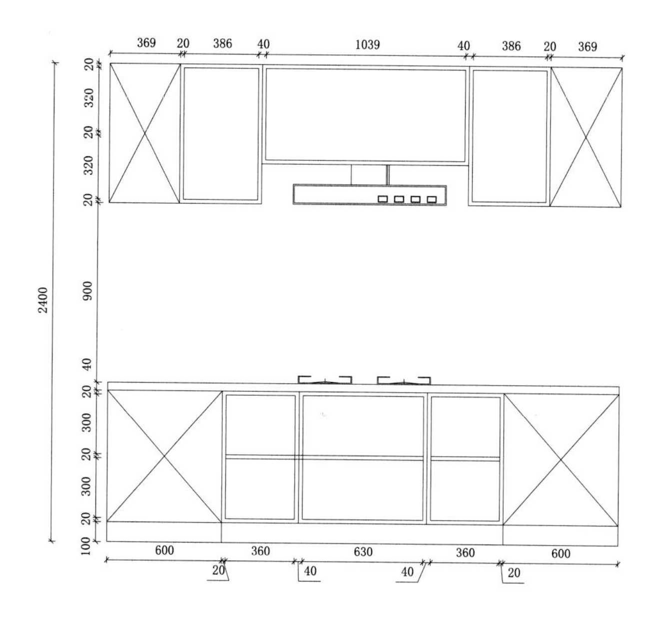

中内立面图

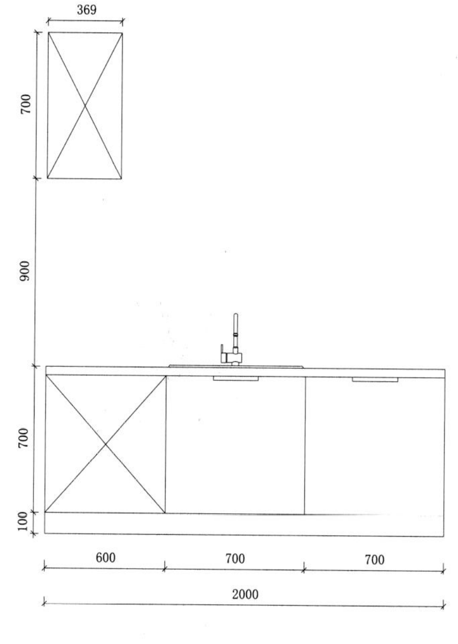

右外立面图

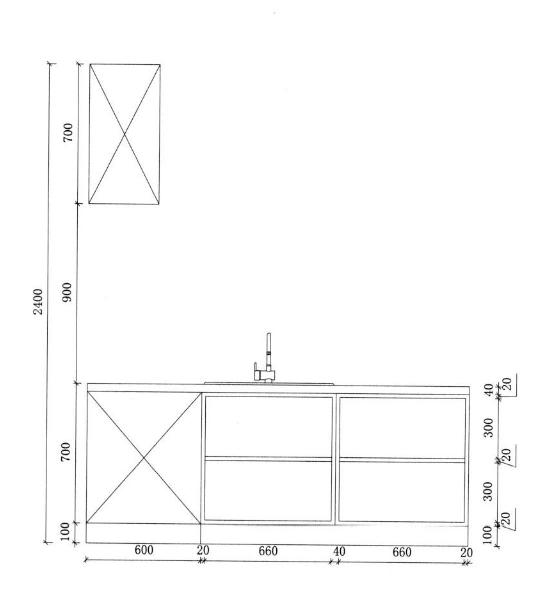

右内立面图

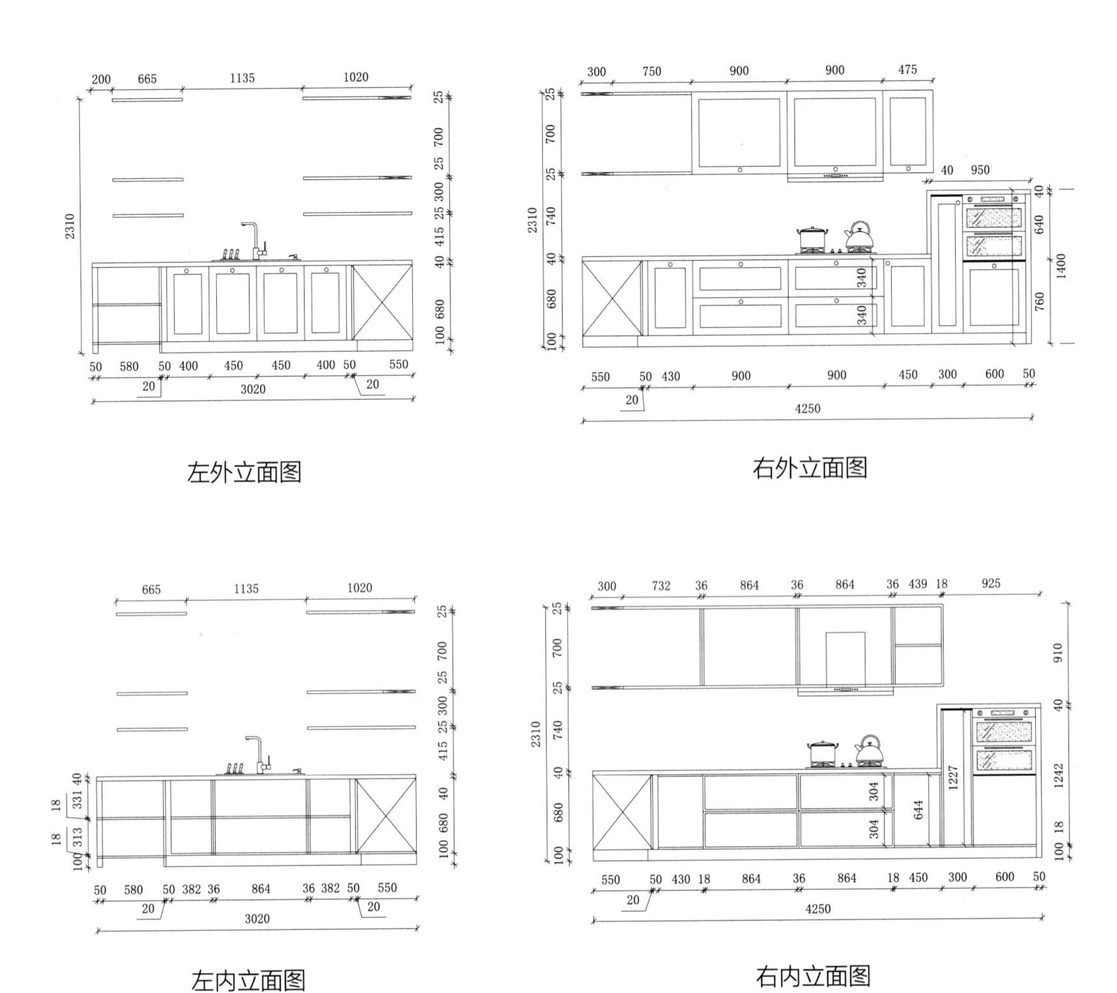

左外立面图

右外立面图

左内立面图

右内立面图

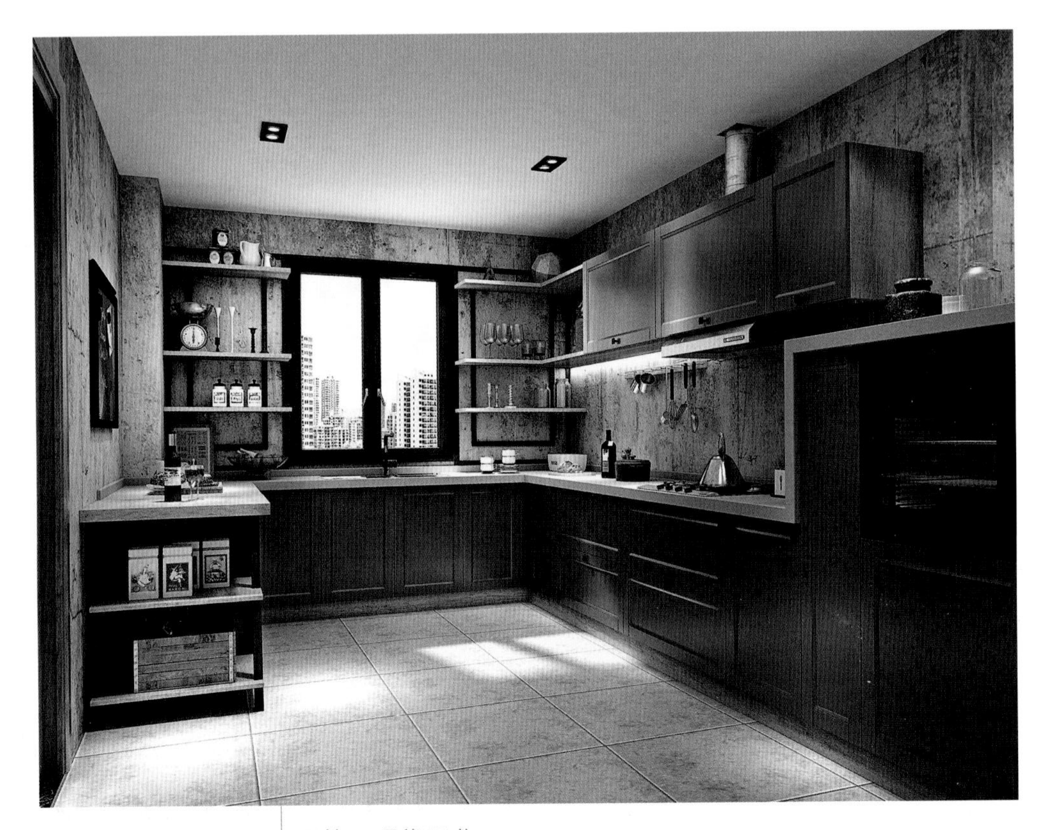

编号：ZTCG-010 ◆ 风格：现代工业

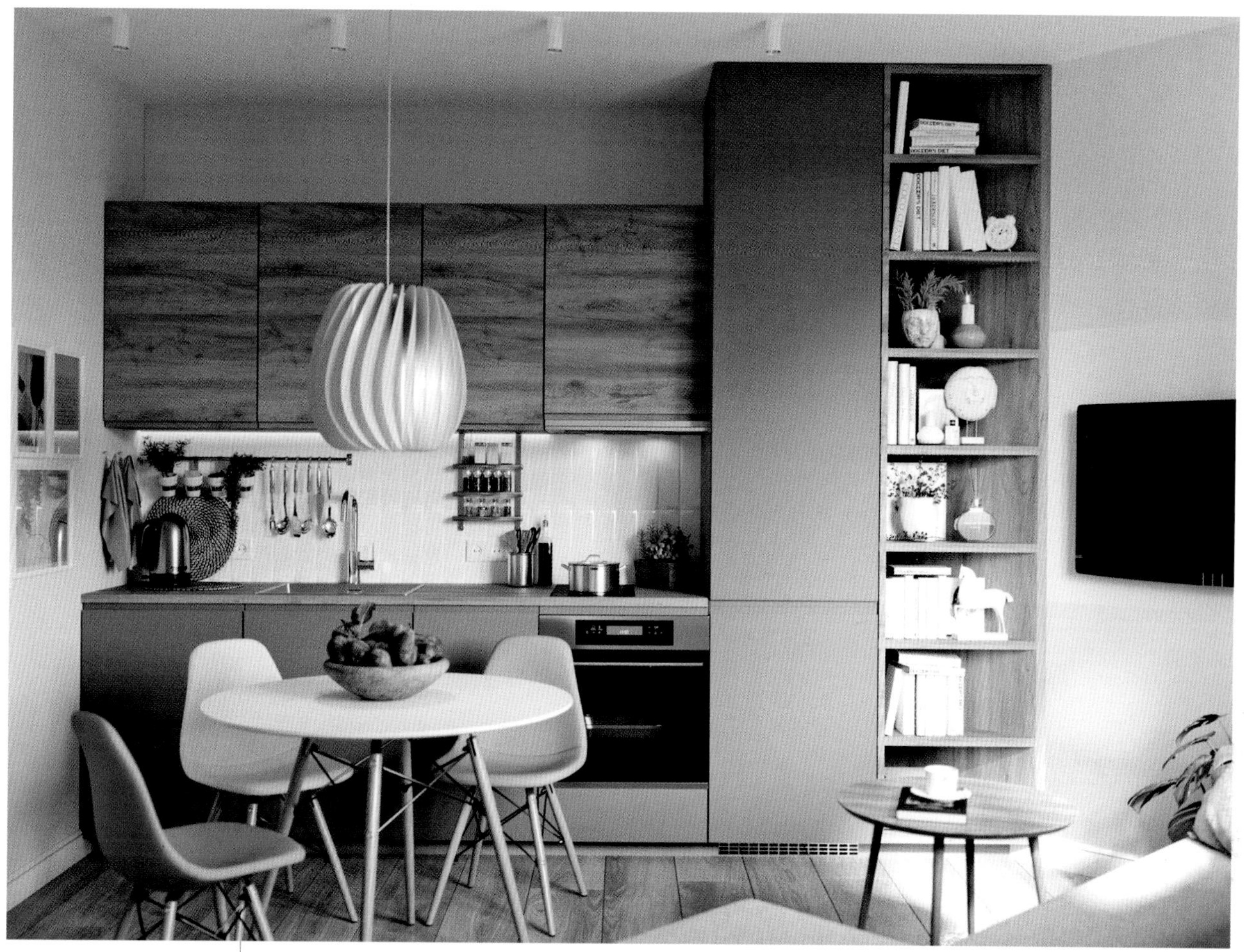

编号：ZTCG-011 ◆ 风格：北欧

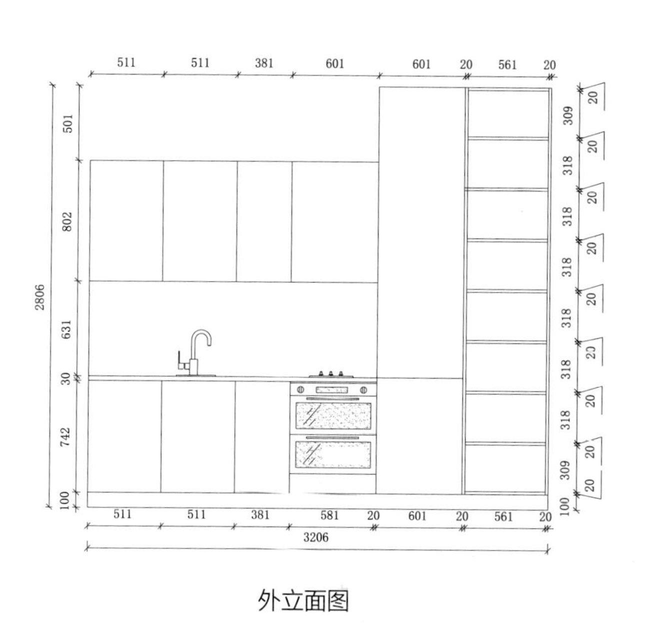

外立面图

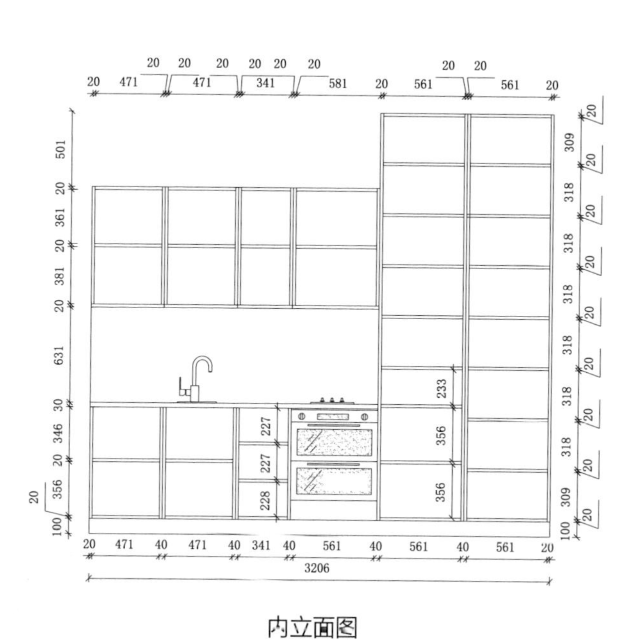

内立面图

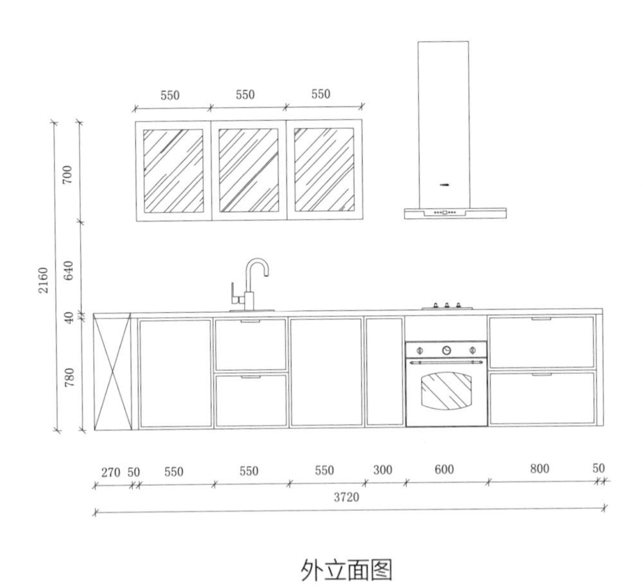

外立面图

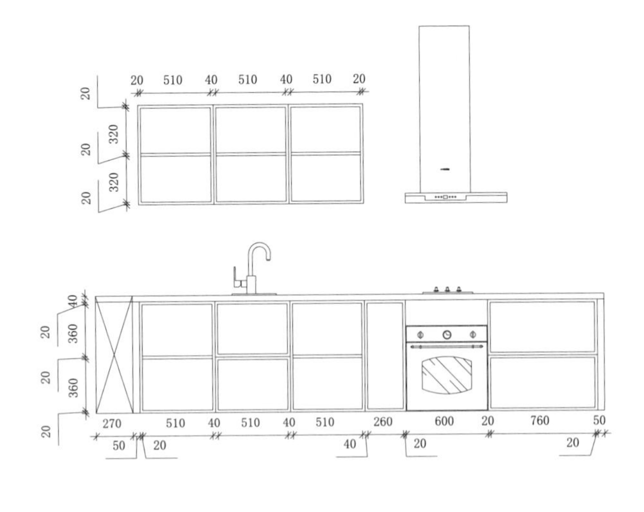

内立面图

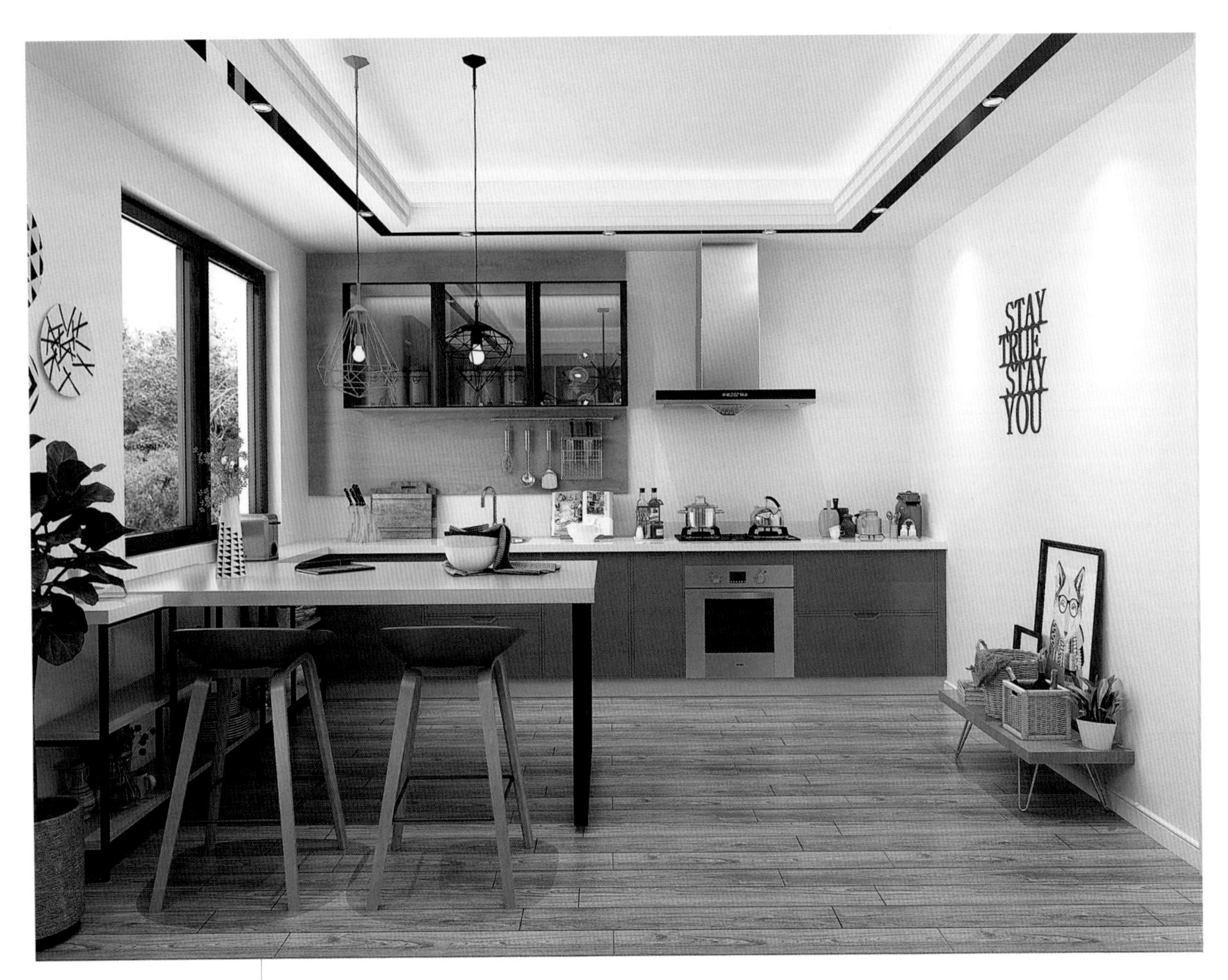

编号：ZTCG-012 ◆ 风格：北欧

编号：ZTCG-013 ◆ 风格：新中式

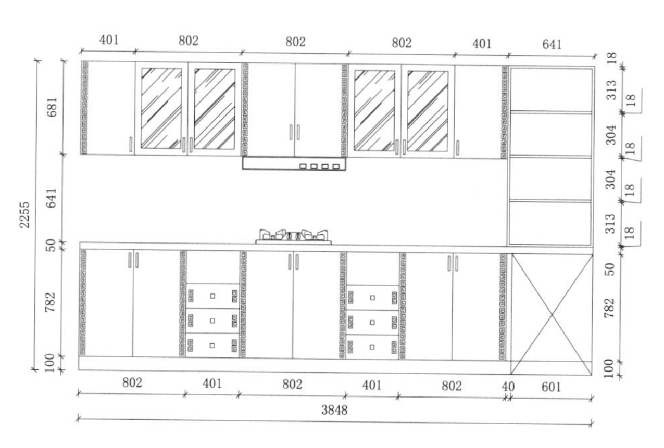

左外立面图

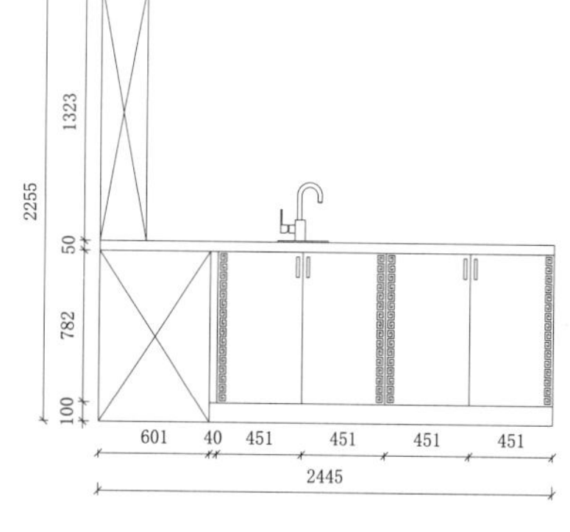

右外立面图

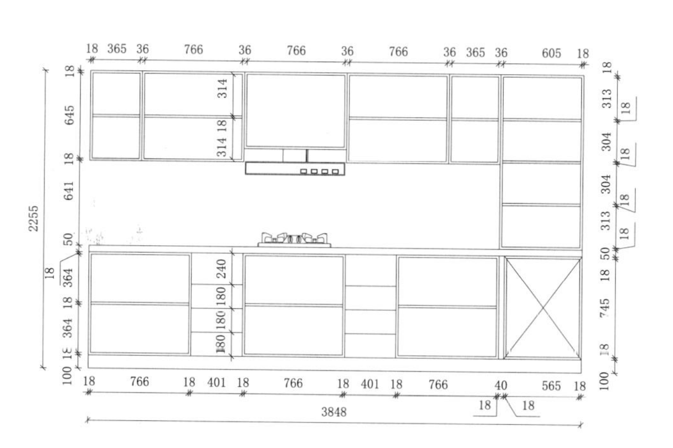

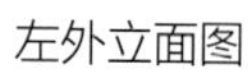

左内立面图

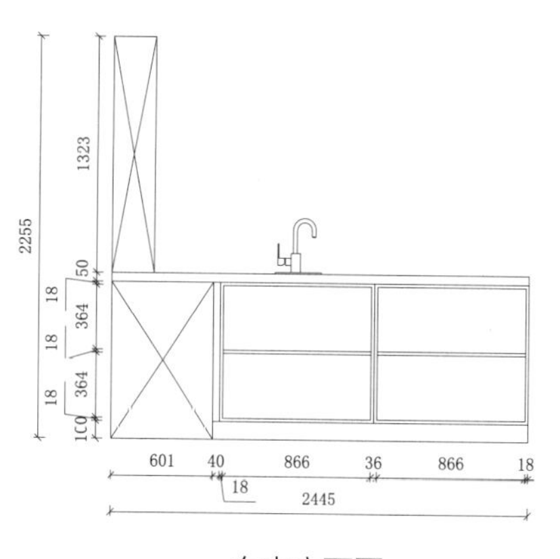

右内立面图

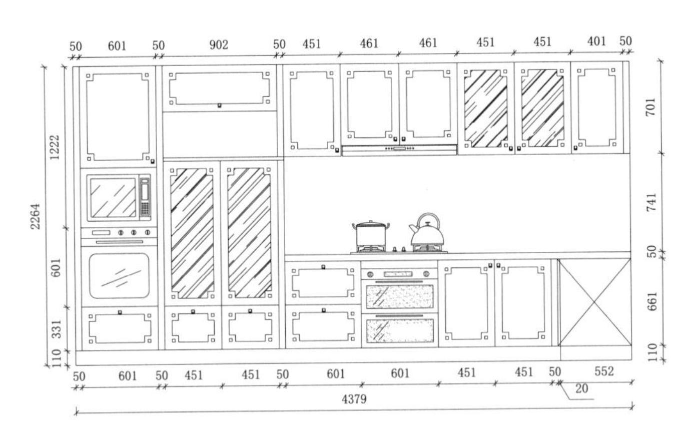

左外立面图

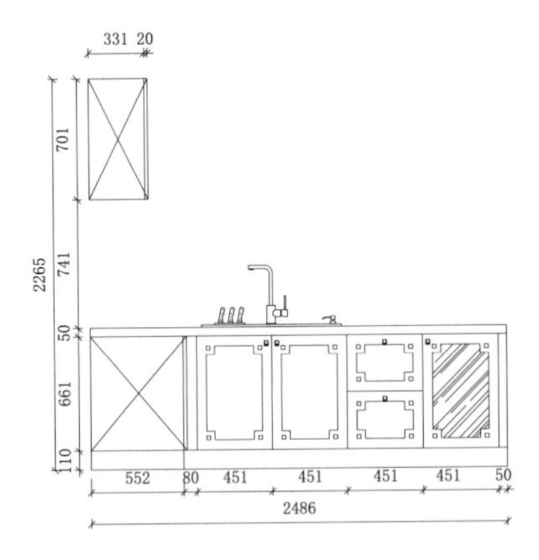

右外立面图

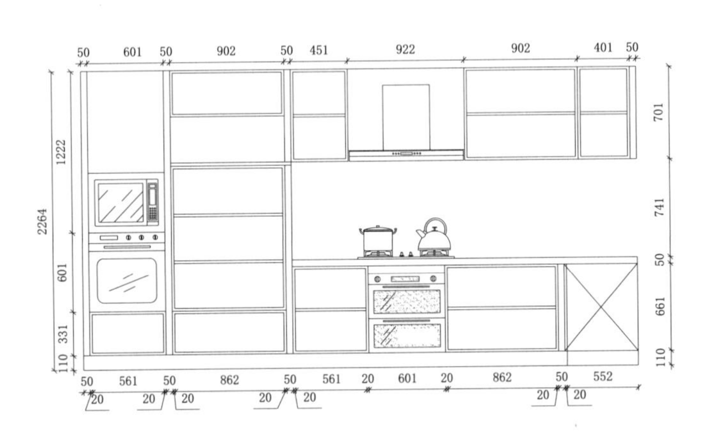

左内立面图

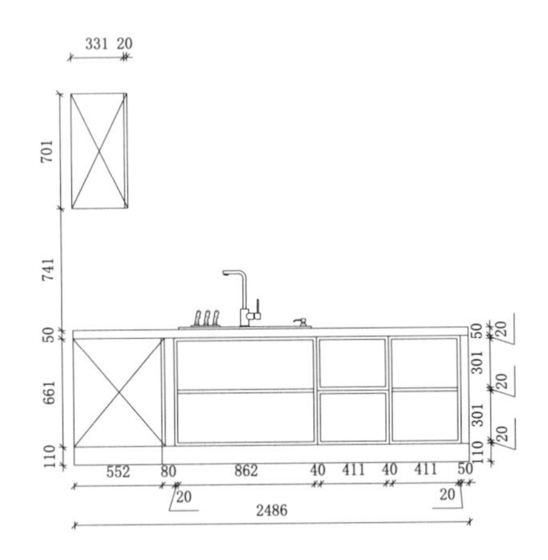

右内立面图

编号：ZTCG-014 ◆ 风格：新中式

编号：ZTCG-015 ◆ 风格：简欧

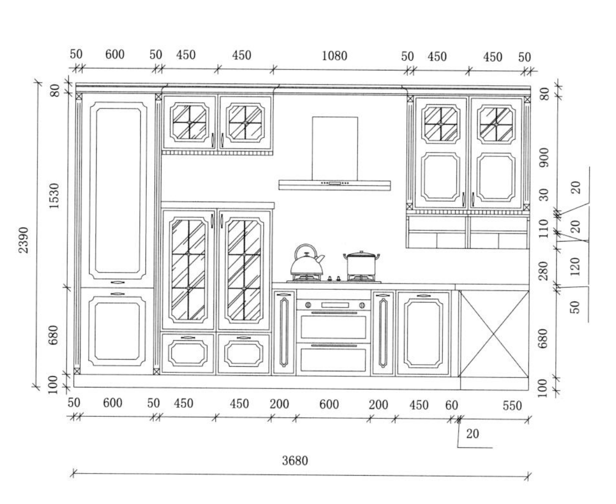

左外立面图

左内立面图

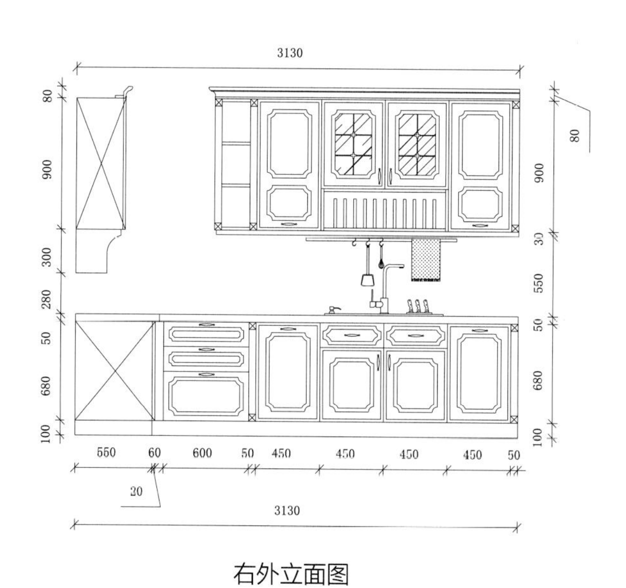

右外立面图

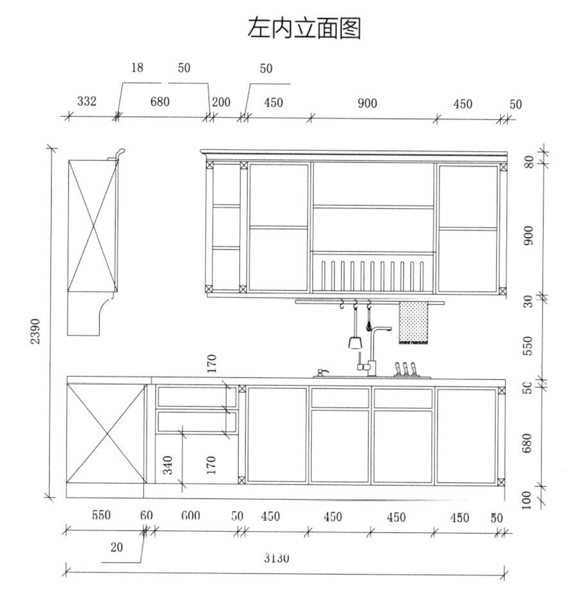

右内立面图

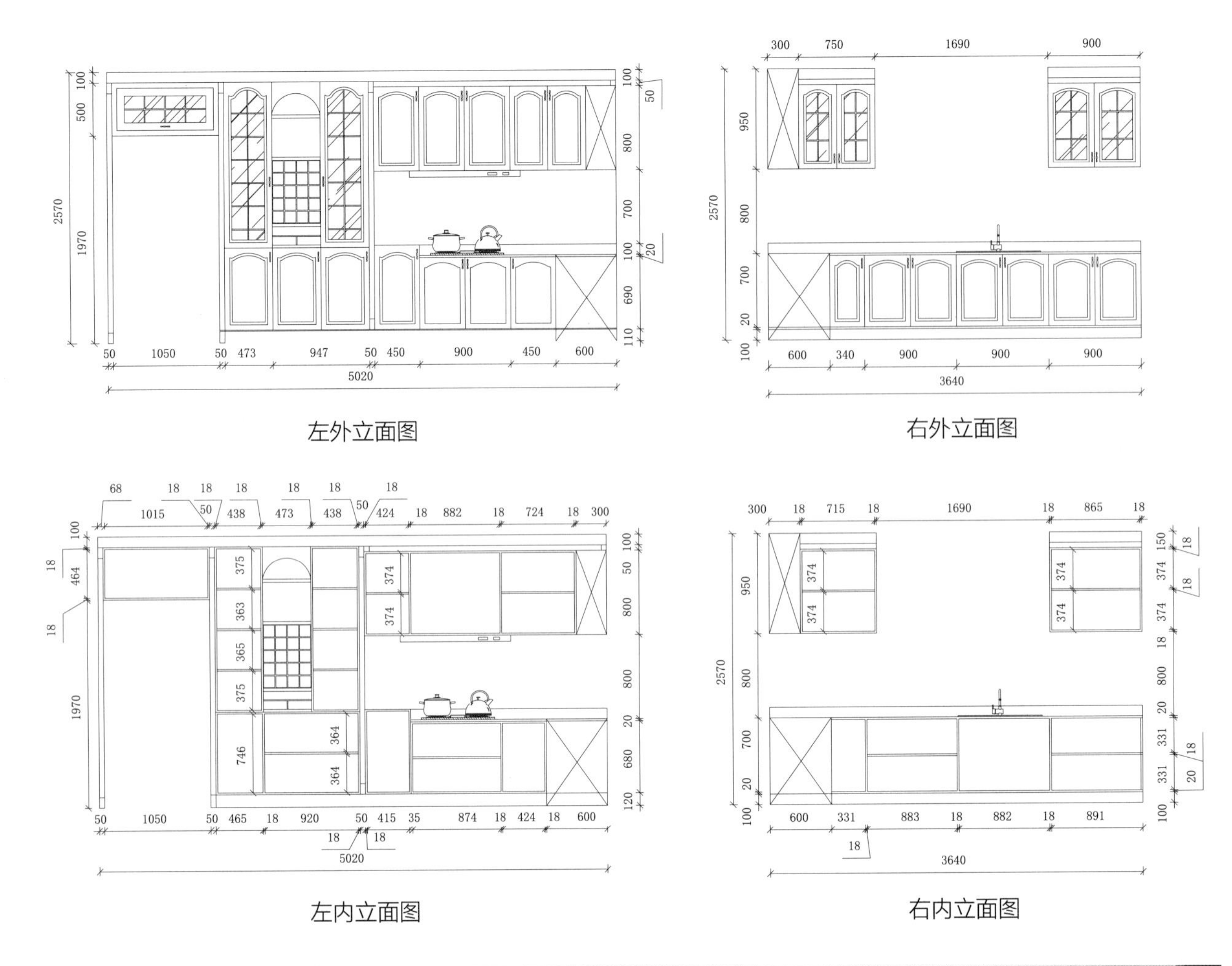

左外立面图　　右外立面图

左内立面图　　右内立面图

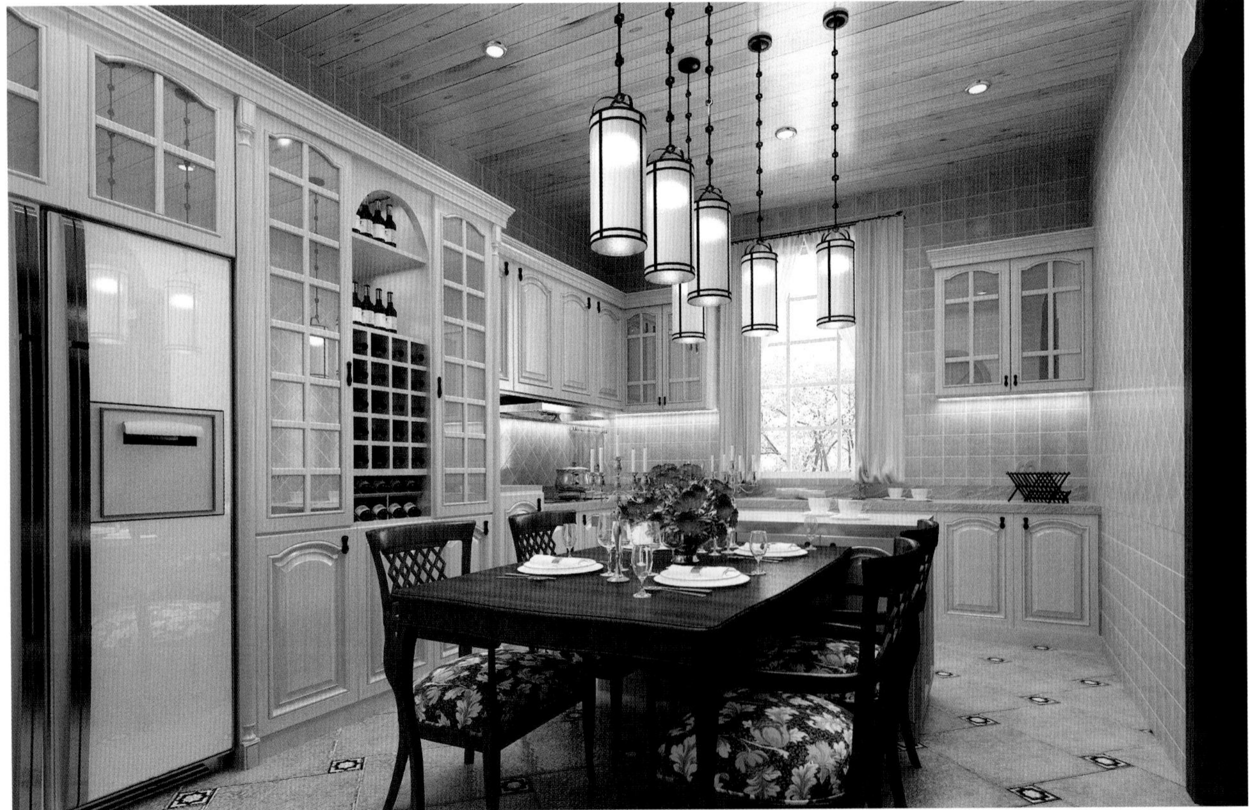

编号：ZTCG-016 ◆ 风格：美式乡村

第九章

卫浴柜

编号：YSG-001 ◆ 风格：现代轻奢

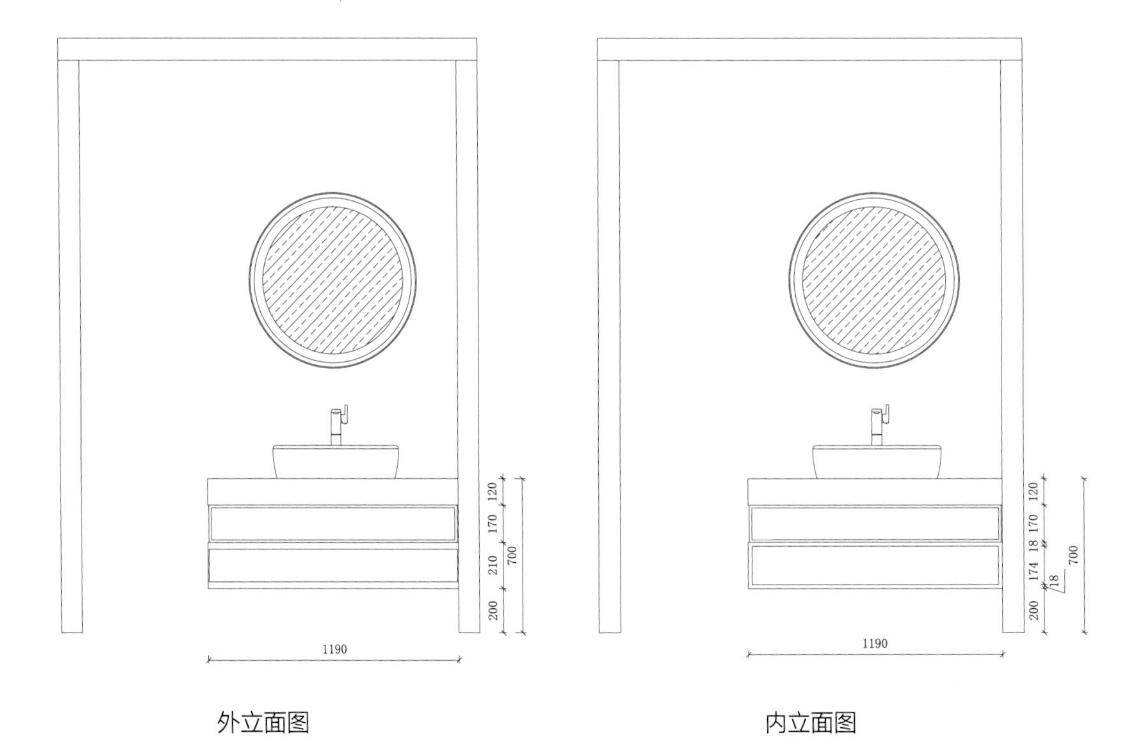

外立面图　　内立面图

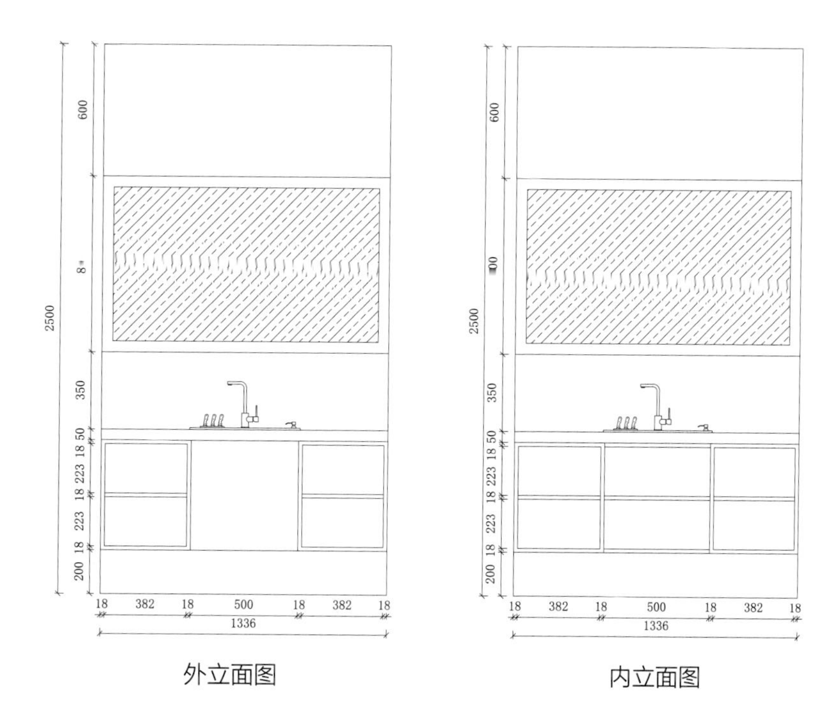

外立面图　　内立面图

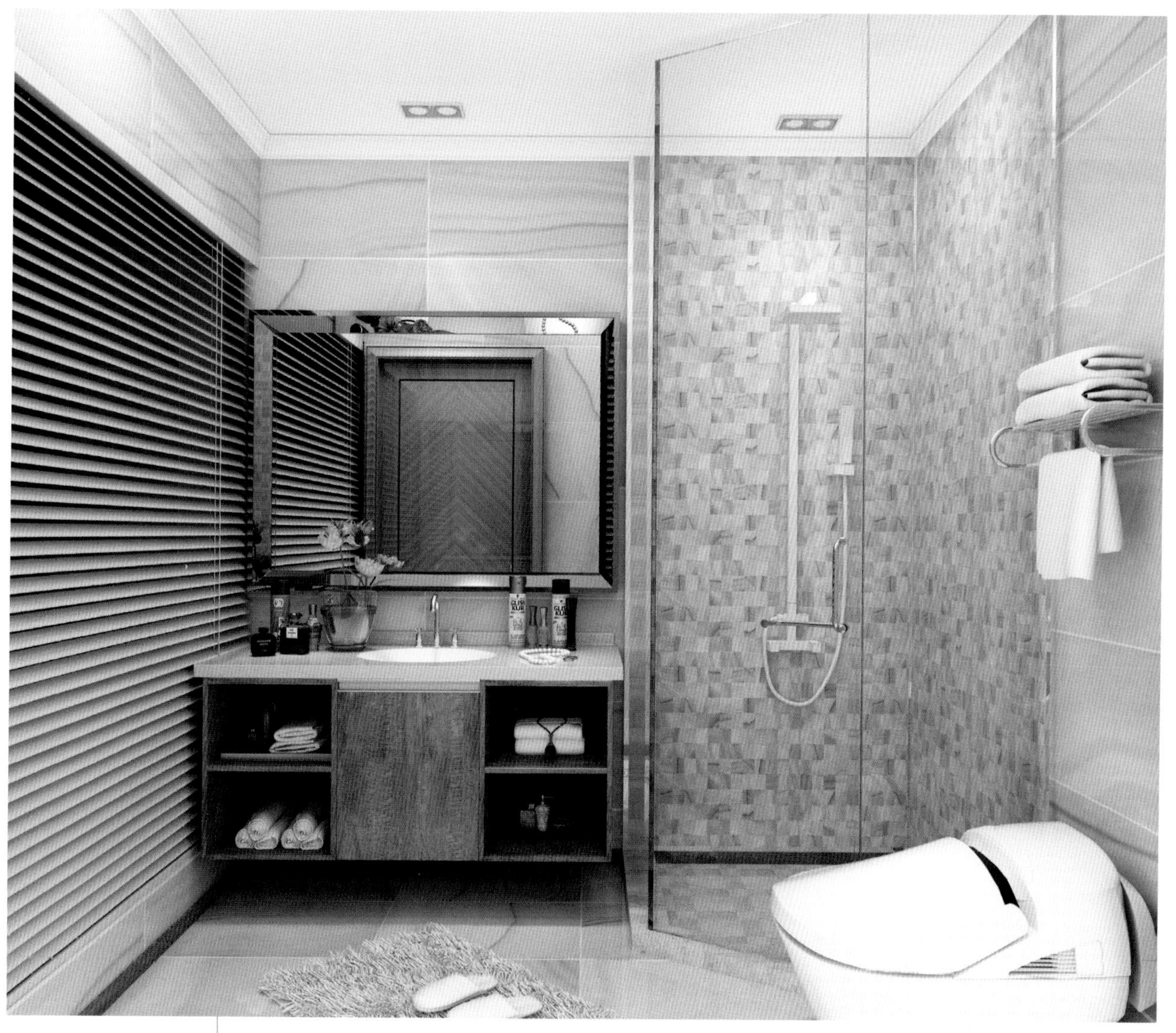

编号：YSG-002 ◆ 风格：现代轻奢

编号：YSG-003 ◆ 风格：现代简约

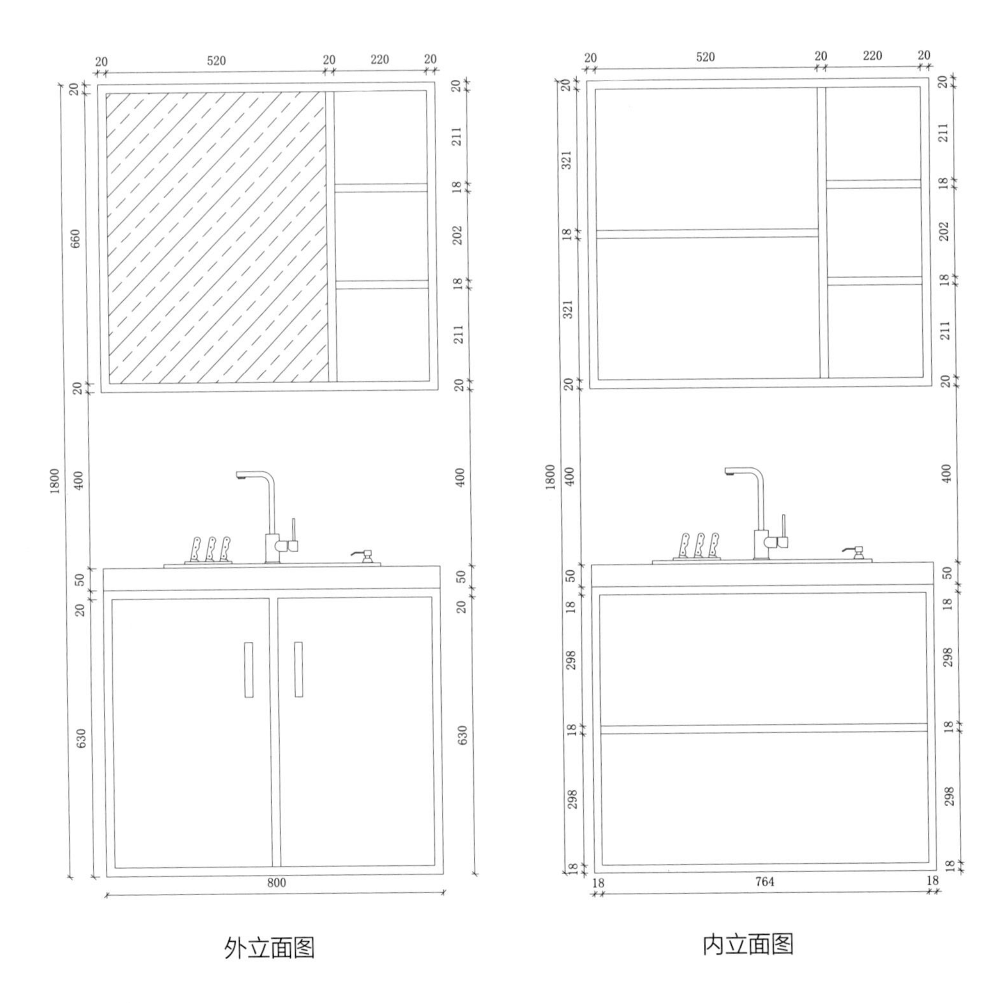

外立面图

内立面图

编号：YSG-004 ◆ 风格：现代简约

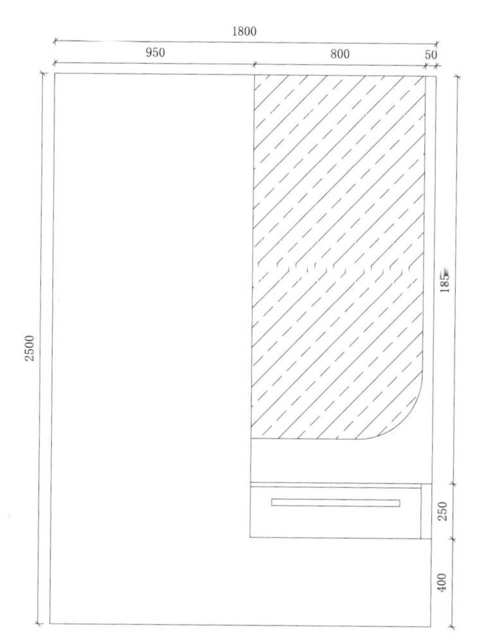

外立面图

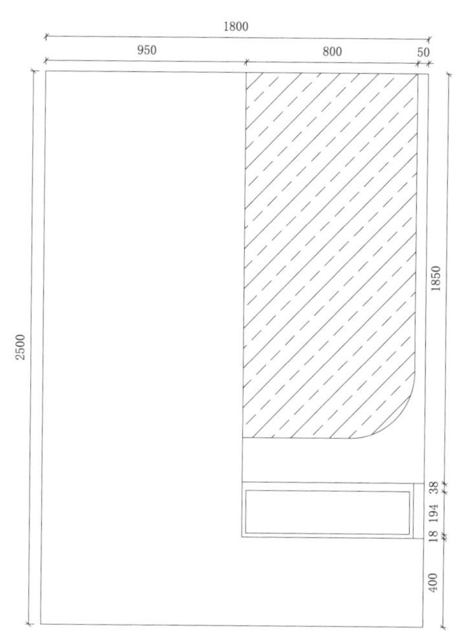

内立面图

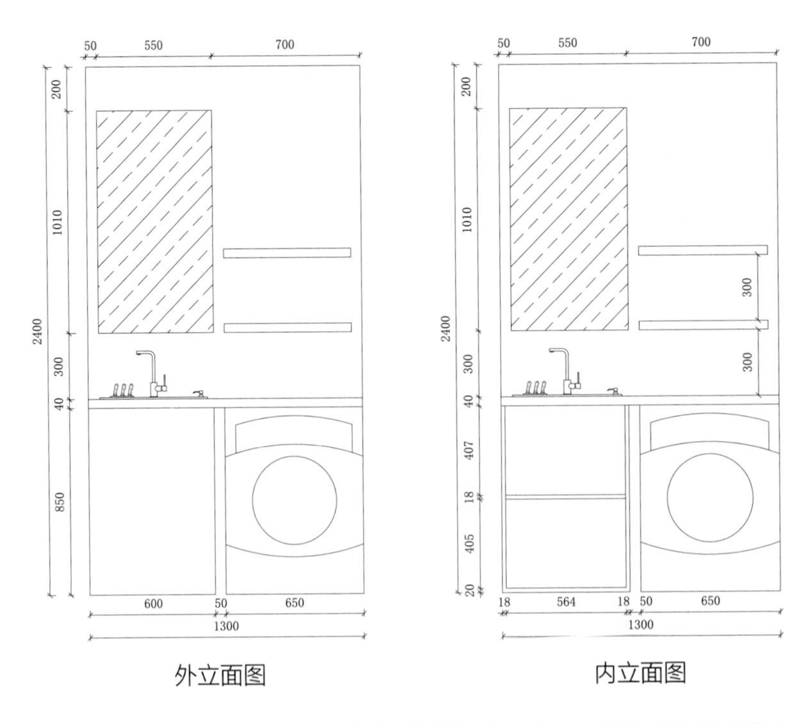

外立面图　　内立面图

编号：YSG-005 ◆ 风格：现代简约

编号：YSG-006 ◆ 风格：现代简约

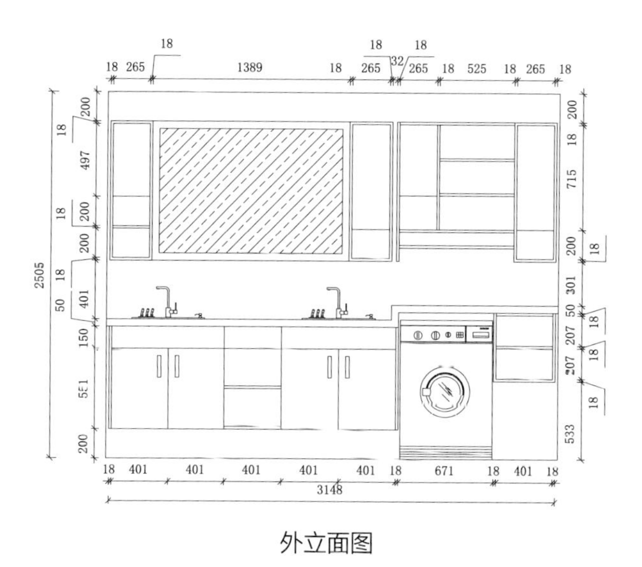

外立面图

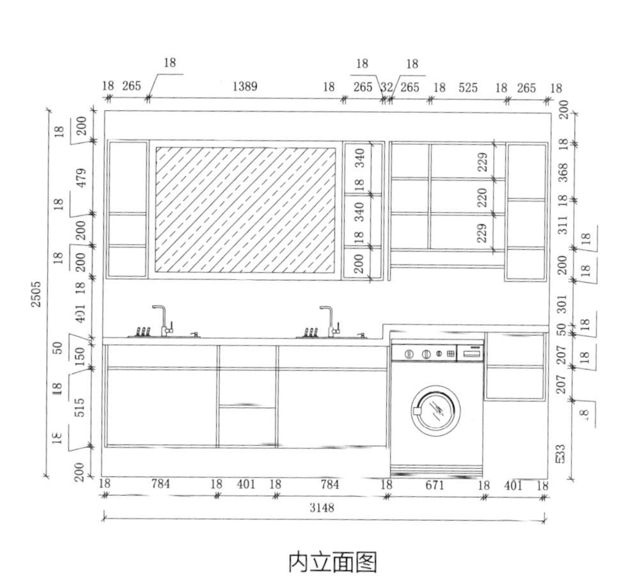

内立面图

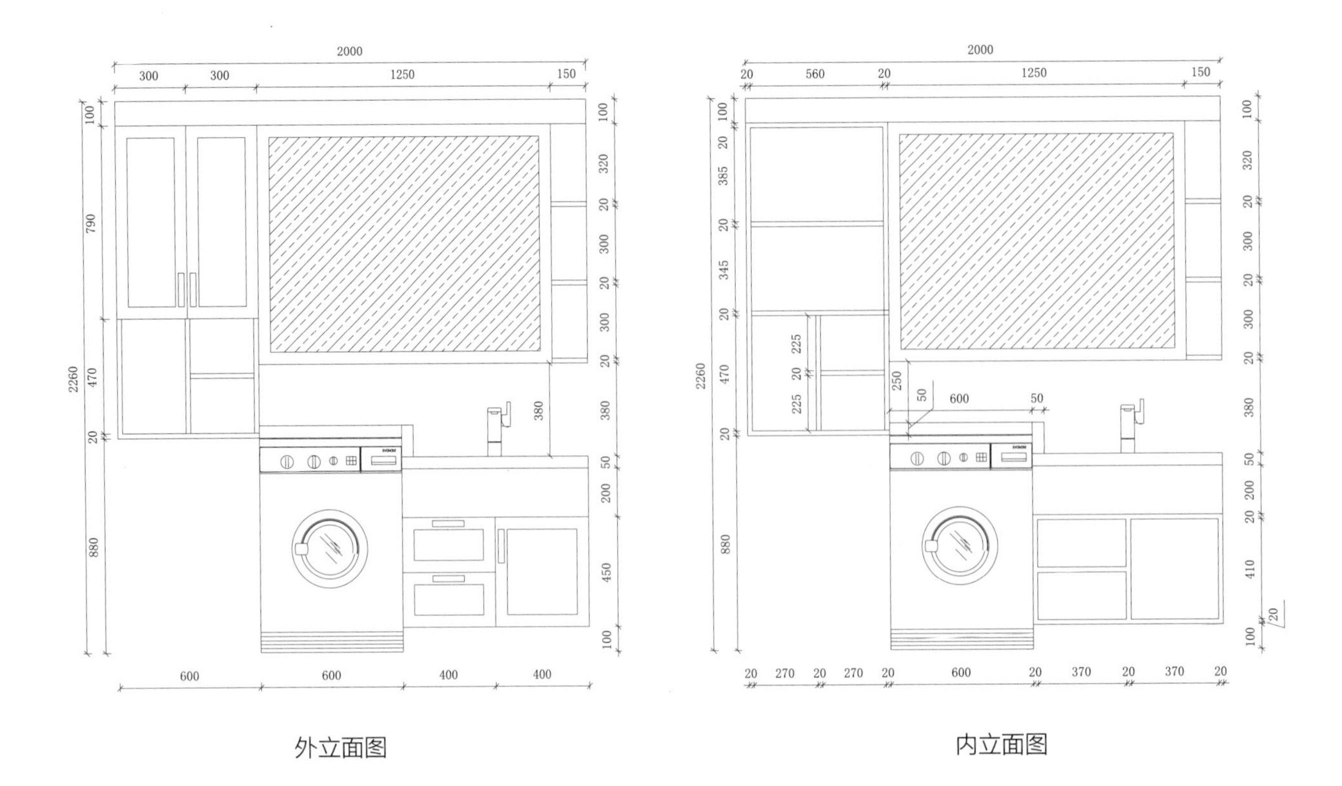

外立面图　　　　内立面图

编号：YSG-007 ◆ 风格：现代简约

编号：YSG-008 ◆ 风格：日式

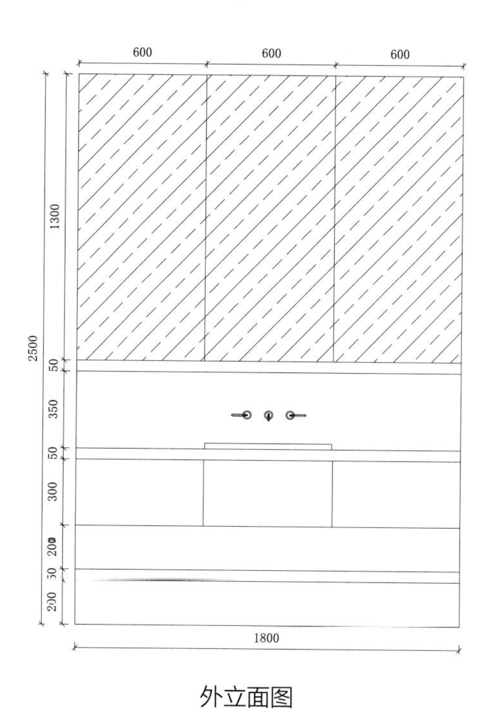

外立面图

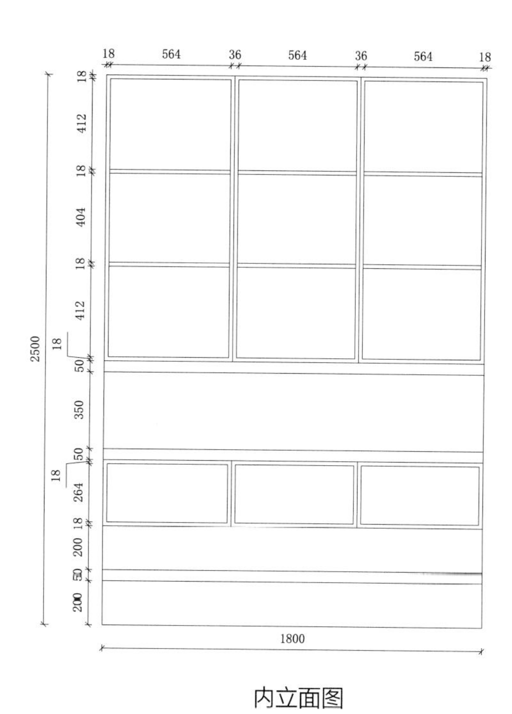

内立面图

编号：YSG-009 ◆ 风格：日式

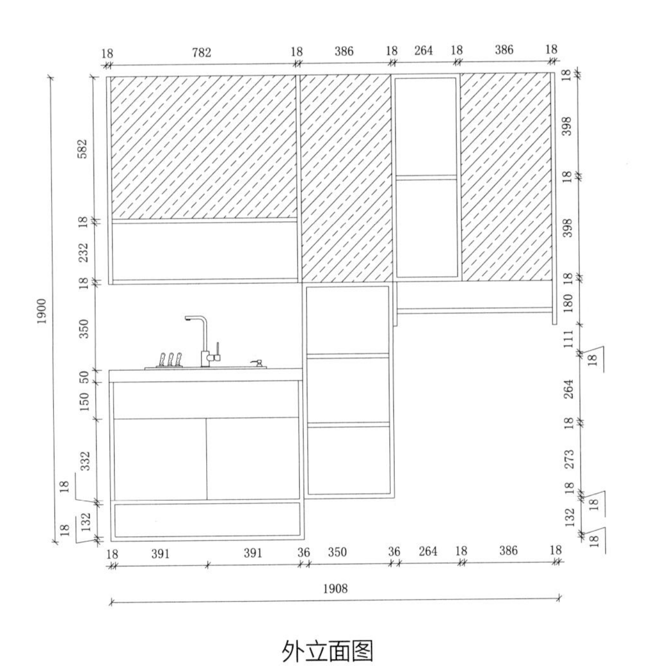

外立面图

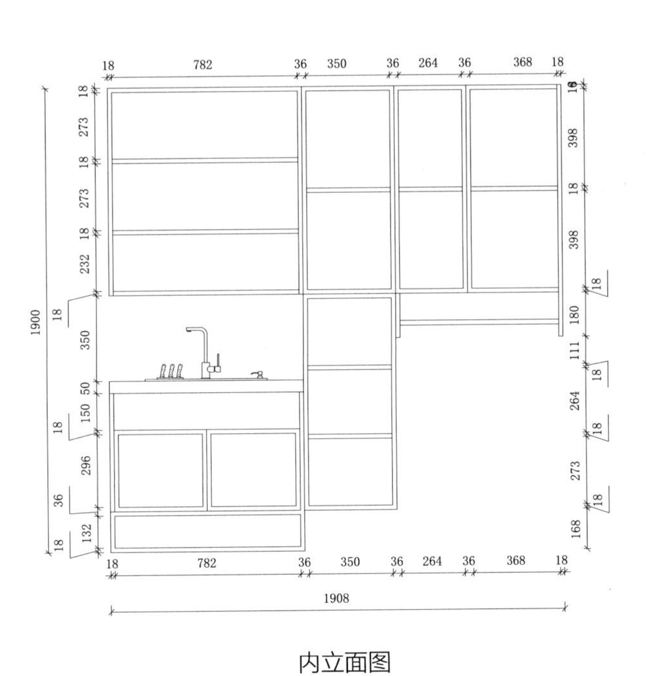

内立面图

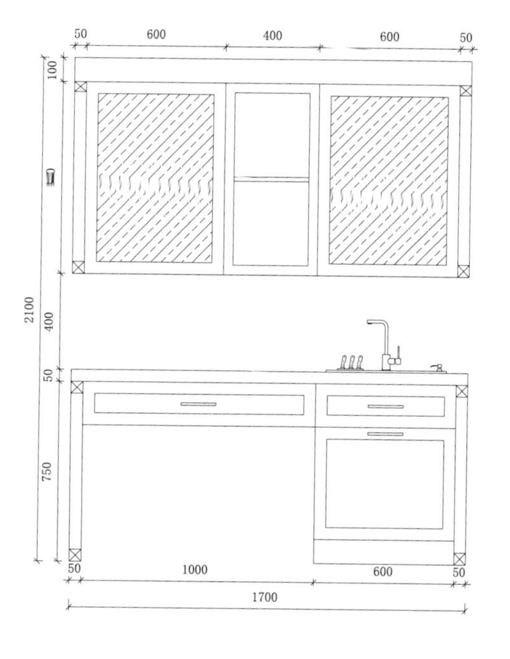

外立面图

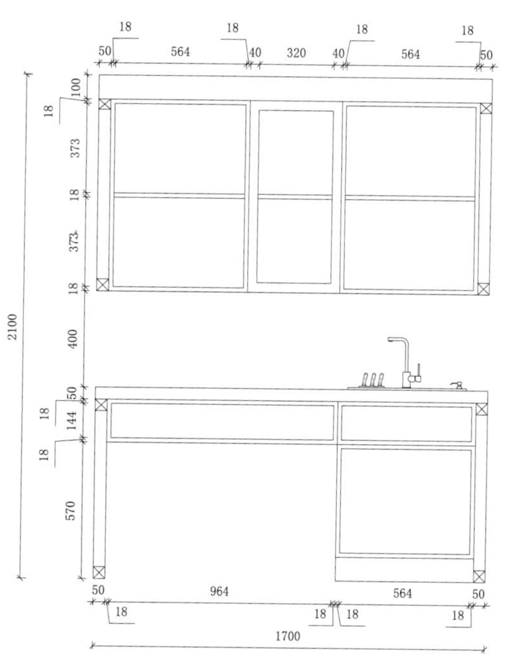

内立面图

编号：YSG-010 ◆风格：简欧

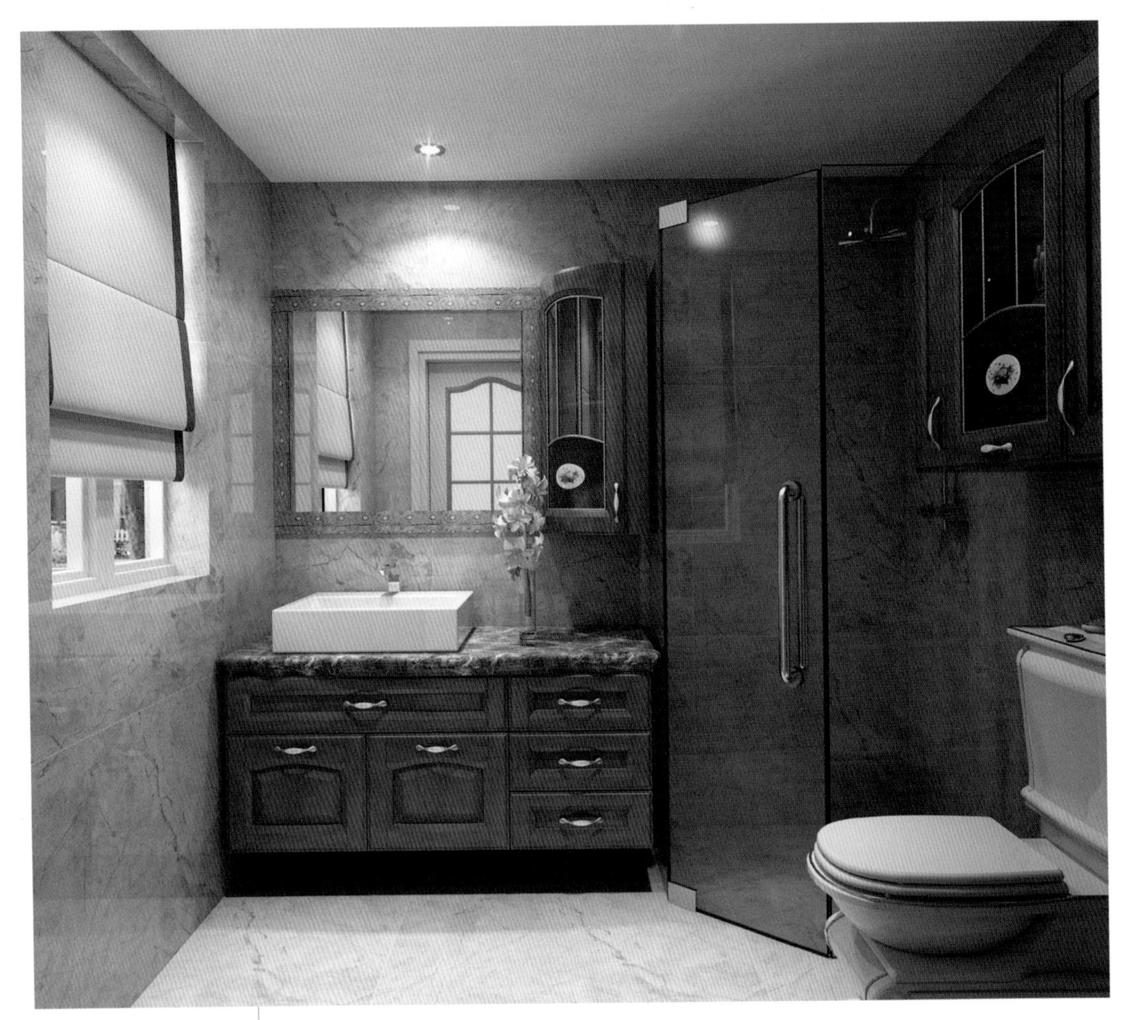

编号：YSG-011 ◆风格：美式乡村

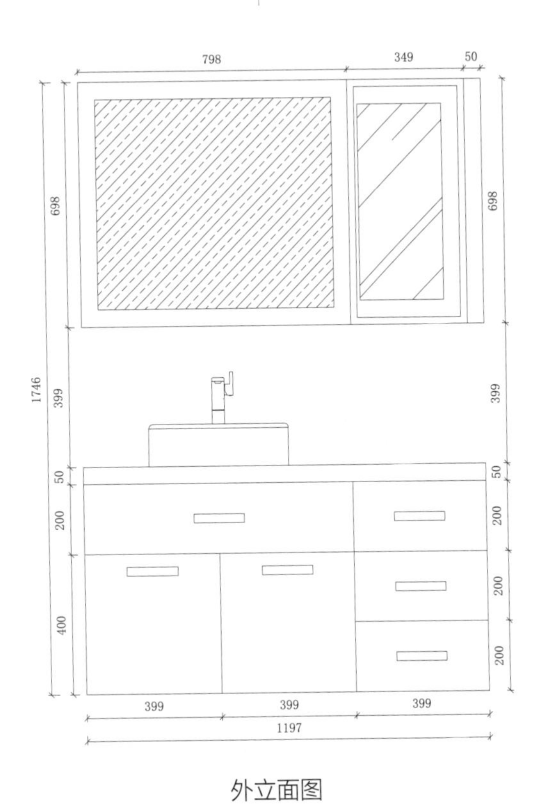

外立面图

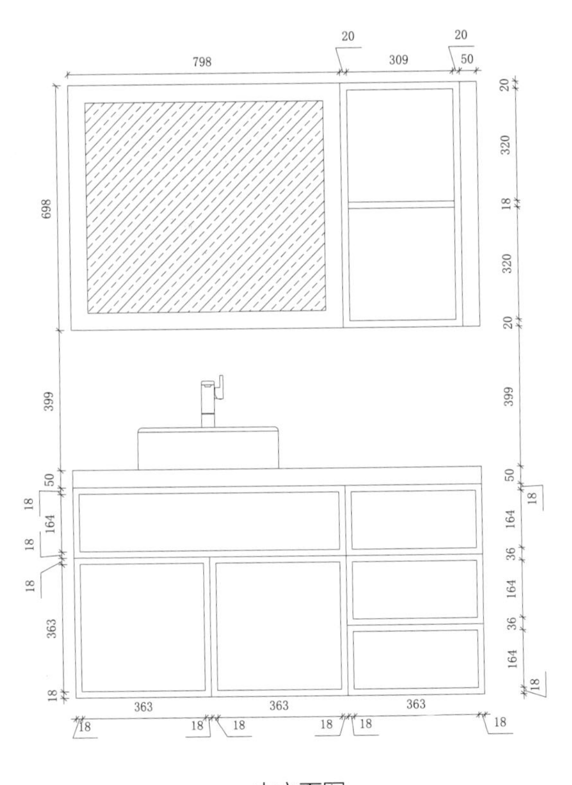

内立面图

第十章

阳台柜

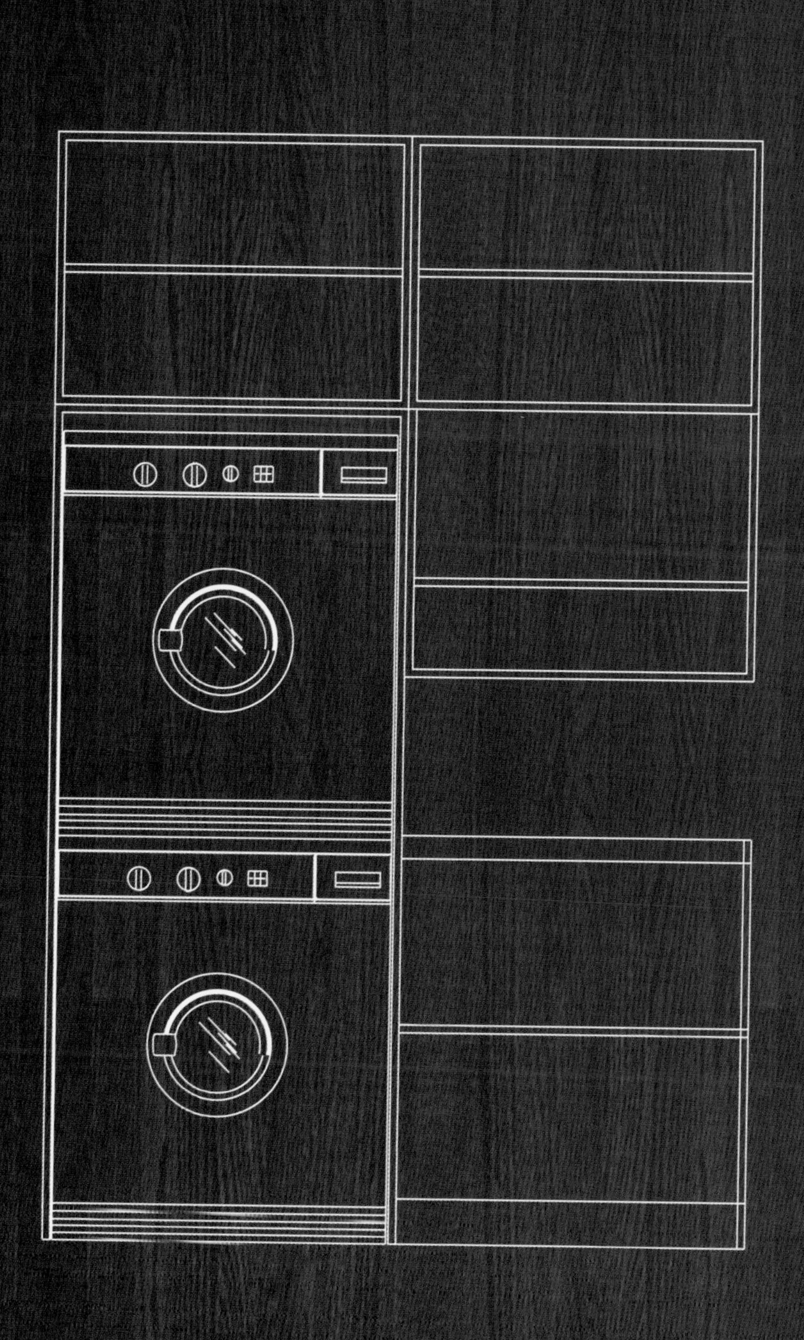

编号：YTG-001 ◆ 风格：现代轻奢

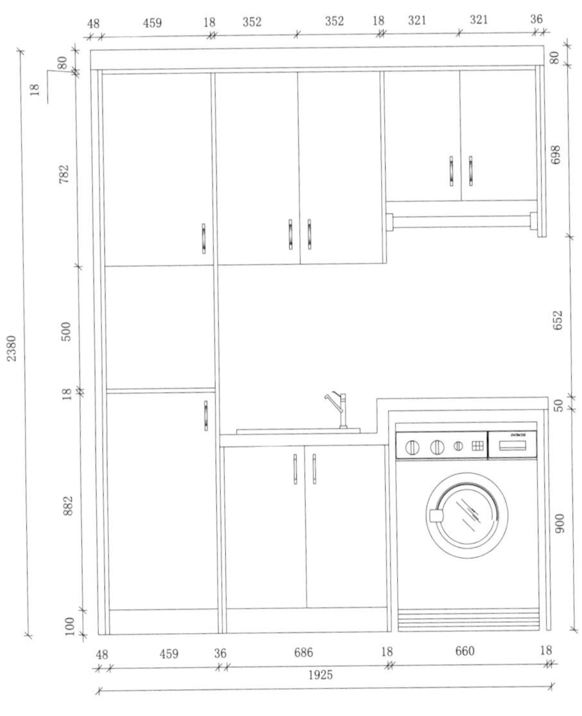

外立面图

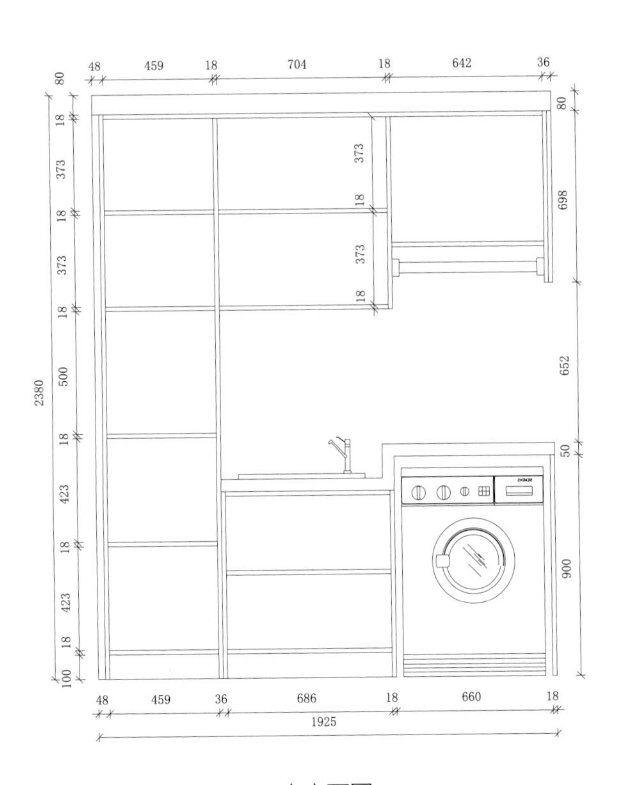

内立面图

编号：YTG-002 ◆ 风格：现代简约

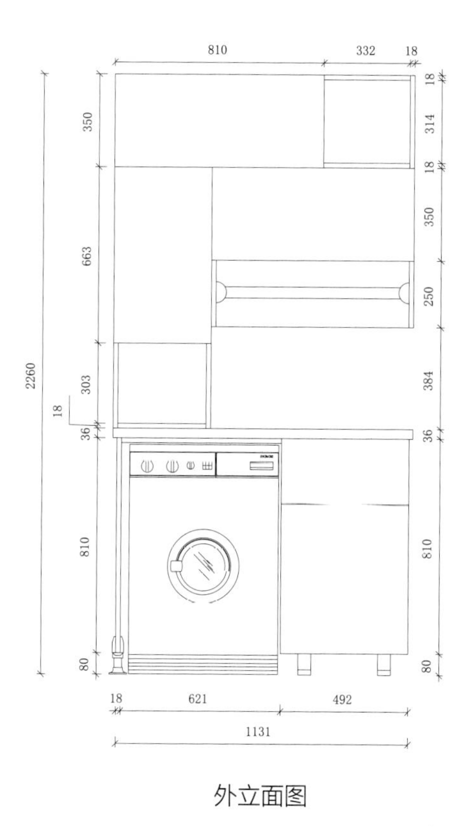

外立面图

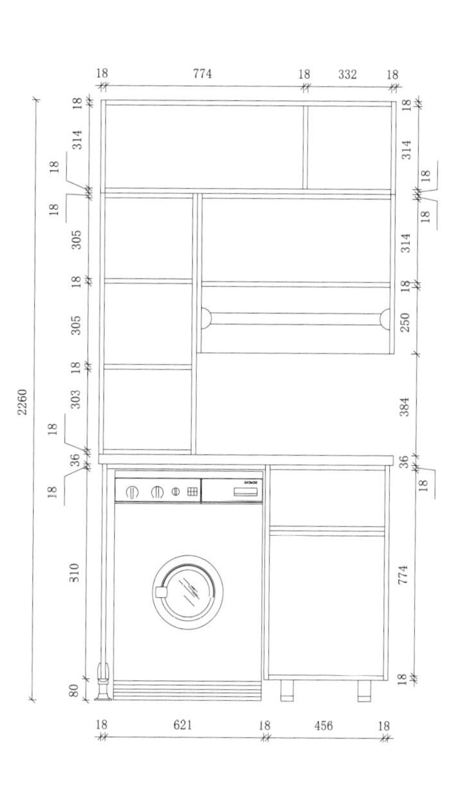

内立面图

编号：YTG-003 ◆ 风格：现代简约

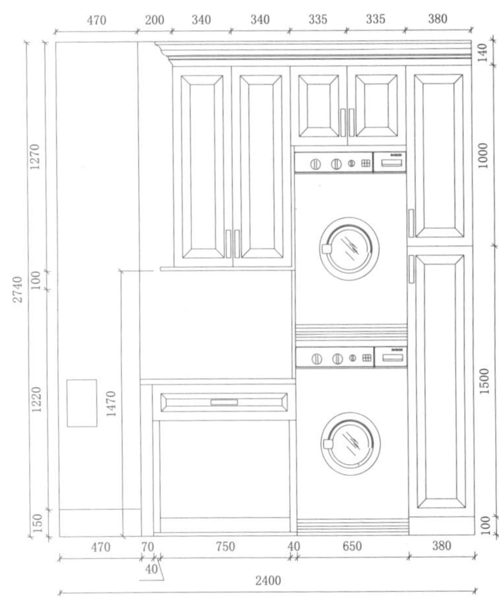

外立面图

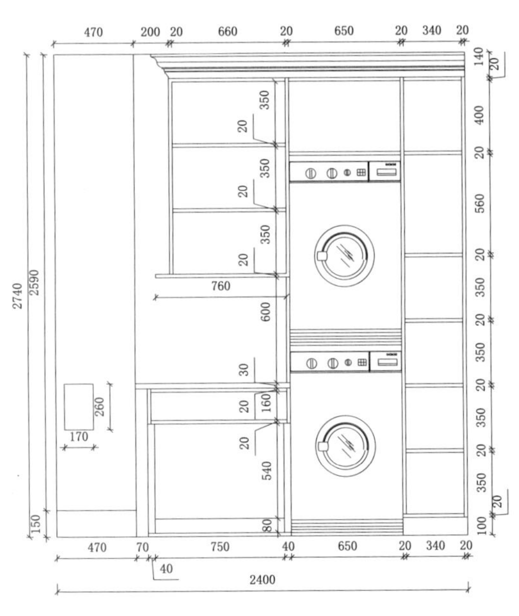

内立面图

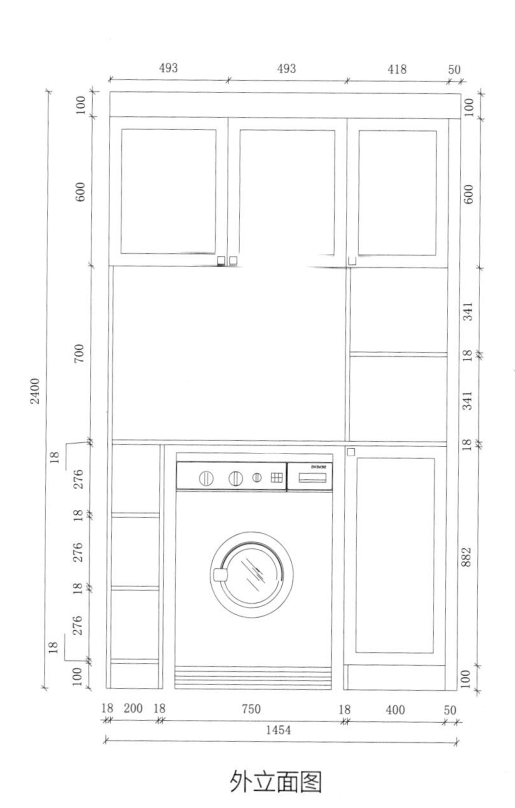

外立面图

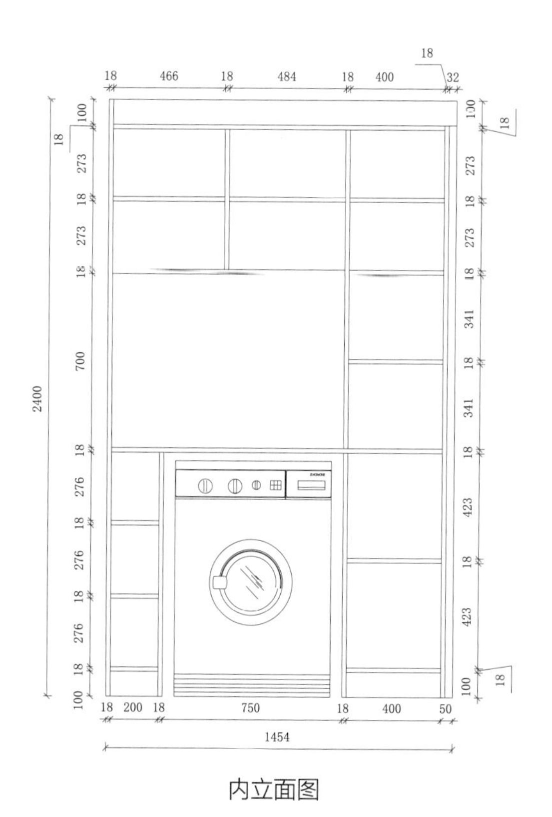

内立面图

编号：YTG-004 ◆ 风格：现代简约

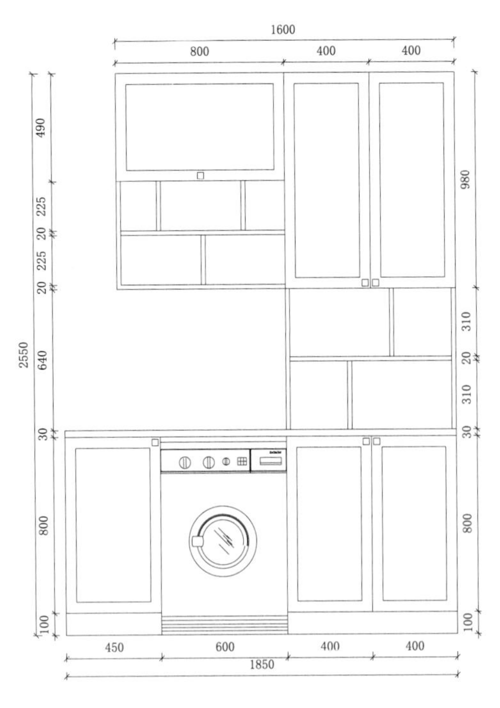

外立面图

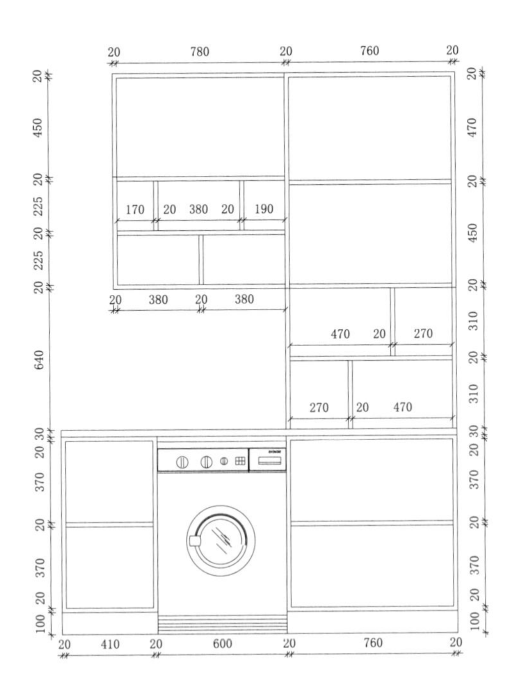

内立面图

编号：YTG-005 ◆ 风格：现代简约

编号：YTG-006 ◆ 风格：北欧

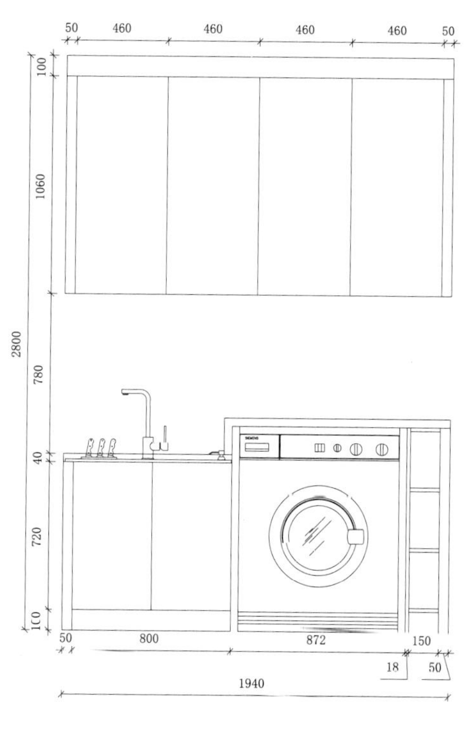

外立面图

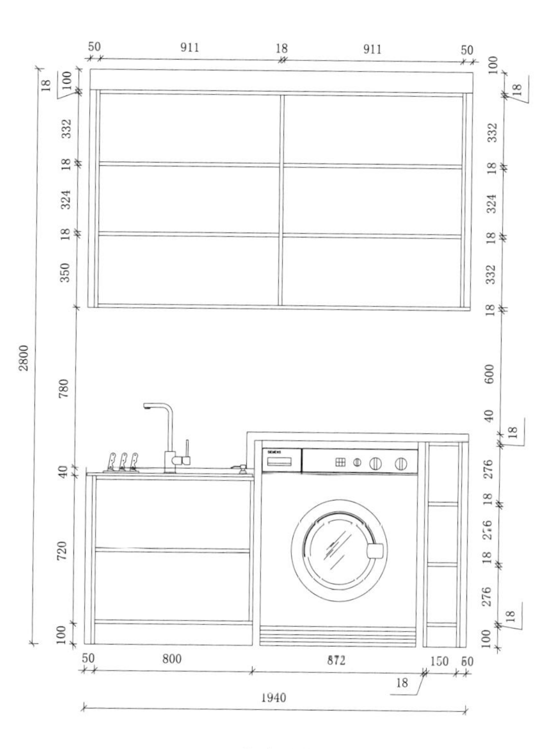

内立面图

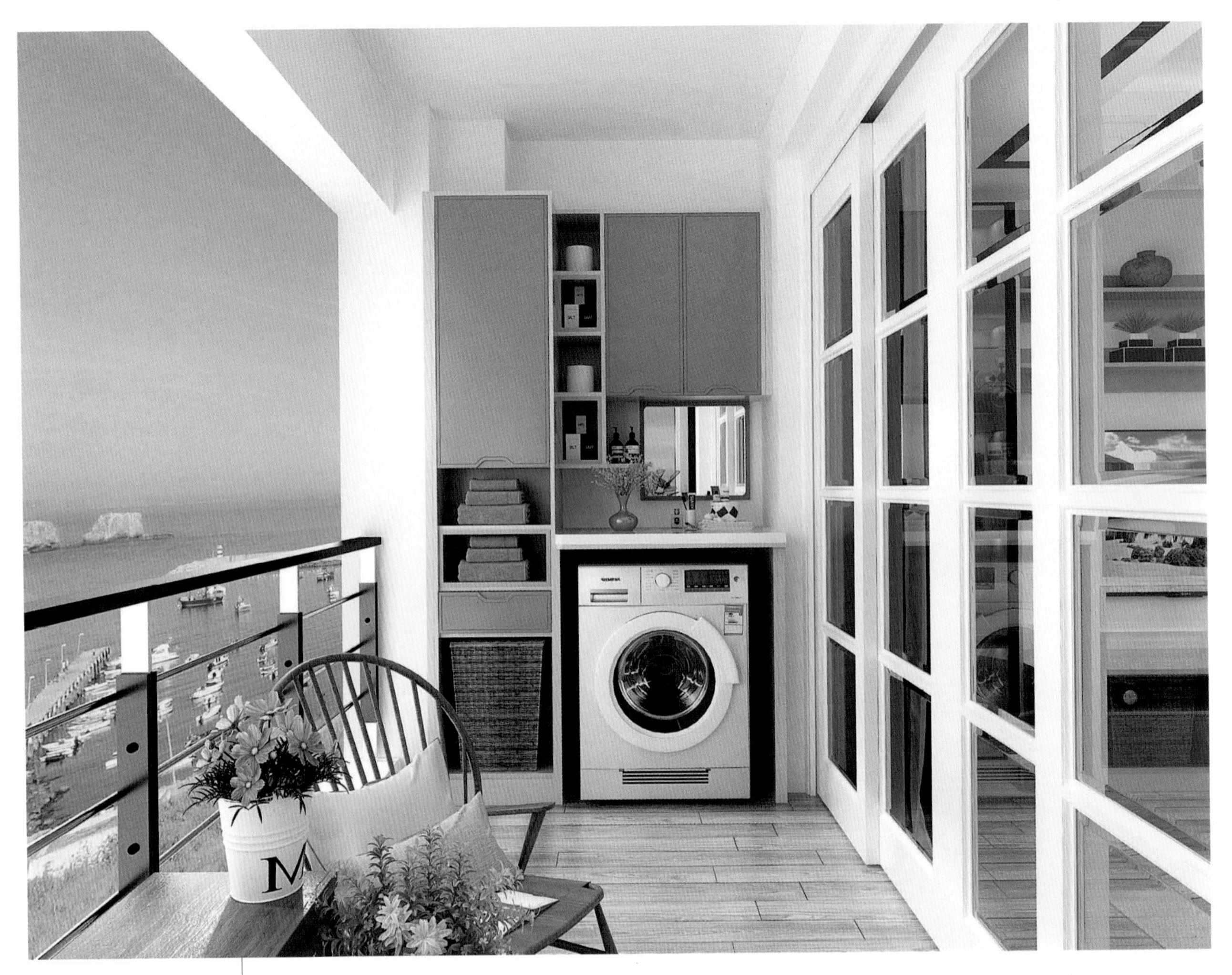

编号：YTG–007 ◆ 风格：北欧

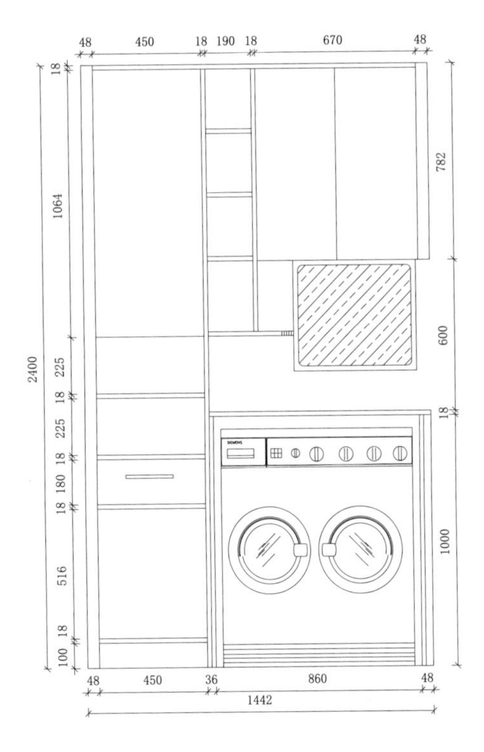

外立面图

内立面图

编号：YTG-008 ◆ 风格：日式

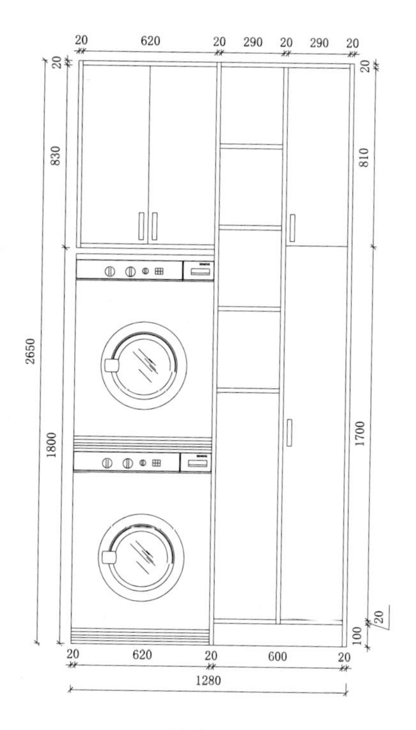

外立面图

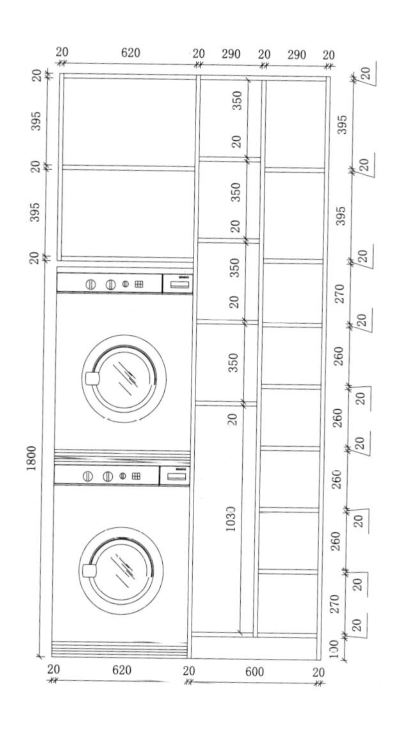

内立面图

编号：YTG-009 ◆ 风格：日式

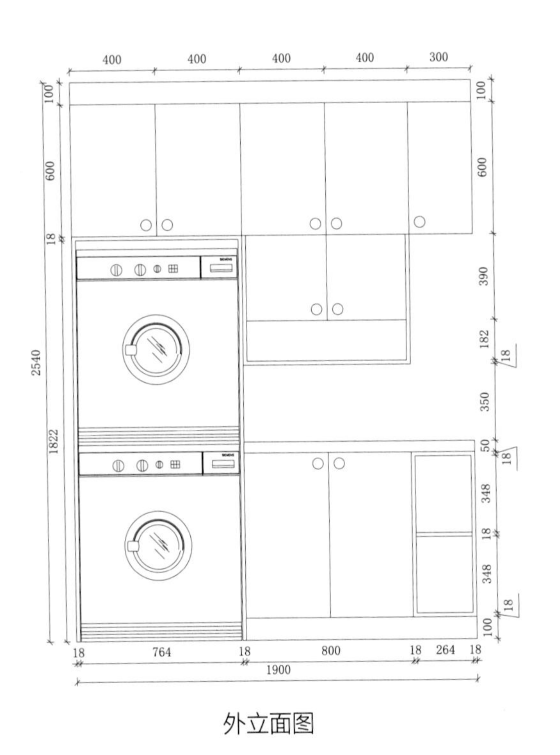

外立面图

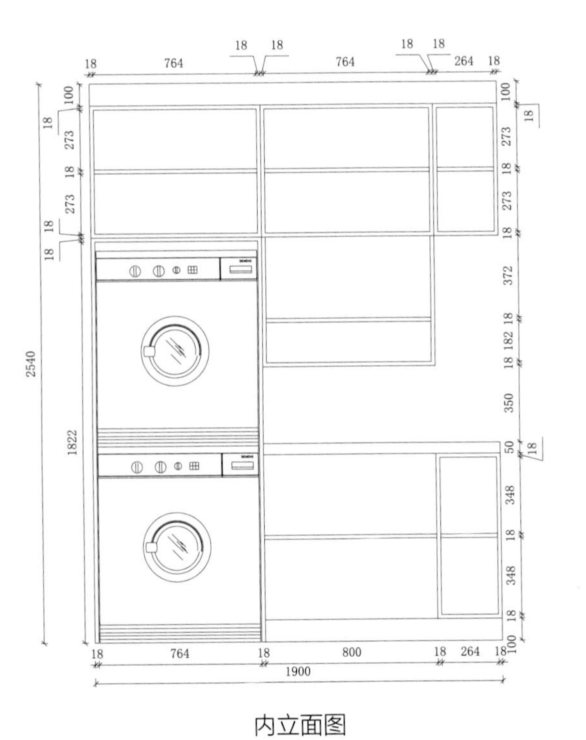

内立面图

编号：YTG-010 ◆ 风格：日式

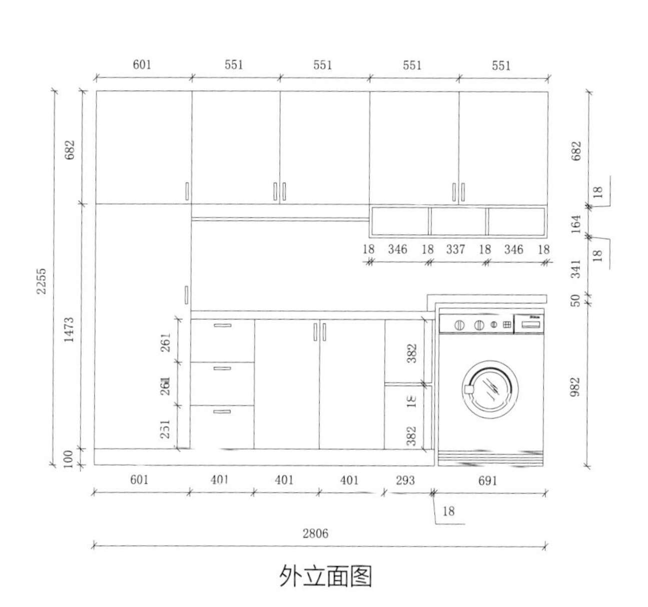

外立面图

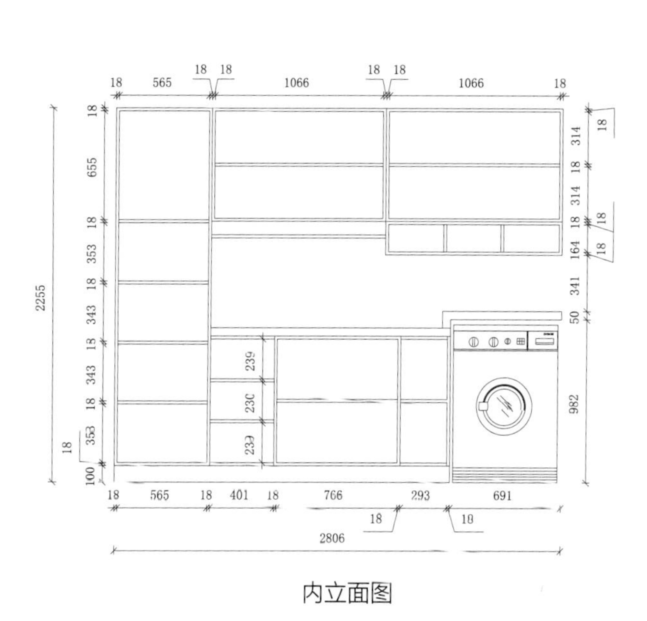

内立面图

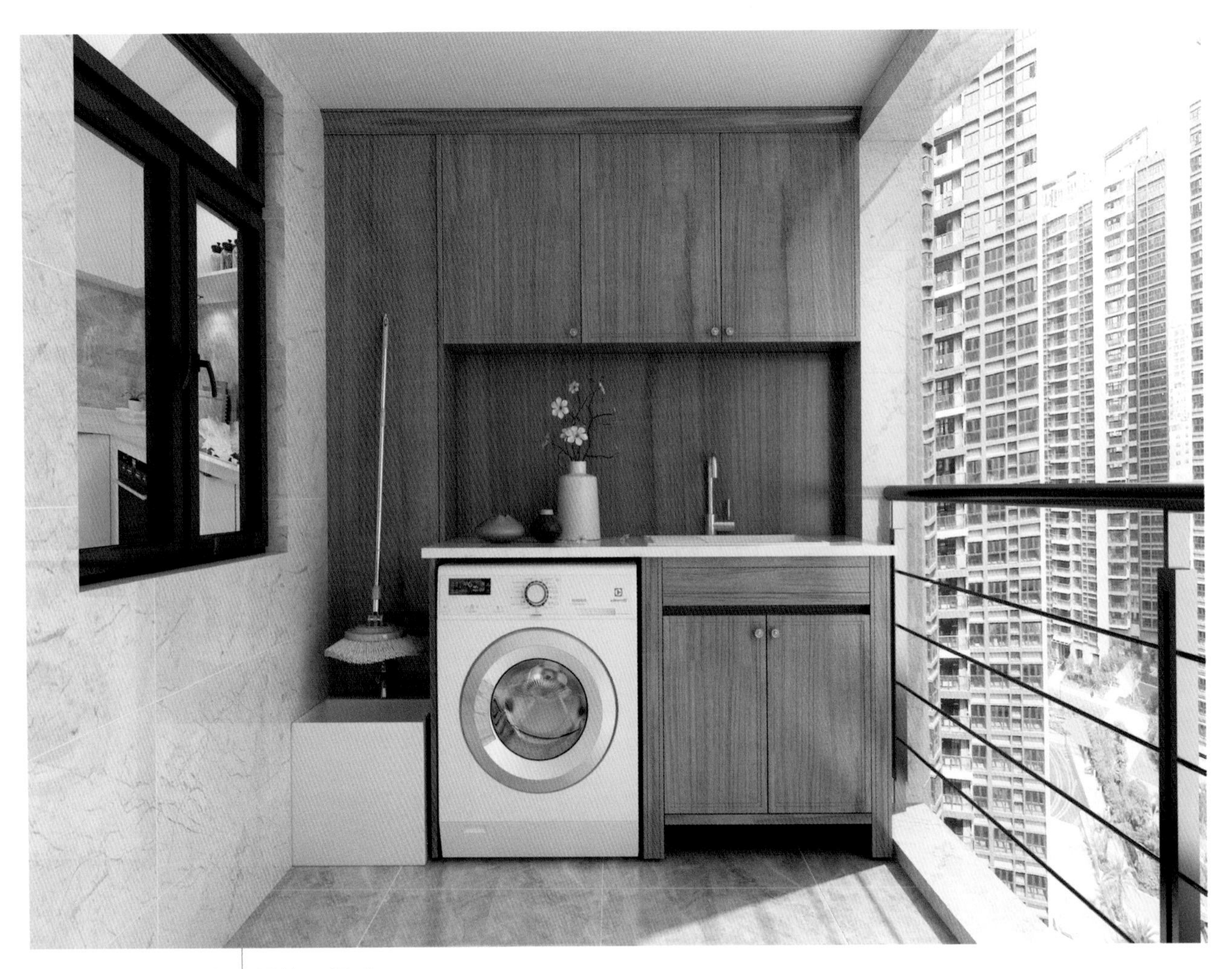

编号：YTG-011 ◆风格：日式

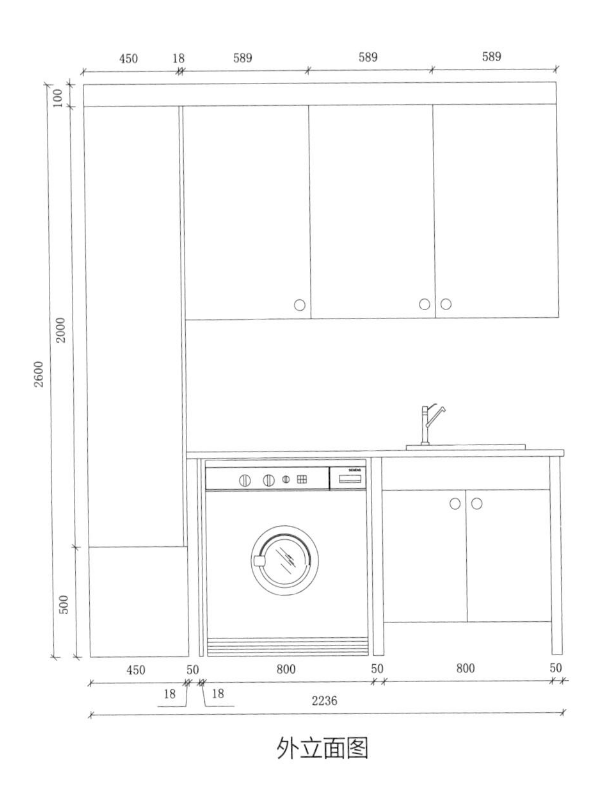

外立面图

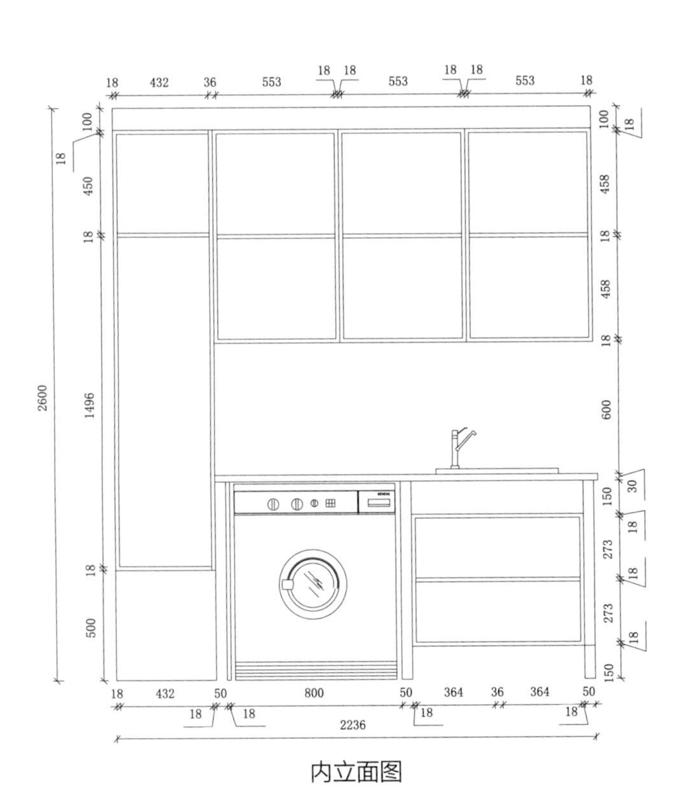

内立面图

编号：YTG-012 ◆ 风格：简欧

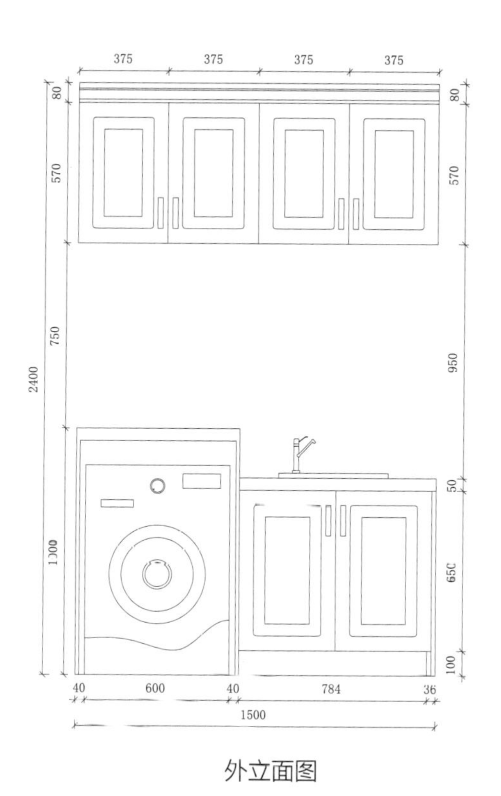

外立面图

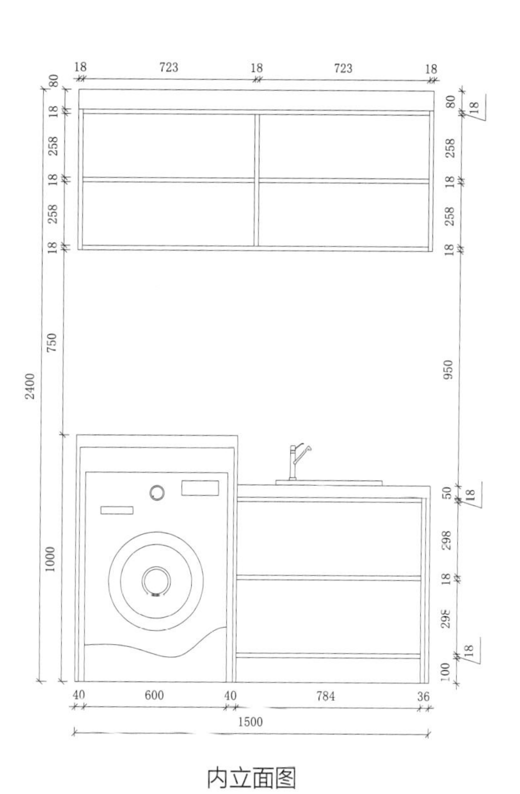

内立面图

编号：YTG-013 ◆ 风格：简欧

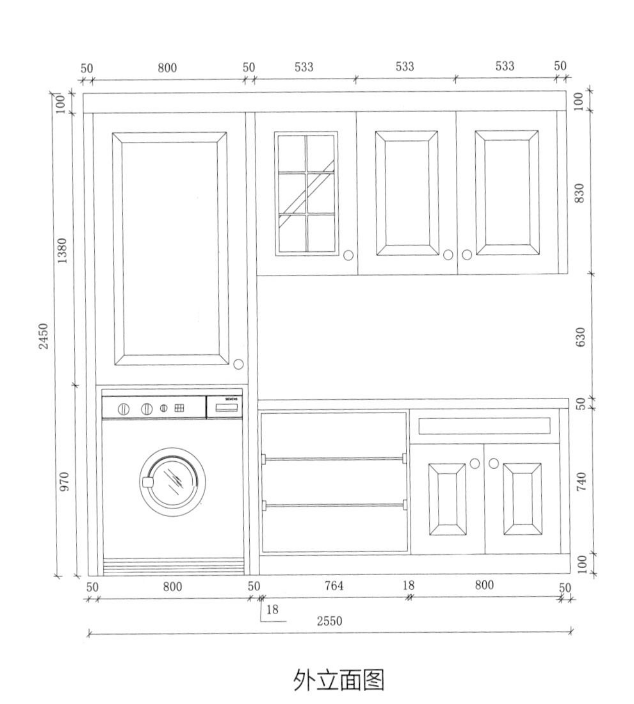

外立面图

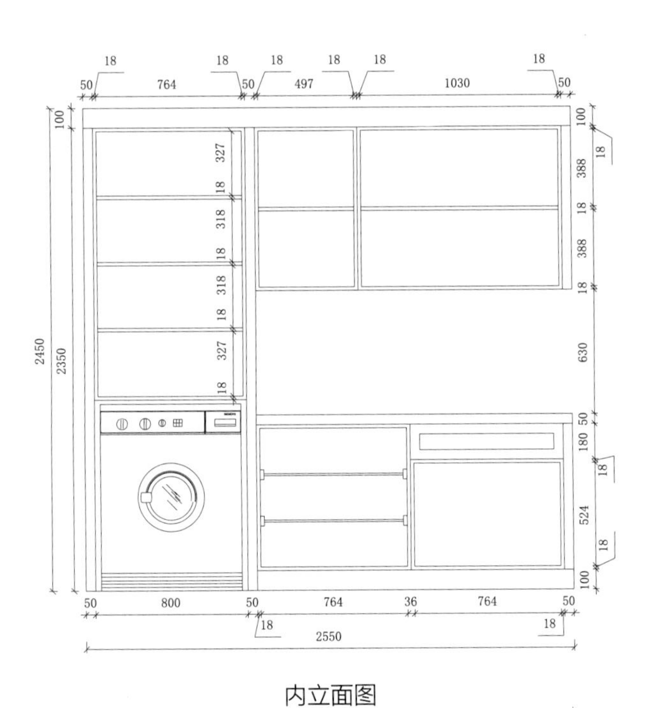

内立面图